"十四五"普通高等教育本科系列教材

U0149814

WULIAO SHUSONG XITONG ZIDONG KONGZHI

物料输送系统
自动控制

张红莲　王　鹏　郭铁桥　编

范孝良　主审

中国电力出版社
CHINA ELECTRIC POWER PRESS

内 容 提 要

本书主要分为电气控制技术基础和物料输送设备及系统控制两大部分。其中，电气控制技术基础包含继电器接触器控制和可编程序控制器（PLC），主要内容有继电器接触器控制中常用控制电器、基本控制线路、电气控制系统的设计，PLC 的组成、工作原理及工作过程、PLC 指令系统和编程、PLC 控制系统的设计与应用，物料输送设备及系统控制的主要内容有物料输送系统常用的传感器检测装置、翻车机卸车系统的控制、斗轮堆取料机的控制、物料输送系统辅助设备的控制、火电厂运煤系统的控制。

本书可作为高等院校过程装备与控制工程、机械工程、电气工程及其自动化等相关专业的教材，也可供高等职业教育相关专业师生和有关工程技术人员参考使用。

图书在版编目（CIP）数据

物料输送系统自动控制/张红莲，王鹏，郭铁桥编 .—北京：中国电力出版社，2021.6
"十四五"普通高等教育本科系列教材

ISBN 978-7-5198-5602-1

Ⅰ.①物… Ⅱ.①张… ②王… ③郭… Ⅲ.①物料输送系统—自动控制—高等学校—教材
Ⅳ.①TH165

中国版本图书馆 CIP 数据核字（2021）第 078955 号

出版发行：中国电力出版社
地　　址：北京市东城区北京站西街 19 号（邮政编码 100005）
网　　址：http：//www. cepp. sgcc. com. cn
责任编辑：周巧玲（010－63412539）
责任校对：黄　蓓　王小鹏
装帧设计：郝晓燕
责任印制：吴　迪

印　　刷：北京雁林吉兆印刷有限公司
版　　次：2021 年 6 月第一版
印　　次：2021 年 6 月北京第一次印刷
开　　本：787 毫米×1092 毫米　16 开本
印　　张：14
字　　数：337 千字
定　　价：42.00 元

前　言

　　物料输送设备及其控制在国民经济和工业生产中起着重要的作用，为了适应新时代学科发展的需要，增强学生面向工程实际应用的能力，根据课程教学大纲要求，编者结合近年教学实践，编写了本书。本书从机械类专业人才培养目标出发，体现机械类专业特点，力求内容清晰，结构紧凑，实用性强。

　　目前有关物料输送系统自动控制的教材极少，因此建设具有行业特色的专业课程，编写适合课堂教学使用的特色教材非常有必要。本书从课堂教学和应用实际出发，但区别于现场培训资料，按照设备和系统的工作过程，考虑必要信号和连锁关系，设计电气控制线路及控制程序并进行调试。本书内容选材合理，理论联系实际，注重工程应用，使学生能够掌握理论知识和分析设计控制系统的技能，为今后的学习和工作打下坚实基础。

　　教材整体结构上分为电气控制技术基础和物料输送设备及系统控制两大部分。全书共分8章：第1章简要介绍物料输送系统及物料输送控制的自动化；第2章介绍继电器接触器控制中常用控制电器、基本控制线路，电气控制系统的设计；第3章介绍 PLC 的组成结构、工作原理及工作过程，PLC 指令系统和编程，PLC 控制系统的设计与应用；第4章介绍物料输送系统常用的几种传感器和检测装置；第5章介绍翻车机卸车系统的控制；第6章介绍斗轮堆取料机的控制；第7章介绍物料输送系统辅助设备的控制；第8章介绍火电厂运煤系统的控制。

　　本书由华北电力大学张红莲、王鹏、郭铁桥编写。华北电力大学范孝良教授认真审阅了全书并提出了宝贵的意见和建议，在此表示感谢。

　　在教材的编写过程中参阅了相关的教材和资料，在此向这些文献资料的作者表示衷心的感谢。

　　由于编者水平所限，书中不妥之处在所难免，敬请广大读者批评指正，在此我们表示衷心的感谢。

编　者

2021 年 3 月

目　　录

第1章 概　述

1. 物料输送系统简介

物料输送在国民经济和工业生产中具有极其重要的作用，应用于电力、化工、矿业等领域，必须具有一整套完整的输送系统，保证工业生产的正常运行。

以燃煤火力发电厂为例，从厂外运煤车辆或船舶等进厂卸煤起，直至把煤运入锅炉房原煤仓，整个工艺系统中全套机械设备连同属于它们的建筑物，通常称为运煤系统。

运煤系统承担发电煤的供应，是火电厂的主要生产流程，在电厂中的地位十分重要。若供煤中断，轻则使发电机减负荷；重则使锅炉灭火，造成发电机停机，破坏电网的稳定，酿成重大经济损失。

燃料输送系统主要完成的任务包括：卸煤并将燃煤输送至筒仓、锅炉房原煤仓，向煤场堆煤或从煤场取煤，燃煤需要经过碎煤、除铁除杂、称重取样等处理环节。对燃料运输系统的要求是必须安全储存足够的燃煤量，并及时向锅炉房输送所需的燃煤，以保证正常生产，同时必须实现机械化和自动化。

燃料输送系统包括卸煤设备、受卸装置、储煤场、煤场机械、煤场内运输系统和设备，以及给煤设备、破碎和筛煤设备、计量设备。燃料运输的主要设备有卸煤机械（含煤场机械）、带式输送机和辅助设备，这些设备和运输系统必须具有先进水平，以满足电厂容量增大的需求。目前，电厂普遍采用翻车机这种高效的卸煤设备实现火车来煤的翻卸，采用斗轮堆取料机实现连续地堆煤和取煤的高效率作业，采用带式输送机实现燃煤的厂内运输。

火电厂燃料输送系统自动化完成对卸煤机械、运煤机械、配煤机械、储煤机械等各类运煤机械设备及辅助设备进行自动控制，使其能够按照规定的生产工艺要求，完成原煤的卸料、破碎、堆料、取料、输送等生产作业，并完成有关运煤生产信息的打印显示和数据存储等管理工作。

2. 物料输送的自动化

燃料输送系统以前大多采用继电器完成远方集中控制，导致操作盘面布置复杂，这种控制方式落后，运行可靠性差，设备和电能损耗严重，工人劳动强度大，工作环境差，已不能适应电厂安全生产的需要。因此，随着科学技术的进步和发展，燃料输送系统逐步实现程序自动控制。

火力发电厂运煤自动化的发展实质是检测元件和控制装置的发展。从系统结构看，在20世纪70年代之前，多是强电就地控制和强电集中控制，70年代末发展到强电逻辑及弱电逻辑控制；20世纪80年代初，随着可编程控制器的引入，以可编程控制器作为控制装置的自动控制系统，在部分火电厂投入试运行，目前由计算机和可编程控制器组成的分级分布式控制系统，已在我国火力发电厂运煤自动化中广泛应用。

火电厂运煤生产工艺系统一般由卸煤、运煤、配煤和储煤四部分组成。运煤系统的运行特点：同时运行的设备多且安全连锁要求高；运煤系统同时启动的设备高达20～30台；在启动和停机过程中，各设备之间有严格的连锁要求。因此，要求运煤系统的所有设备必须处于完好的工作状态。

火电厂运煤自动控制系统由检测元件、电力传动控制装置、计算机和电气执行元件等组成。

检测元件主要有旋转编码器、测速仪、电能参数检测仪、输送带秤、料位计等，其功能是检测运煤系统机械设备的运行状况，并将有关设备运行参数传送到控制装置中。电力传动控制的主要控制装置是可编程控制器，其主要任务是根据输入设备及检测元件传来的信息，按照预先规定的程序进行逻辑分析判断，然后向电气执行元件发出控制指令。计算机运煤自动化的主要目的如下：完成运煤作业计划的编制；监视运煤设备的运行，维持运煤作业的稳定；运行各类机械设备，使原煤受卸、堆积和输送顺序进行；及时收集库存信息，以便有效管理。过程计算机的功能包括：原煤作业计划输入、运输计划编制、煤场库存管理，带式输送机和移动机械运转，作业实况收集；表格制作，数据显示和数据通信。电气执行元件主要有接触器、电磁阀和电动机，其功能是用来驱动运煤机械设备的运转，如带式输送机的启停、液压回路的通断等。

国内火电厂运煤自动化系统一般采用可编程控制器作为系统的控制装置，在火力发电厂运煤系统的卸煤、运煤、储煤和配煤四个子系统中，运煤和配煤系统的被控设备台数较多，分布区域较大，且各个设备之间的连锁要求高，通常选择一台大、中型可编程控制器，作为控制系统的主机对运煤和配煤系统进行控制，而对于卸煤系统中的翻车机和储煤系统中的斗轮堆取料机，由于其工作独立性较强，通常采用大、中型可编程控制器，对它们分别进行单独的控制。

3．物料输送系统的控制方式

国内火电厂燃料输送系统的控制方式一般有就地手动控制、集中控制和自动控制三种。

（1）就地手动控制。就地手动控制方式是在运煤机械设备的附近安装控制箱，箱上配有控制方式选择开关和操作按钮，设备的就地启动和停止，可通过按钮来实现，这种控制方式常用于设备检修后的调整，以及设备程序控制启动前的复位，也可用于集中控制程序、自动控制方式发生故障时的备用操作。不便操作的设备和不参与程序启动的设备也使用就地手动控制方式。

（2）集中控制。集中控制方式是将运煤设备的控制开关集中安放在一个控制台上，设备的控制由值班员负责，在集中控制方式下，启动设备时，各连锁设备必须按规定的连锁关系启动；设备发生故障时，按连锁关系和逆煤流方向跳闸，并发出报警信号。集中控制可作为程序自动控制的后备控制手段。

（3）自动控制。自动控制方式是将运煤系统有关设备按生产工艺流程的要求，事先编制好各种运行方式的控制程序，操作人员通过计算机，采用键盘和鼠标选择要执行的运行方式，在显示器的模拟图上可以显示出所选运行方式中各个设备的状态，如果条件具备，操作人员可以通过计算机键盘或鼠标发出控制指令，设备按程序自动启动运行和停止，同时将各种信息传送给计算机。自动控制是正常运行的主要控制方式。

习 题

1-1 燃料输送系统主要完成哪些任务？

1-2 简述火电厂燃料输送系统自动化发展过程。

1-3 火电厂燃料输送系统有哪些控制方式？各有什么特点？

第2章 电气控制技术基础

2.1 常用低压电器

电器是一种能根据外界的信号和要求，手动或自动地接通、断开电路，断续或连续地改变电路参数，以实现对电路或非电对象的切换、控制、保护、检测、变换和调节用的电气设备。低压电器通常是指在交流电压1200V、直流电压1500V及以下的电路中起通断、控制、保护、变换和调节作用的电器。

根据在电路中所处地位和作用，低压电器可归纳为控制电器和配电电器两大类。控制电器是指用于各种控制电路和控制系统的电器，可控制电动机完成生产机械要求的启动、制动、调速、反转、停止等状态，如接触器、继电器、按钮、主令控制器、终端开关等。配电电器是指用于电能的输送和分配的电器，在正常或事故状态下接通和断开用电设备或供电电网所用设备，如隔离开关、刀开关、转换开关、自动空气开关、熔断器等。这两类电器功能不同，结构上也有所差异。控制电器因需要频繁操作，要求结构坚固、电气寿命和机械寿命长。配电电器一般不经常操作，机械寿命要求比较低，但要求分断能力强、动作快、稳定性高，操作过电压低，保护性能完善等。下面主要介绍几种常用的低压电器。

2.1.1 接触器

接触器是在低压电路系统中远距离控制、频繁接通和切断交直流主电路和大容量控制电路的自动控制电器，主要控制对象为交直流电动机，也可用于电焊机、电热设备、照明设备等其他负载。接触器具有大容量的执行机构及迅速熄灭电弧的能力，当系统发生故障时，可以根据故障检测信号迅速可靠地切断电源，并有欠（零）电压保护功能。因此，接触器在电力拖动、自动控制线路中应用非常广泛。下面介绍电磁式接触器，简称接触器。

按照主触点所控制电路的种类，接触器可分为交流接触器和直流接触器两大类。按照主触点的极数，直流接触器有单极和双极两种，交流接触器有三极、四极和五极三种。按照线圈的励磁方式，接触器有直流励磁方式（直流电磁机构）和交流励磁方式（交流电磁机构）两种。

1. 接触器的结构

接触器的主要组成部分包括电磁系统、触点系统、灭弧装置、支架、外壳、接线柱等，如图2-1所示。

（1）电磁系统。电磁系统由静铁芯、衔铁、电磁线圈、弹簧等组成，其作用是将电磁能转换

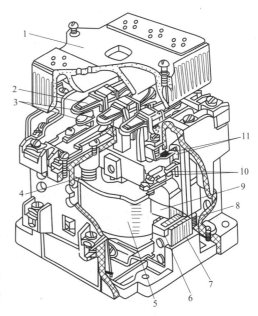

图2-1 CJ10-20型交流接触器

1—灭弧罩；2—触点压力弹簧片；3—主触点；
4—反作用弹簧；5—线圈；6—短路环；7—静铁芯；
8—弹簧；9—动铁芯；10—辅助动合触点；
11—辅助动断触点

成机械能，产生电磁吸力，带动触点闭合或断开。图 2-2 所示为接触器电磁系统的结构示意。

　　电磁线圈：按电磁线圈中通电种类分为直流线圈和交流线圈。

　　铁芯：可以是 U 形，也可以是 E 形。

　　衔铁：其运动方式有绕磁轭棱角转动、绕轴转动及直线运动三种，如图 2-2 所示。前一种适用于直流接触器，后两种常用于交流接触器。

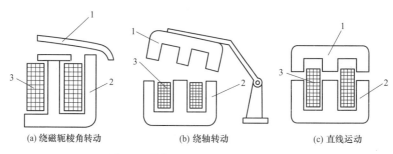

(a) 绕磁轭棱角转动　　　　　　(b) 绕轴转动　　　　　　(c) 直线运动

图 2-2　接触器电磁系统的结构示意

1—衔铁；2—铁芯；3—线圈

　　交流电磁机构和直流电磁机构的铁芯有所不同，直流电磁机构的铁芯为整体结构，以增加磁导率和增强散热；交流电磁机构的铁芯采用硅钢片叠制而成，目的是减小在铁芯中产生的涡流，减少铁芯发热。此外，交流电磁机构的铁芯有短路环，以防止电流过零时电磁吸力不足致使衔铁振动。

　　弹簧系统由释放弹簧和触点弹簧组成，释放弹簧的作用是当线圈断电或电压显著降低时，把衔铁拉回原始状态；触点弹簧的作用是线圈通电时，使动、静触点良好接触。

　　当切断线圈电流后，为防止由于铁芯剩磁过大而导致衔铁不能回落，必须在铁芯磁路中留有 0.1～0.15mm 的气隙以减少剩磁。

　　(2) 触点系统。触点是接触器的执行元件，用来接通和分断被控制电路。接触器的触点不但要求能通过大的电流，而且要能耐受机械磨损和电弧的烧蚀，因此要求触点导电性能良好、耐高温、强度大，一般多用铜钨合金材料制成。

　　触点按所控制的电路分为有主触点和辅助触点。主触点接在主电路中，用于通断主电路，允许通过较大的电流，多采用线接触的指形触点或面接触的桥式触点；辅助触点接在控制电路，用于通断控制电路，只能通过较小的电流，常采用点接触的桥式触点。

　　触点有常开和常闭两种状态。当接触器的电磁铁线圈未通电，即衔铁未被吸合时，触点处于断开状态的称为动合触点，触点处于闭合状态的称为动断触点。

　　随衔铁一起运动的触点称为动触点，和静铁芯一起不动的触点称为静触点。

　　触点按其接触形式分为点接触、线接触、面接触三种，如图 2-3 所示。图 2-3 (a) 为点接触桥式触点，用于通过的电流较小且触点压力小的场合，如接触器的辅助触点；图 2-3 (b) 为面接触桥式触点，用于通过大电流的场合，如接触器的主触点；图 2-3 (c) 为线接触指形触点，其接触区域为一条直线，用于接电次数较多、电流中等的场合，如接触器的主触点。

　　为使触点接触更紧密，减小接触电阻，消除开始接触瞬间产生的振动，在触点上装有触点弹簧，使触点在刚刚接触时产生初压力，并随触点闭合增大触点互压力。

　　(3) 灭弧装置。当触点切断电路的瞬间，如果电路的电流（或电压）超过某一数值，就会在动、静触点间产生强烈的弧光放电现象，称为电弧。电弧会对电器产生以下影响：①触点虽然已经打开，但是由于电弧的存在，致使需要断开的电路实际上并未真正断开，降低接触器工作的可

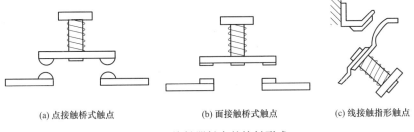

(a) 点接触桥式触点　　　　(b) 面接触桥式触点　　　　(c) 线接触指形触点

图 2-3　接触器触点的接触形式

靠性；②电弧的高温可能灼伤、氧化触点，增大触点间的接触电阻，降低导电性，严重时造成触点黏结，损坏接触器；③电弧向周围喷射，会损坏电器及周围物质，严重时会造成短路，引起火灾。因此，必须采用灭弧装置使电弧迅速熄灭，以保证接触器可靠、安全地工作。常用的灭弧装置有灭弧罩、灭弧栅、磁吹灭弧、多纵缝灭弧装置。

（4）支架、外壳和接线柱。支架和外壳用于接触器的固定与安装，接线柱用来把回路信号连接到触点上。

2. 接触器的工作原理

交流接触器的工作原理如图 2-4（a）所示，其图形、文字符号见图 2-4（b）。线圈通电后，在铁芯中产生磁通及电磁吸力。电磁吸力克服弹簧反力使衔铁吸合，带动触点机构动作，动断触点打开，动合触点闭合，互锁或接通电路。线圈失电或线圈两端电压显著降低时，电磁吸力小于弹簧反力，使衔铁释放，触点机构复位，动断触点闭合，动合触点打开，断开线路或解除互锁。接触器触点机构动作有一定的动作时间，从线圈开始通电瞬间起到触点可靠接触/分开瞬间为止的时间间隔称为吸合时间；从线圈开始断电瞬间起到触点可靠分开/接触瞬间为止的时间间隔称为释放时间。

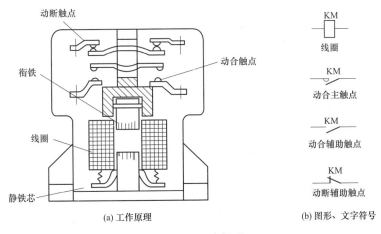

(a) 工作原理　　　　(b) 图形、文字符号

图 2-4　交流接触器

3. 接触器的主要技术参数

（1）额定电压。额定电压是指主触点额定工作电压，应等于负载的额定电压。同一型号接触器常规定几个额定电压，同时列出相应的额定工作电流或额定控制功率。通常，最大工作电压即为额定电压。常用的额定电压等级：交流接触器为 220、380、660、1140V；直流接触器为 220、440、660V。

（2）额定电流。额定电流是指接触器主触点在额定工作条件下的电流值。常用额定电流等级为 5、10、20、40、60、100、150、250、400、600A。

（3）约定发热电流。约定发热电流是指在额定条件下工作时，假设在 8h 工作制条件下，各部件的发热不超过允许值时的最大电流。

（4）通断能力。通断能力可分为最大接通电流和最大分断电流。最大接通电流是指触点闭合时不会造成触点熔焊时的最大电流；最大分断电流是指触点断开时能可靠灭弧的最大电流。一般通断能力是额定电流的 5～10 倍。当然，这一数值与通断电路的电压等级有关，电压等级越高，通断能力越低。

（5）线圈额定电压。线圈额定电压是接触器正常工作时励磁线圈上所加的电压值。一般该电压数值及线圈的匝数、线径等数据均标于线包上，而不是标于接触器外壳铭牌上，使用时应加以注意。常用的线圈额定电压等级：交流线圈为 36、127、220、380V；直流线圈为 24、48、110、220V。

（6）动作值。动作值包括吸合电压和释放电压。吸合电压是指接触器吸合前，缓慢增加吸合线圈两端的电压，接触器可以吸合时的最小电压；释放电压是指接触器吸合后，缓慢降低吸合线圈的电压，接触器释放时的最大电压。一般规定，吸合电压不低于线圈额定电压的 85%，释放电压不高于线圈额定电压的 70%。

2.1.2 继电器

继电器广泛应用于自动控制系统中，起控制和保护电路或传递和转换信号的作用。继电器的种类很多，常用的继电器按输入信号可分为电压继电器、电流继电器、速度继电器、时间继电器、温度继电器、压力继电器、热继电器等；按动作原理可分为电磁式继电器、感应式继电器、电动式继电器、电子式继电器、机械式继电器等，其中电磁式继电器应用最为广泛；按输出形式可分为有触点和无触点两类；按用途可分为控制用与保护用继电器等。

1. 电磁式继电器

（1）电磁式继电器的结构与工作原理。电磁式继电器的结构及工作原理与接触器相似，由电磁系统、触点系统和释放弹簧等组成，电磁式继电器工作原理如图 2-5（a）所示，其图形、文字符号见图 2-5（b）。由于继电器用于控制电路，流过触点的电流比较小（一般 5A 以下），故不需要灭弧装置，也无主触点和辅助触点之分。

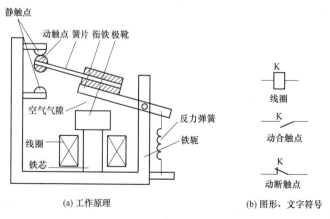

(a) 工作原理　　　　　　(b) 图形、文字符号

图 2-5　电磁式继电器

（2）常用的电磁式继电器。电磁式继电器有直流和交流两类，常用的电磁式继电器有电压继电器、电流继电器和中间继电器。

1）电压继电器。电压继电器（KV）是根据电压信号动作的，使用时其线圈并联接入主电路，触点接于控制电路。按吸合电压的大小，电压继电器可分为过电压继电器和欠电压继电器。

过电压继电器（U＞）用于线路的过电压保护，其吸合电压整定值一般为被保护线路额定电压的 1.05～1.2 倍。当被保护的线路电压正常时，衔铁不动；当被保护线路的电压高于额定值，达到过电压继电器的整定值时，衔铁吸合，触点机构动作，控制电路失电，控制接触器及时分断被保护电路。

欠电压继电器（U＜）用于线路的欠电压保护，其释放电压整定值为线路额定电压的 10%～60%。当被保护线路电压正常时，衔铁可靠吸合；当被保护线路电压降至欠电压继电器的释放整定值时，衔铁释放，触点机构复位，控制接触器及时分断被保护电路。

2）电流继电器。电流继电器（KA）是根据电流信号动作的，使用时其线圈串联接入主电路，触点接于控制电路。按吸合电流的大小，电流继电器可分为欠电流继电器和过电流继电器。

过电流继电器（I＞）在电路正常工作时不动作，当被保护线路的电流高于额定值，达到过电流继电器的整定值时，衔铁吸合，触点机构动作，控制电路失电，从而控制接触器及时分断电路。过电流继电器主要用于频繁启动的场合，作为电动机或主电路的过载和短路保护。一般的交流过电流继电器调整在（110%～350%）I_N 动作，直流过电流继电器调整在（70%～300%）I_N 动作。

欠电流继电器（I＜）用于线路的欠电流保护，在电路正常工作时，衔铁是吸合的，只有当电流降低到某一整定值时，继电器释放，控制电路失电，从而控制接触器及时分断电路。

3）中间继电器。中间继电器实质上是一种欠电压继电器，具有触点数目多、电流容量大的特点，在电路中起到中间放大（触点数目和电流容量）的作用。

若主继电器的触点容量不足，为了同时接通和断开几个回路需要多对触点，或一套装置有若干套保护需要使用共同的出口继电器时，一般采用中间继电器。

2. 时间继电器

时间继电器是一种当线圈的通电或断电后，触点经过一定的延时后才能闭合或断开的继电器，在电路中用于时间的控制。

时间继电器的延时方式有通电延时和断电延时两种。

通电延时：在线圈通电后延迟一定时间触点才动作，当线圈断电时触点瞬时复位。

断电延时：线圈通电时触点瞬时动作，线圈断电后延迟一定时间触点才复位。

时间继电器种类很多，常用的有空气阻尼式、电子式、电磁式、电动式等。下面介绍前两种。

（1）空气阻尼式时间继电器。空气阻尼式时间继电器是利用空气阻尼原理获得延时的，它由电磁机构、延时机构和触点系统三部分组成。电磁机构为直动式双 E 形铁芯，触点系统借用 LX5 型微动开关，延时机构采用气囊式阻尼器。

这种时间继电器可以做成通电延时型或断电延时型，电磁机构可以是直流或交流的。现以通电延时型时间继电器为例介绍其工作原理。

如图 2-6（a）所示，通电延时型时间继电器为线圈不得电时的情况，当线圈通电后，动铁芯吸合，带动 L 形传动杆向右运动，使瞬动触点受压，其触点瞬时动作。活塞杆在塔形弹簧的作用下，带动橡皮膜向右移动，弱弹簧将橡皮膜压在活塞上，橡皮膜左方的空气不能进入气室，形成负压，只能通过进气孔进气，因此活塞杆只能缓慢地向右移动，其移动速度和进气孔大小有关（通过延时调节螺钉调节进气孔的大小可改变延时时间）。经过一定的延时后，活塞杆移动到右端，通过杠杆压动微动开关（通电延时触点），使其动断触点断开，动合触点闭合，起到通电延时的作用。

　　当线圈断电时，电磁吸力消失，动铁芯在反力弹簧的作用下释放，并通过活塞杆将活塞推向左端，这时气室内中的空气通过橡皮膜和活塞杆之间的缝隙排掉，瞬动触点和延时触点迅速复位，无延时。

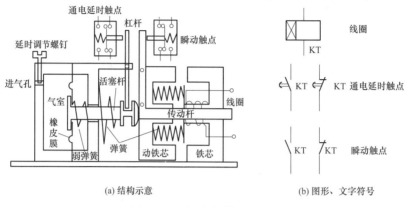

(a) 结构示意　　　　　　　　　　　　　(b) 图形、文字符号

图 2-6　通电延时时间继电器

　　如果将通电延时型时间继电器的电磁机构反向安装，就可以改为断电延时型时间继电器。图 2-7（a）所示为断电延时型时间继电器，线圈不得电时，塔形弹簧将橡皮膜和活塞杆推向右侧，杠杆将延时触点压下。当线圈通电时，动铁芯带动 L 形传动杆向左运动，使瞬动触点瞬时动作，同时推动活塞杆向左运动，如前所述，活塞杆向左运动不延时，延时触点瞬时动作。线圈失电时动铁芯在反力弹簧的作用下返回，瞬动触点瞬时复位，延时触点延时复位。

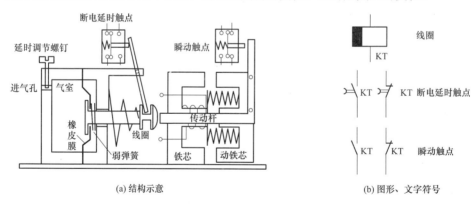

(a) 结构示意　　　　　　　　　　　　　(b) 图形、文字符号

图 2-7　断电延时时间继电器

　　空气阻尼式时间继电器的优点是结构简单、延时范围大（0.4～180s）、寿命长、价格低廉，且不受电源电压及频率波动的影响；缺点是延时误差大、无调节刻度指示，一般适用延时精度要求不高的场合。

　　（2）电子式时间继电器。电子式时间继电器是采用晶体管或集成电路和电子元件等构成。目前已有采用单片机控制的时间继电器。电子式时间继电器具有延时范围广、精度高、体积小、耐冲击、耐振动、消耗功率小、调节方便及寿命长等优点，所以发展很快，应用广泛，已成为主流产品。延时方式有通电延时和断电延时两种。其输出形式包括有触点式和无触点式两种，前者是用晶体管驱动小型电磁式继电器，后者采用晶体管或晶闸管输出。

3. 其他非电磁类继电器

非电磁类继电器的感测元件接收非电量信号（如温度、转速、位移、机械力等）。常用的非电磁类继电器有热继电器、速度继电器、压力继电器等。

（1）热继电器。热继电器主要用于电力拖动系统中电动机的过载保护。在实际运行中，电动机常会出现过载现象。如果过载时间较短，绕组不超过允许温升，这种过载是允许的；如果过载持续时间较长，超过允许温升，则会加快电动机绝缘老化，甚至烧毁电动机。因此，必须对电动机进行过载保护。

热继电器是利用电流热效应原理进行工作的，主要与接触器配合使用，用于三相异步电动机的长期过载保护。应用最为广泛的是双金属片式热继电器，均为三相式，有带断相保护和不带断相保护两种。

图 2-8（a）所示为双金属片式热继电器结构示意，主要由双金属片、热元件、复位按钮、传动杆、拉簧、调节旋钮、复位螺钉、触点和接线端子等组成。图 2-8（b）所示为其图形、文字符号。

双金属片是由两种热膨胀系数不同的金属碾压而成的，由于两种金属紧密地贴合在一起，当产生热效应时，使双金属片向膨胀系数小的一侧弯曲，并带动触点动作。

热元件一般由铜镍合金、镍铬铁合金或铁铬铝合金等电阻材料制成。热元件串联接入电机的定子电路中，通过热元件的电流就是电动机的工作电流。当电动机正常运行时，其工作电流通过热元件产生的热量不足以使双金属片变形，热继电器不会动作。当电动机发生过电流且超过整定值时，双金属片的热量增大而发生弯曲，经过一定时间后，使触点动作，通过控制电路切断电动机的电源。同时，热元件也因失电而逐渐降温，经过一段时间的冷却，双金属片恢复到原来的状态。

热继电器动作电流的调节是通过旋转调节旋钮来实现的。调节旋钮为一个偏心轮，旋转调节旋钮可以改变传动杆和动触点之间的传动距离，距离越长，动作电流就越大；反之，动作电流就越小。热继电器复位方式有自动复位和手动复位两种。

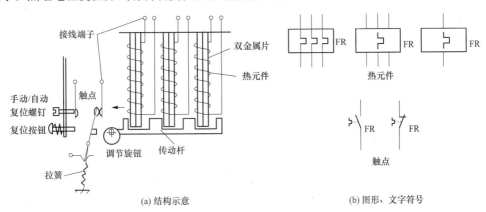

图 2-8　双金属片式热继电器结构示意

（2）速度继电器。速度继电器又称为反接制动继电器。由于它只能反映电动机的转动方向及电动机是否停转，所以主要与接触器配合使用，实现笼型异步电动机的反接制动控制。感应式速度继电器是靠电磁感应原理实现触点动作的，其原理如图 2-9 所示。

速度继电器主要由定子、转子和触点三部分组成。定子的结构与笼型异步电动机相似，是一个笼型空心圆环，由硅钢片冲压而成，并装有笼型绕组。转子是一个圆柱形永久磁铁，其转子的轴与电动机转子的轴相连接。转子固定在轴上，定子与轴同心，空套在转子上。当电动机转动时，速度继电器的转子随之转动，绕组切割磁力线产生感应电动势和电流，此电流在永久磁铁的磁场作用下产生转矩，使定子向轴的转动方向偏摆，电动机转速越高，速度继电器定子导体内产生的电流越大，转矩也越大，当定子转动到一定角度时，通过定子柄拨动触点，使动断触点断开、动合触点闭合。当电动机转速低于某一数值时，定子产生的转矩减小，定子柄在弹簧力的作用下恢复原位，触点也复原。速度继电器根据电动机的额定转速进行选择。

（3）压力继电器。压力继电器主要用于对液体或气体压力的高低进行检测并发出开关量信号，以控制电磁阀、液泵等设备对压力的高低进行控制。图 2-10 所示为压力继电器结构示意及图形、文字符号。压力继电器主要由压力传送装置和微动开关等组成，液体或气体压力经压力入口推动橡皮膜和滑杆，克服弹簧反力向上运动，当压力达到给定压力时，触动微动开关，发出控制信号，旋转调压螺母可以改变给定压力。

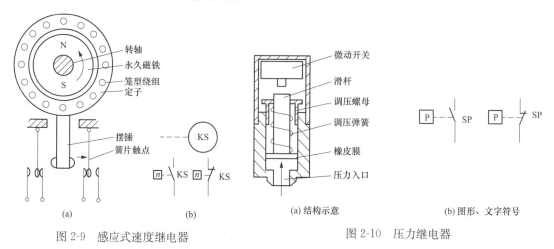

图 2-9　感应式速度继电器　　　　　　　　　图 2-10　压力继电器

2.1.3　主令电器

主令电器是按一定生产工艺要求发出控制命令的操纵电器，用以闭合或断开接触器、继电器等电器的线圈回路，实现对生产机械的控制。在控制电路中，由于它是一种专门发布命令的电器，故称为主令电器。主令电器不允许分合主回路。主令电器应用广泛，种类较多，常用的有控制按钮、万能转换开关、主令控制器、行程开关等。

1. 控制按钮

控制按钮是主令电器中最常用的一种手动电器，广泛用于直流 440V 或交流 500V 以下的控制电路中，结构如图 2-11（a）所示。在低压控制电路中，用于发出控制信号。它可以与接触器或继电器配合，对电动机实现远距离的自动控制，用于实现控制线路的电气连锁。按钮的图形符号及文字符号见图 2-11（b）。

控制按钮由按钮帽、复位弹簧、桥式触点和外壳等组成，通常做成复合式，即具有动断触点和动合触点。按下按钮时，先断开动断触点，后接通动合触点；按钮释放后，在复位弹簧的作用下，按钮触点自动复位的先后顺序相反。通常，在无特殊说明的情况下，有触点电器的触点动作顺序均为先断后合。

控制按钮的种类很多，在结构上有揿钮式、紧急式、钥匙式、旋钮式、保护式、自锁式、带灯式和带灯自锁式。

2. 万能转换开关

万能转换开关（见图 2-12）是一种多挡位、多触点、可控制多回路的主令电器，主要用于各

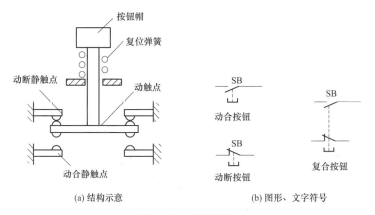

(a) 结构示意   (b) 图形、文字符号

图 2-11 按钮开关

种控制线路的转换、电压表、电流表的换相测量控制、配电装置线路的转换和遥控等，还可以用于直接控制小容量电动机的启动、换向、调速。

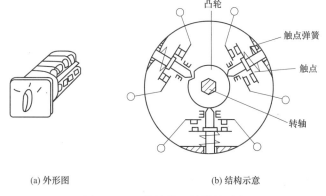

(a) 外形图   (b) 结构示意

图 2-12 万能转换开关结构示意

万能转换开关按手柄的操作方式可分为自复式和定位式两种。自复式是指用手拨动手柄于某一挡位时，手松开后，手柄自动返回原位；定位式则是指手柄被置于某挡位时，不能自动返回原位而停在该挡位。

万能转换开关的手柄操作位置是以角度表示的。电路图中的图形符号、文字符号如图 2-13 所示。但由于其触点的分合状态与操作手柄的位置有关，所以除了应在电路图中画出触点图形符号外，还应画出操作手柄与触点分合状态的关系。图 2-13 中，当万能转换开关打向 0° 时，只有触点 1—2 闭合，打向左 45° 时，触点 5—6、6—8 闭合；打向右 45° 时，触点 3—4、5—6 闭合。

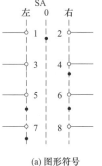

(a) 图形符号

触点	位置		
	左	0	右
1—2		×	
3—4			×
5—6	×		×
7—8	×		

(b) 触点闭合表

图 2-13 万能转换开关的图形符号

3. 主令控制器

主令控制器是一种频繁对电路进行接通和切断的电器。通过它的操作，可以对控制电路发布命令，与其他电路连锁或切换。常配合磁力启动器对绕线式异步电动机的启动、制动、调速及换向实行远距离控制，广泛用于各类起重机械拖动电动机的控制系统中。

主令控制器一般由外壳、触点、凸轮、转轴等组成，与万能转换开关相比，它的触点容量大一些，操纵挡位也较多。主令控制器的动作过程与万能转换开关相类似，也是由一块可转动的凸轮带动触点动作。

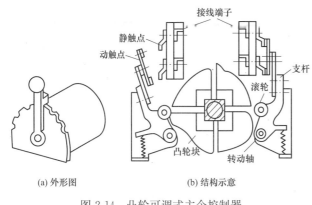

控制电路中，主令控制器触点的图形符号及操作手柄在不同位置时的触点分合状态表示方法与万能转换开关相似。从结构上主令控制器分为两类：一类是凸轮可调式主令控制器，见图 2-14；另一类是凸轮固定式主令控制器。

(a) 外形图　　　　(b) 结构示意

图 2-14　凸轮可调式主令控制器

4. 行程开关

行程开关又称为限位开关、位置开关，是依照生产机械的行程发出命令，以控制其运行方向或行程长短的主令电器，主要用于生产机械的行程控制及限位保护。行程开关广泛用于各类机床和起重机械，用以控制其行程、进行终端限位保护。它的种类很多，按运动形式可分为直动式、微动式、转动式等；按触点的性质分可为有触点式和无触点式。

(1) 有触点式行程开关。有触点式行程开关简称行程开关。其作用原理与按钮类似，但是它不依靠手动按压，而是利用运动部件的挡块碰撞来发出控制指令，从而使触点动作。它的切换能力一般比按钮大，用于控制生产机械的运动方向、速度、行程大小或位置等，其结构形式多样。按结构可分为直动式、滚轮式、微动式和组合式。

1) 直动式行程开关。直动式行程开关动作原理与按钮开关相同，但其触点的分合速度取决于生产机械的运行速度，不宜用于速度低于 0.4m/min 的场合。其结构原理图如图 2-15 所示。

2) 滚轮式行程开关。如图 2-16 所示，当滚轮被运动机械的撞块撞击时，上转臂在盘形弹簧的作用下，带动下转臂以逆时针方向转动。滑轮在自左向右的滚动过程中，不断压迫弹簧，当滚动到横板的转轴时，横板受弹簧的作用，迅速转动，使触点迅速动作。当运动机械返回时，在复位弹簧的作用下，各部分动作部件复位。触点的分合速度不受生产机械的运行速度影响。

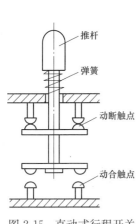

图 2-15　直动式行程开关

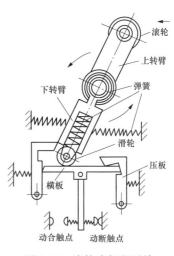

图 2-16　滚轮式行程开关

滚轮式行程开关又分为单滚轮自动复位和双滚轮非自动复位式，双滚轮行移开关具有两个稳态位置，有"记忆"作用，在某些情况下可以简化线路。

3）微动式行程开关。当生产机械的行程比较小且作用力也很小时，可以采用具有瞬时动作和微小行程的微动式行程开关，如图 2-17 所示。微动式行程开关安装了弯形片状弹簧，使推杆在很小的范围内移动时，可使触点因弯形片状弹簧的翻转而改变状态。具有体积小、重量轻、动作灵敏、能瞬时动作、微小行程等优点，常用于要求行程控制准确度较高的场合，缺点是寿命较短。

行程开关的图形、文字符号如图 2-18 所示。

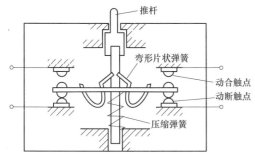

图 2-17　微动式行程开关

图 2-18　行程开关的图形、文字符号

行程开关的主要参数有形式、动作行程、工作电压及触点的电流容量。目前，国内生产的行程开关有 LXK3、3SE3、LX19、LXW 和 LX 等系列，常用的行程开关有 LX19、LXW5、LXK3、LX32、LX33 等系列。

（2）无触点式行程开关。由于有触点式行程开关可靠性较差、使用寿命短、操作频率低，采用无触点式行程开关即电子接近开关能够克服这些缺点。接近开关是当运动的物体与之接近到一定距离时便发出接近信号，不需施以机械力。由于电子接近开关具有电压范围宽、重复定位精度高、响应频率高及抗干扰能力强、安装方便、使用寿命长等特点，广泛应用于检测、计数、零件尺寸检测、加工程序的自动衔接、液面控制等场合，以及计算机或可编程序控制器的电气控制系统中。

按照工作原理，电子接近开关分为高频振荡型、电容型、电磁感应型、光电型、永磁型与磁敏元件型、超声波型等。测量距离从几个毫米到几米，具有各种电压等级。不同形式的接近开关所检测的物体不同。

1）电容式接近开关。电容式接近开关可以检测各种固体、液体或粉状物体，主要由电容式振荡器及电子电路组成，其电容位于传感界面，当物体接近时，将因改变了电容值而振荡，从而产生输出信号。

2）霍尔接近开关。霍尔接近开关用于检测磁场，一般用磁钢作为被检测体，其内部的磁敏感器件仅对垂直于传感器端面的磁场敏感。当磁极 S 极正对接近开关时，接近开关的输出产生正跳变，输出为高电平；当磁极 N 极正对接近开关时，输出为低电平。

3）超声波接近开关。超声波接近开关适用于检测不能或不可触及的目标，其控制功能不受声、电、光等因素干扰，检测物体可以是固体、液体或粉末状态的物体，只要能反射超声波即可。其主要组成部分有压电陶瓷传感器、发射超声波和接收反射波用的电子装置及调节检测范围用的程控桥式开关等。

4）光电开关。光电开关分为反射式和对射式。反射式光电开关是利用物体对光电开关发射出的红外线反射回去，由光电开关接收，从而判断是否有物体存在。若有物体存在，光电开关接收到红外线，其触点动作，否则其触点复位。对射式光电开关由分离的发射器和接收器组成。当无遮挡物时，接收器接收到发射器发出的红外线，其触点动作；当有物体挡住时，接收器便接收不到红外线，其触点复位。

接近开关输出形式有两线、三线和四线式几种，晶体管输出类型有 NPN 和 PNP 两种，外形有方型、圆型、槽型和分离型等多种。接近开关的主要参数有形式、动作距离范围、动作频率、响应时间、重复精度、输出形式、工作电压及输出触点的容量等。接近开关的图形、文字符号如图 2-19 所示。

2.1.4　保护电器及组合电器

1. 熔断器

熔断器在电路中主要起短路保护的作用，用于保护线路。熔断器的熔体串接于被保护的电路中，熔断器以其自身产生的热量使熔体熔断，从而自动切断电路，实现短路保护及过载保护。熔断器具有结构简单、体积小、重量轻、使用维护方便、价格低廉、分断能力高、限流能力良好等优点，在电路中得到广泛应用。

（1）熔断器的结构原理及分类。熔断器由熔体和安装熔体的绝缘底座（或称熔管）组成。熔体由易熔金属材料铅、锌、锡、铜、银及其合金制成，形状常为丝状或网状。由铅锡合金和锌等低熔点金属制成的熔体，因不易灭弧，多用于小电流电路；由铜、银等高熔点金属制成的熔体，易于灭弧，多用于大电流电路。

熔断器串接于被保护电路中，电流通过熔体时产生的热量与电流平方和电流通过的时间成正比，电流越大，则熔体熔断时间越短，这种特性称为熔断器的反时限保护特性或安-秒特性，如图 2-20 所示。图中 I_N 为熔断器额定电流，熔体允许长期通过额定电流而不熔断。当电路发生短路故障时，熔体被加热到熔点而瞬时熔断，进而分断电路，对电路起到保护作用。

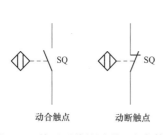

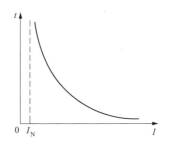

图 2-19　接近开关的图形、文字符号　　　　图 2-20　熔断器的安秒特性

熔断器种类很多，按结构分为开启式、半封闭式和封闭式；按有无填料分为有填料式、无填料式；按用途分为工业用熔断器、保护半导体器件熔断器、自复式熔断器等。

每一熔体都有一最小熔化电流。对应于不同的环境温度，最小熔化电流也不同。虽然该电流受外界环境的影响，但在实际应用中可以不加考虑。一般定义熔体的最小熔断电流与熔体的额定电流之比为最小熔化系数，常用熔体的熔化系数大于 1.25，也就是说额定电流为 10A 的熔体在电流 12.5A 以下时不会熔断。

（2）常用的熔断器。

1）插入式熔断器。如图 2-21（a）所示，常用的产品有 RC1A 系列，主要用于低压分支电路的短路保护，因其分断能力较小，多用于照明电路和小型动力电路中。

2）螺旋式熔断器。如图 2-21（b）所示，熔芯内装有熔丝，并填充石英砂，用于熄灭电弧，分断能力强。熔体上的上端盖有一熔断指示器，一旦熔体熔断，指示器马上弹出，可透过瓷帽上的玻璃孔观察到。螺旋式熔断器常用于机床配电电路中。

3) 密封管式熔断器。密封管式熔断器为无填料管式熔断器，如图 2-21（c）所示，主要用于供配电系统作为线路的短路保护及过载保护，它采用变截面片状熔体和密封纤维管。由于熔体较窄处的电阻大，在短路电流通过时产生的热量最大，先熔断，因而可产生多个熔断点使电弧分散，以利于灭弧。短路时其电弧燃烧密封纤维管产生高压气体，以便将电弧迅速熄灭。

4) 有填料密封管式熔断器。有填料密封管式熔断器如图 2-21（d）所示。熔断器中装有石英砂，用来冷却和熄灭电弧，熔体为网状，短路时可使电弧分散，由石英砂将电弧冷却熄灭，可将电弧在短路电流达到最大值之前迅速熄灭，以限制短路电流。此为限流式熔断器，常用于大容量电力网或配电设备中。

5) 快速熔断器。快速熔断器主要用于半导体整流元件或整流装置的短路保护。由于半导体元件的过载能力很低，只能在极短时间内（数毫秒至数十毫秒）承受较大的过载电流，因此要求短路保护具有快速熔断的能力，而一般熔断器的熔断时间是以秒计的，所以不能用来保护半导体器件，必须采用在过载时能迅速动作的快速熔断器。快速熔断器的结构和有填料封闭式熔断器基本相同，但熔体材料和形状不同，它是以银片冲制的有 V 形深槽的变截面熔体。

6) 自复熔断器。采用低熔点金属钠作熔体，在常温下具有高电导率。当电路发生短路故障时，短路电流产生高温使钠迅速气化，气态钠呈现高阻态，从而限制了短路电流。当短路电流消失后，温度下降，金属钠蒸气冷却并凝结，恢复原来的良好导电性能。自复熔断器只能限制短路电流，不能真正分断电路。其优点是不必更换熔体，能重复使用。

熔断器的图形、文字符号如图 2-21（e）所示。

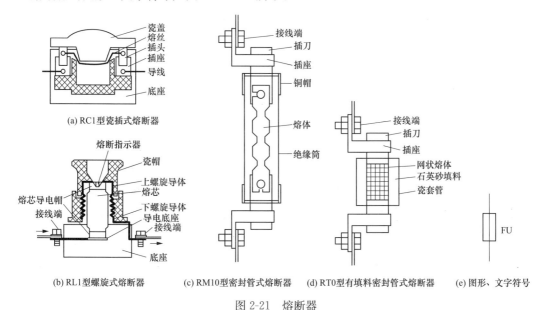

(a) RC1 型瓷插式熔断器　　(b) RL1 型螺旋式熔断器　(c) RM10 型密封管式熔断器　(d) RT0 型有填料密封管式熔断器　(e) 图形、文字符号

图 2-21　熔断器

（3）熔断器的主要技术参数。熔断器的主要技术参数包括额定电压、熔体额定电流、熔断器额定电流、极限分断能力等。

额定电压：指保证熔断器能长期正常工作的电压。

熔体额定电流：指熔体长期通过而不会熔断的电流。

熔断器额定电流：指保证熔断器能长期正常工作的电流。

极限分断能力：指熔断器在额定电压下所能开断的最大短路电流。在电路中出现的最大电流一般是指短路电流值，因此极限分断能力也反映了熔断器分断短路电流的能力。

2. 自动空气开关

自动空气开关也称为低压断路器，用于低压配电线路中不频繁的通断控制。在电路发生短路、过载或欠电压等故障时能自动分断故障电路，是一种控制兼保护电器。

断路器的种类繁多，按其用途和结构特点可分为 DW 型框架式断路器、DZ 型塑料外壳式断路器、DS 型直流快速断路器、DWX 型和 DWZ 型限流式断路器等。框架式断路器主要用作配电线路的保护开关，而塑料外壳式断路器除可用作配电线路的保护开关外，还可用作电动机、照明电路及电热电路的控制开关。

下面以塑壳断路器为例简单介绍断路器的结构、工作原理、使用与选用方法。

（1）低压断路器的结构和工作原理。低压断路器主要组成有操作机构、触点、灭弧系统和各种脱扣器，包括过电流脱扣器、热脱扣器、失电压（欠电压）脱扣器、分励脱扣器和自由脱扣器。图 2-22 所示为低压断路器工作原理示意及图形、文字符号。低压断路器开关是靠操作机构手动或电动合闸的，触点闭合后，自由脱扣机构将触点锁在合闸位置上。当电路发生上述故障时，通过各自的脱扣器使自由脱扣机构动作，自动跳闸以实现保护作用。分励脱扣器则作为远距离控制分断电路之用。

1）过电流脱扣器。过电流脱扣器用于线路的短路和过电流保护，当线路的电流大于整定的电流值时，过电流脱扣器所产生的电磁力使挂钩脱扣，动触点在弹簧的拉力下迅速断开，实现断路器的跳闸功能。

2）热脱扣器。热脱扣器用于线路的过负荷保护，工作原理和热继电器相同。

3）失电压（欠电压）脱扣器。失电压（欠电压）脱扣器用于失压保护，如图 2-22 所示，失电压脱扣器的线圈直接接在电源上，处于吸合状态，断路器可以正常合闸；当停电或电压很低时，失电压脱扣器的吸力小于弹簧的反力，弹簧使动铁芯向上使挂钩脱扣，实现断路器的跳闸功能。

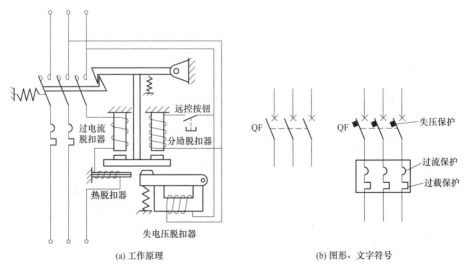

(a) 工作原理　　　　　　　　　　　　　(b) 图形、文字符号

图 2-22　低压断路器

4）分励脱扣器。分励脱扣器用于远方跳闸，当在远方按下按钮时，分励脱扣器得电产生电磁力，使其脱扣跳闸。其功能相当于闸刀开关、过电流继电器、失压继电器、热继电器及漏电保护器等电器部分或全部的功能总和，是低压配电网中一种重要的保护电器。

（2）低压断路器的选择原则。

1）断路器类型应根据使用场合和保护要求来选择。一般选用塑壳式；短路电流很大时，选用限流型；额定电流比较大或有选择性保护要求时，选用框架式；控制和保护含有半导体器件的直流电路时，应选用直流快速断路器等。

2）断路器额定电压、额定电流应大于或等于线路/设备的正常工作电压、工作电流。

3）断路器极限通断能力大于或等于线路可能出现的最大短路电流，一般按有效值计算。

4）欠电压脱扣器额定电压等于线路额定电压。

5）过电流脱扣器的额定电流大于或等于线路的最大负载电流。

2.2　电气控制系统设计

电气控制线路是一种由接触器、继电器、按钮、开关等电器元件组成的有触点、断续作用的控制系统，按照一定的控制规律，满足生产过程工艺要求，实现生产加工自动化的自动控制。

2.2.1　电气控制线路的基础知识

电气控制线路是由导线将电机、电器、仪表等元件按一定的要求和方法连接起来以实现某种功能的电气线路，用于表达电气控制系统的结构、原理等设计意图，便于电气系统的安装、调试、使用和维护。电气线路可分为主电路和辅助电路两部分。在进行电气控制线路的设计时，必须使用国家统一规定的电气图形符号和文字符号绘制电气控制线路。电气控制线路的表示方法有电气原理图、电气设备接线图、电气设备位置图三种。

由继电器-接触器实现的控制系统仍然在工业企业中应用广泛，也是其他自动控制系统的基础，下面介绍继电器-接触器控制系统及其设计原则。

1. 电气原理图

为了便于阅读和分析控制电路，根据结构简单、层次清晰的原则，采用电气元件展开形式绘制，反映电气控制的原理和各元件的控制关系，不反映元件的实际大小和位置。主电路指设备的驱动电路，包括从电源到用电设备的电路，是强电流通过的部分。控制电路指由按钮、接触器和继电器的线圈、各种电器的动合/动断触点等组合构成的控制逻辑电路需要的控制功能，是弱电流通过的部分。

绘制电路图时应遵循以下几个原则：

（1）电气控制原理图分主电路和控制电路。主电路用粗线，一般画在左侧；控制电路用细线，一般画在右侧。

（2）同一电器各导电部件可不画在一起，但必须采用同一文字标明。

（3）全部触点均采用"平常"状态。所谓"平常"状态指：接触器、继电器线圈未通电时触点状态；按钮、行程开关未受外力时触点状态；主令控制器手柄置于"0"位时各触点状态。

（4）应尽量减少连线，尽可能避免连接线交叉。

2. 电气设备接线图

电气设备接线图表示各项目之间实际接线情况，图中一般标示出项目的相对位置、项目代号、端子号、导线号、导线类型、导线截面积、屏蔽和导线绞合等内容。

电气设备位置图和接线图用于安装接线、检查维修和施工。

3. 电气设备位置图

电气设备位置图用于表示各种电气设备在机械设备和电气控制柜的实际安装位置。各项目的安装位置是由机械的结构和工作要求决定的，如电动机要和被拖动的机械部件在一起，行程开关应放在要取得信号的地方，操作元件放在便于操作的地方，一般电气元件应放在控制柜内。

2.2.2　电气控制线路的设计

生产设备的电气控制系统设计是生产设备设计的重要组成部分，应满足生产设备的总体技术方案。

1. 电气控制线路设计的原则

设计电气控制线路的基本原则是首先应满足被控制的生产机械的工艺要求，同时应具有必要的保护措施，用来保证在故障状态下的人身安全和设备安全。现从以下几点说明：

（1）正确设计控制线路。电气控制线路是为整个生产机械和工艺过程服务的，因此，设计前应深入生产现场，切实掌握生产机械工艺要求、工作过程、工作方式及生产机械所需要的保护。在此基础上设计控制方案，满足生产机械对控制方式、启动、反向、制动、停机、调速等方面的要求。在最大限度地满足设备对电气控制线路要求的前提下，应力求控制线路简单、布局合理，电气元件选择正确并得到充分利用。同时，控制系统要便于操作和维修。

（2）设置必要的保护。电气控制线路应具有完善的保护环节，以保证整个生产机械的安全运行，消除不正常工作时的有害影响，避免误操作发生事故。常用的保护环节有短路、过载、过电流、欠电压与零电压、弱磁等。保护环节应工作可靠，满足负载需要，做到正常运行时不发生误动作，事故发生时能够准确动作，及时切断故障电路。

（3）正确选择电气设备。应根据工作方式、线路电压、电流等级、操作频率等选用适合要求的电器，同时要考虑触点的断弧容量，如断弧能力不够，可采用双断方式，即两个触点串联。辅助触点的数量要符合产品的规定，数量不够时可增加中间继电器。

（4）控制线路力求简单、经济。

1）尽量减少电器元件的品种、数量和规格，同一用途的器件尽可能选用相同品牌、型号的产品，并且在充分满足电气控制要求的基础上，将电器数量减少到最低限度。

2）尽量选用基本线路和典型环节，选用标准的、常用的或经过实际考验过的基本线路和典型环节。

3）尽量减少电器元件触点的数目，目的是简化线路，降低故障发生的概率，提高电路运行的可靠性。可以通过合并同类触点的方法达到减少触点数量的目的，但应注意合并后的触点容量是否够用。

4）尽量缩减连接导线的长度和导线数量。

5）尽量减少电器的通电时间。控制线路在工作时，除必要的电器元件外，其余电器尽量不长期通电，以利节能与延长电器元件寿命，减少故障。

2. 控制线路设计要注意的问题

为了保证电气控制线路的工作安全可靠，要选用可靠的元件，尽量选用机械和电气寿命长、结构坚实、动作可靠、抗干扰性能好的电器元件。同时在设计控制线路时应注意以下几点：

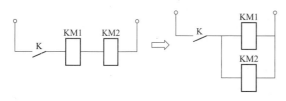

图 2-23　交流线圈的连接

（1）正确连接电器元件的线圈。在交流控制电路中，同时动作的两个电磁线圈不能串联，两个电磁线圈需要同时吸合时其线圈应并联连接，如图 2-23 所示。即使外加电压是两个线圈的额定电压之和，也不允许串联。因为两个电器动作总是有先有后，有一个电器吸合动作，其线圈上的电感显著增加，阻抗比未吸合的线圈阻抗大，电压降也相应增大，从而使另一个电器达不到所需要的动作电压而不能吸合。同时总阻抗减小，电路电流增大，有可能引起线圈烧毁。因此，如果两个电器需要同时动作，应该将其线圈并联。

在直流控制电路中，两电感值相差悬殊的直流电压线圈不能并联连接。如图 2-24 所示，YA 为电感量较大的电磁铁线圈，K 为电感量较小的中间继电器线圈，当 KM 触点断开时，YA 线圈会产生感应电动势加在 K 线圈上，使流经 K 线圈上的感应电流有可能大于其工作电流而使 K 重新吸合，且要经过一段时间后 K 才释放。这种情况是不允许的，解

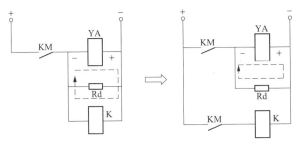

图 2-24　直流线圈的连接

决方法是将 K 线圈单独串联一个 KM 的动合触点，形成一个回路。

（2）正确连接电器的触点。同一电器的辅助动合和动断触点靠得很近，如果分别接到电源的不同相上，如图 2-25 中行程开关 SQ 的动合和动断触点不是等电位的，当触点断开产生电弧时很可能在两触点间形成飞弧造成电源短路。此外绝缘不好也会引起电源短路。因此，设计时应使同一电器触点接到电源的同一相上，由于两触点电位相同，就不会造成飞弧而引起电源短路，提高了线路工作的可靠性。

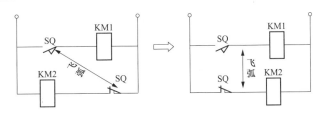

图 2-25　电器触点的连接

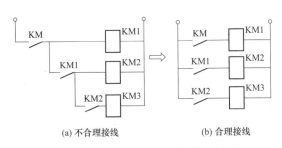

（a）不合理接线　　（b）合理接线

图 2-26　避免多个电器元件依次接通

（3）避免多个电器元件依次接通。控制线路应尽量避免多个电器元件依次动作才能接通另一个电器元件的现象。如图 2-26（a）所示，接通线圈 KM3 要经过 KM、KM1 和 KM2 三对动合触点。若改为图 2-26（b），则每个线圈通电只需经过一对触点，这样可靠性更高。

（4）避免出现寄生电路。在电气控制线路的工作过程中，意外接通的电路称为寄生电路。寄生电路的出现将影响控制线路的正常工作，造成误动作，应尽量避免。图 2-27 所示为一个具有指示灯和热保护的电动机正反转电路。在正常工作时，线路能完成正反转启动、停止和信号指示，但当电动机过载、热继电器 FR 动作时，线路就出现了寄生电路，如图中虚线所示。这样使正向接触器 KM1 不能释放，起不到保护作用。改进后的线路可以防止寄生电路。

（5）防止发生触点竞争现象。当控制电路状态发生变换时，常伴随电路中电气元件的触点状态发生变换。由于电气元件总有一定的固有动作时间，对于一个时序电路而言，往往发生不按时序动作的情况，触点争先吸合，就会得到几个不同的输出状态，这种现象称为电路的竞争。

电器元件的动合和动断触点有先断后合型和先合后断型。先断后合型，是指电器线圈通电衔铁吸合时动断触点先断开，动合触点后闭合；线圈断电衔铁释放时动合触点先断开，动断触点

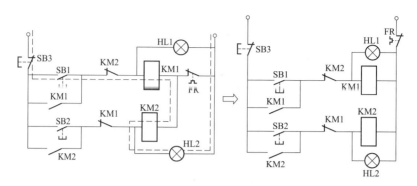

图 2-27　防止寄生电路

后闭合。这两个触点先后动作的时间差称为暂态时间。先合后断型恰好与之相反。如果触点动作先后发生竞争，电路工作则不可靠。通常使用的都是先断后合型。

　　如图 2-28 所示的线路控制要求 KM1 得电后，延时一段时间 KM2 得电，并使 KM1 立即失电。改进前线路问题：KM2 为先断后合型，则 KM2 线圈得电后其动断触点先断开，使 KT 断电释放，然后 KM2 动合触点才闭合自锁，若 KM2 的暂态时间大于 KT 的释放动作时间，则 KM2 动合触点还没闭合，KT 延时闭合动合触点已经打开，使 KM2 线圈再失电。改进后的线路经 KM1 使 KT 断电释放，推迟了其延时闭合动合触点打开时间，这样就不会出现竞争现象了。

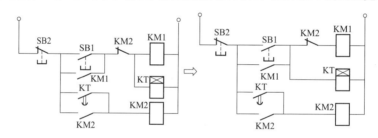

图 2-28　线路触点竞争现象

　　（6）应考虑继电器触点的接通与分断能力。在控制线路中，采用小容量继电器的触点来断开或接通大容量接触器的线圈时，要考虑继电器的触点断开或接通容量是否足够，不够时应加小容量的接触器或中间继电器，否则工作不可靠。若要增加接通能力，可用多触点并联；若要增加分断能力，可用多触点串联。

　　（7）电气互锁和机械互锁共用。在频繁操作的电动机正反转可逆控制线路中，正反向接触器之间不但要有电气互锁，而且还要有机械互锁。机械互锁的目的是正反向接触器能够直接切换，即启动正转同时切断反转，反之亦然。电气互锁是为了保证正反转接触器绝不同时闭合，保证其中一个可靠断开，另一个才能闭合，这样有效地防止主电路的短路危险。

2.3　继电器-接触器控制线路设计

　　电气控制设备种类繁多、功能各异，但其控制原理、基本控制电路、基本设计方法等方面有共同之处，都是由一些比较简单的典型基本电气控制电路组成。本节主要介绍电气控制系统的基本线路——三相异步电动机的启停、正反转、制动、调速、位置控制、多地点控制、顺序控制线路，这是分析和设计电气控制线路的基础。

常见电气控制基本原则有行程控制原则、电流控制原则、速度控制原则和时间控制原则等。根据生产工艺流程和工作部件的预定轨迹，对拖动电动机进行控制称为行程控制，也称为顺序控制，其控制的方法称为行程控制原则。根据电动机主回路电流的大小，利用电流继电器来控制电动机的工作状态，称为电流控制原则。根据电动机的转速变化，利用速度继电器来转换控制电路进而改变电动机的运行状态，称为速度控制原则。根据时间的变化来控制电动机的运行状态称为时间控制原则。

2.3.1　控制线路中的典型环节

1. 启、保、停控制电路

（1）控制线路。三相异步电动机的启、保、停控制电路如图 2-29 所示。图中左侧为主电路，由电源开关 QS、熔断器 FU1、接触器 KM 主触点、热继电器 FR 的发热元件和电动机 M 构成，右侧控制线路由熔断器 FU2、热继电器 FR 动断触点、停止按钮 SB1、启动按钮 SB2、接触器 KM 辅助动合触点和线圈构成。

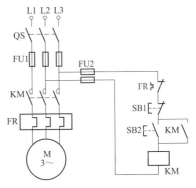

图 2-29　三相异步电动机的启、保、停控制电路

（2）工作原理。电动机启动时，首先合上电源开关 QS，引入三相电源，然后按下按钮 SB2，接触器 KM 的线圈通电吸合，主触点 KM 闭合，电动机 M 接通电源启动运转。同时与 SB2 并联的 KM 辅助动合触点闭合。当手松开按钮 SB2 后，它在自身复位弹簧的作用下恢复到原来断开的位置时，接触器 KM 的线圈仍可通过 KM 的辅助动合触点使接触器线圈继续通电，从而保持电动机的连续运行。这种依靠接触器自身动合触点而使其线圈保持通电的现象称为自保或自锁。

电动机停止时，只要按下停止按钮 SB1，将控制电路断开即可。这时接触器 KM 的线圈断电释放，KM 的常开主触点将三相电源切断，电动机 M 逐渐自由减速直至停止旋转。当手松开按钮 SB1 后，其动断触点在复位弹簧的作用下，虽又恢复到原来的常闭状态，但接触器线圈已不再能依靠自锁触点通电了，因为原来闭合的自锁触点早已随着接触器线圈的断电而断开了。该电路是单向自锁控制电路，其特点是启动、保持、停止，所以称为"启、保、停"控制电路。

（3）保护环节。

1）短路保护。熔断器 FU1、FU2 分别作主电路和控制线路的短路保护，当线路发生短路故障时能迅速切断电源。

2）过载保护。通常生产机械中需要持续运行的电动机均设过载保护，其特点是过载电流越大，保护动作越快，但不会受电动机启动电流的影响而动作。

3）失压和欠压保护。在电动机正常运行时，如果因为电源电压的消失而使电动机停转，那么在电源电压恢复时电动机就有可能自行启动，可能会造成人身事故或设备事故。防止电源电压恢复时电动机自启动的保护称为失压保护，也称为零电压保护。

在电动机正常运行时，电源电压过分降低会引起电动机转速下降和转矩降低，若负载转矩不变，使电动机电流过大，造成电动机停转和损坏电动机。因此，需要在电源电压下降到最小允许的电压值时将电动机电源切除，这样的保护称为欠压保护。

图 2-29 所示的电路依靠接触器自身电磁机构实现失压和欠压保护。当电源电压由于某种原因而严重欠电压或失电压时，接触器的衔铁自行释放，电动机停止运转。而当电源电压恢复正常时，接触器线圈也不能自动通电，只有在操作人员再次按下启动按钮后电动机才会启动。

2. 可逆控制

有的生产机械，如提升机、运输机、吊车、电梯等需要正向旋转，也需要反向旋转，则应采用可逆控制线路。对于三相异步电动机只要将其三相电源中的任意两相调换接线，就可改变电源相序使电动机改变旋转方向。因此，在前述不可逆控制线路的基础上再增设一组按钮和接触器，实现可逆控制。

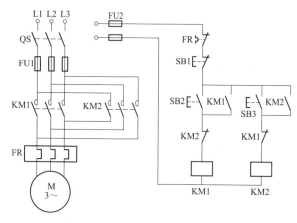

图 2-30　电气互锁的可逆控制线路

如图 2-30 所示，正向运行时，按下正转启动按钮 SB2，正转接触器 KM1 通电动作，电动机正转。要反转时，先按下停止按钮 SB1 使 KM1 释放，再按下 SB3，使反转接触器 KM2 通电动作，电动机反转。

在可逆控制线路中，为防止正、反两接触器同时通电闭合，造成电源短路的严重事故，则在两个接触器的线圈回路中，彼此串接一个对方的辅助动断触点，实现互锁保护，或称电气互锁。这样，当其中一个接触器通电动作时，另一个接触器就不能动作。图中串接在线圈 KM2 和线圈 KM1 之间的 KM1 和 KM2 两个动断触点就实现了电气互锁。

还可以用机械互锁来进行保护，如图 2-31 所示，它利用复合按钮本身的动断触点，串接在相反方向的接触器线圈回路中。当需要正向启动时，按下 SB2，使 KM1 通电动作，电动机正转，同时使 KM2 线圈回路断开，不能使电动机反向启动；反之亦然。为确保安全可靠，可采用同时具有电气和机械互锁措施，实现复合互锁的可逆控制线路。

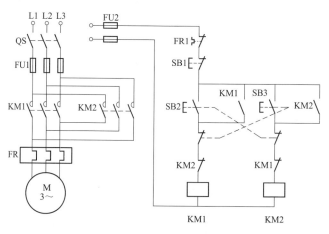

图 2-31　机械互锁的可逆控制线路

3. 多地点控制

为了操作方便，某些生产机械常常要求能够在两个或两个以上的地点进行控制。例如大型机床既可以在操作台上操作，又可以在机床周围用悬挂按钮完成操作。又如电梯，人在进入电梯轿厢前后可以分别在楼道上和电梯里进行操作。这些都需要对电动机进行多地点控制。

多地点控制，即在不同的地点各安装一套启动和停止按钮，实现对电动机的启停控制。因此，启动按钮应为动合触点且并联，停止按钮应为动断触点且串联。图 2-32 所示为三组控制按钮分别放置在三地，可实现三地点控制。只要按下 SB2、SB4 或 SB6 任意一个都可以使 KM 得电，电动机都可以启动；只要按下 SB1、SB3 或 SB5 任意一个都可以使 KM 失电，电动机都可以停止。

4. 点动控制和连续运行控制

有些生产机械常常需要试车或调整，就要由无自锁作用的控制线路实现所谓点动控制，即按下启动按钮电动机就转动，松开按钮电动机停转。主电路如图 2-33（a）所示，点动控制线路如图 2-33（b）所示，此时只需要一个启动按钮。

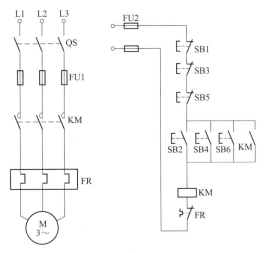

图 2-32 三地控制线路

在生产实践中，则要求电动机既能实现点动控制又能实现长动控制。图 2-33（c）中用复合按钮 SB3 实现点动控制，SB1 为正常的启动（长动）控制按钮。但是该线路可靠性差些因为在点动控制时，如果接触器 KM 的释放时间大于复合按钮的复位时间，那么 SB3 松开，即点动结束时，SB3 动断触点已闭合但接触器 KM 的自锁触点尚未打开，会使自锁电路通电，因此线路不能实现正常的点动控制。图 2-33（d）中用转换开关 SA 实现点动控制和长动控制的选择。SA 闭合，KM 自锁触点起作用，实现长动控制；SA 打开，KM 自锁触点不起作用，实现点动控制。该线路适用于不经常点动操作的场合。图 2-33（e）中利用中间继电器实现点动和长动结合的控制。点动控制时，按动启动按钮 SB3，KM 线圈通电，电动机 M 点动。长动控制时，按动启动按钮 SB1，中间继电器 K 线圈通电并自锁，KM 线圈通电，电动机 M 实现长动。此线路多用了一个中间继电器，但提高了工作可靠性，适用于电动机功率较大并需要经常点动操作的场合。

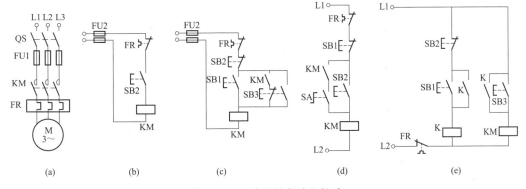

(a)	(b)	(c)	(d)	(e)

图 2-33 电动机的点动和长动

5. 连锁控制

有些生产机械采用多台电动机拖动各个部件，而各个运动部件之间是相互联系的，为实现复杂的工艺要求和保证可靠地工作，各部件常常需要按一定的顺序工作或连锁工作，其电动机应按一定顺序启停。例如煤炭生产现场及火电厂的带式输送机运送物料时，需逆物料运送方向顺序启动，顺物料运送方向顺序停机。

（1）两台电动机顺序启停。火电厂运煤系统中多台带式输送机的控制，要求逆煤流启动，顺煤流停机。另外，有的机床为了避免刀具损坏，要求进给机构只有在主轴旋转后才能工作，而停车时进给机构先停车，主轴才能停。

图 2-34（a）所示为两台电动机顺序启停控制的主电路。图 2-34（b）控制线路实现两台电动机的顺序启停，其控制要求：M1 启动后，M2 才能启动；M2 停后 M1 才能停，M2 也可单独停车。

工作过程如下：合上刀开关 QS，按下启动按钮 SB1，接触器 KM1 通电，电动机 M1 启动，KM1 两个辅助动合触点闭合，一个实现自锁，一个实现连锁为 M2 启动做准备。按下启动按钮 SB2，接触器 KM2 通电，电动机 M2 启动，KM2 两个辅助动合触点闭合，一个实现自锁，一个实现连锁为 M2、M1 顺序停车做准备。顺序停止时，因为 SB4 已经被闭合的 KM2 触点锁住，先按 SB4 不起作用，只有先按下 SB3，KM2 失电，其两个辅助动合触点打开，M2 停车，再按下按钮 SB4，才可使 M1 停车。

（2）按时间顺序启停。图 2-34（c）所示为利用时间继电器，按时间原则顺序启停的控制线路。其控制要求：电动机 M1 启动 t_1 时间后，电动机 M2 自动启动，电动机 M2 启动 t_2 时间后，电动机 M1 自动停车。我们分别利用两个时间继电器的延时闭合动合触点、延时断开动断触点来实现。

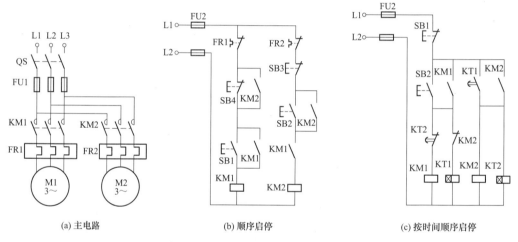

(a) 主电路　　　　　　　(b) 顺序启停　　　　　　　(c) 按时间顺序启停

图 2-34　两台电动机顺序启动的控制线路

顺序启停连锁控制线路的组成原则：①先动接触器的动合触点串于后动接触器线圈的电路中；②先停接触器的动合触点与后停接触器停止按钮并联；③同时动作的两个或以上接触器，其公共通路中应串接相应的动作按钮。

6. 往复自动控制

在生产实践中，有些机械设备要求在一定范围内能自动往复运行，例如机床工作台、高炉添加料设备、运料小车等设备。这就需要根据生产机械运动部件的行程位置，按照行程原则进行自动控制，通常采用行程开关，实现电动机的启动、停止、反向的控制。

（1）机床工作台往复运行控制。根据工艺要求，机床工作台的前进、后退自动循环运行如图2-35 所示。其工作要求如下：①按下相应启动按钮使工作台开始正向运行或反向运行；②工作台到终点后能自动返回到原位，到原位后也能自动开始前进。

工作台前进、后退自动循环运行控制线路如图 2-36 所示。工作过程如下：按下启动按钮SB2，接触器 KM1 通电，电动机 M 正转，工作台向前，工作台前进到一定位置，撞块压动行程开关 SQ1，SQ1 动断触点断开，KM1 断电，M 停止向前。SQ1 动合触点闭合，KM2 通电，电动

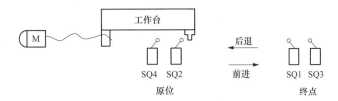

图 2-35　工作台前进、后退自动循环运行

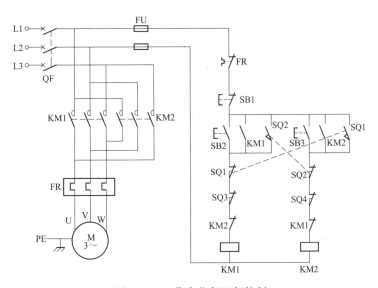

图 2-36　工作台往复运行控制

机 M 改变电源相序而反转，工作台向后。工作台后退到一定位置，撞块压动行程开关 SQ2，SQ2 动断触点断开，KM2 断电，M 停止后退。SQ2 动合触点闭合，KM1 通电，电动机 M 又正转，工作台又前进，如此往复循环工作，直至按下停止按钮 SB1，KM1（或 KM2）断电，电动机停止转动，工作台停止运动。

　　为了防止限位开关 SQ1、SQ2 失灵时造成工作台从机床上冲出的事故，我们在两端设置限位开关 SQ3、SQ4，分别进行为正、反向终端保护。如果行程开关 SQ1（或 SQ2）损坏，即使被撞块压下也不能实现电路切换，电动机仍按原方向转动，工作台继续向前（或向后）运动，当撞块压下 SQ3（或 SQ4）时，相应接触器断电，电动机停止转动，实现了保护。

　　（2）运料小车的控制。根据工艺要求，运料小车自动往复运行如图 2-37 所示。其工作要求如下：送料小车在限位开关 SQ2 处装料，t_1 时间后装料结束，开始右行，碰到 SQ1 后停下来卸料，t_2 时间后左行，碰到 SQ2 后又停下来装料，这样不停地循环

图 2-37　运料小车自动往复运行

工作，直至按下停止按钮 SB1。按钮 SB2 和 SB3 分别用来启动小车右行和左行。

　　运料小车自动往复运行控制线路如图 2-38 所示。控制线路在如图 2-36 所示的工作台前进、后退自动循环运行控制线路的基础上加入了两个时间继电器。为使小车自动停止，将 SQ1 和 SQ2 的动断触点分别与 KM1 和 KM2 的线圈串联。为使小车自动启动，将控制装、卸料延时的定时器 KT2 和 KT1 的动合触点，分别与手动启动右行和左行的 SB2、SB3 动合触点并联，并用 SQ2 和 SQ1 的动合触点分别接通装料、卸料电磁阀（图中未画）和相应的定时器。控制线路工

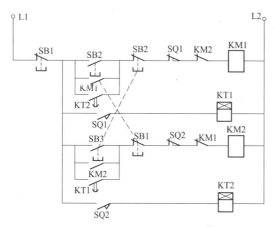

图 2-38　运料小车自动往复运行控制线路

7. 电液控制

液压传动系统容易获得大的转矩，传递平稳均匀，准确可靠，控制方便，易于实现自动化。液压传动系统和电气控制系统相结合的电液控制系统在组合机床、自动生产线、数控机床等的应用也十分广泛。实际生产中常常会用液压执行机构带动生产机械，它们的启停、换向、变换、连锁等工艺要求均依靠改变液体通路的通断来实现。

电磁换向阀是电液控制系统中的电液控制元件，它将输入的电信号转换为液压信号输出，主要由电磁铁和换向阀组成，主阀芯在电磁铁电磁力作用下换向，从而控制液体通路的通断或切换。因此，电磁阀的控制实质就是电磁铁的控制。

根据电磁铁所用的电源种类，电磁阀有交流电磁阀和直流电磁阀两种。电磁阀文字符号为 YV，电磁铁文字符号为 YA，线圈图形符号与继电器线圈图形符号一样，但它只有线圈而无触点，不能实现自锁，所以使用时要注意，可以利用中间继电器实现自锁。

下面分析液压动力头自动工作循环的电气控制线路，具有一次工作进给的动力头自动工作过程如图 2-39 所示，液压系统各电磁铁动作情况见表 2-1，表中的"＋""－"分别表示得电和失电。其控制线路如图 2-40 所示。

表 2-1　　　　　　　　　　　　　　　液压元件动作表

元件 工步	YA1	YA2	YA3	转换主令
原位	－	－	－	SQ1
快进	＋	－	＋	SB
工进	＋	－	－	SQ2
快退	－	＋	－	SQ3

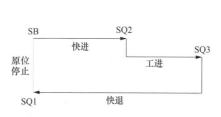

图 2-39　动力头自动工作过程

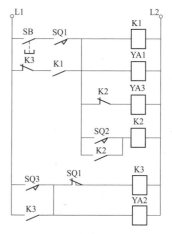

图 2-40　液压动力头自动工作循环控制线路

工作过程分析如下：

（1）动力头原位停止。当电磁铁 YA1、YA2、YA3 都断电时，动力头停止不动，撞块压动行程开关 SQ1，其动合触点闭合，动断触点断开。

（2）动力头快速进给。当动力头在原位，行程开关 SQ1 动合触点闭合时，按下启动按钮 SB，中间继电器 K1 线圈得电，其动合触点闭合自锁并使电磁铁 YA1、YA3 通电，动力头向前快进。

（3）动力头工作进给。在动力头快进过程中，当撞块压动行程开关 SQ2 时，其动合触点闭合，使中间继电器 K2 线圈得电并自锁，K2 的动断触点断开使电磁铁 YA3 失电，动力头由快进转工进。

（4）动力头快退。当动力头工进到终点时，撞块压动行程开关 SQ3，其动合触点闭合，使中间继电器 K3 线圈得电并自锁，电磁铁 YA2 得电，K3 动断触点断开，使电磁铁 YA1 断电，动力头快速退回。当动力头快速退回到原位时，撞块压动行程开关 SQ1，其动断触点断开，使中间继电器 K3 失电，进而电磁铁 YA2 断电，此时电磁铁 YA1、YA2、YA3 都处于断电状态，动力头停在原位。

2.3.2　三相异步电动机的启动控制线路

三相异步电动机转子构造不同，启动方法也不同，控制电路也有差别。下面分别介绍鼠笼式异步电动机和绕线式异步电动机的启动控制线路。

1. 鼠笼式异步电动机启动控制线路

笼型异步电动机有两种启动方式，直接启动和降压启动。直接启动又称为全压启动，即启动时电源电压全部施加在电动机定子绕组上。降压启动就是在启动时将电源电压降低到一定的数值后再施加到电动机定子绕组上，待电动机的转速接近额定转速时，再使电动机在电源电压下运行。

（1）直接启动控制线路。直接启动对电网不产生影响且工作要求简单的异步电动机，对容量较小（7.5kW 以下），启动电流在电网中引起的压降不超过电网额定电压的 10%～15%，可以采用接触器直接启动。如图 2-41 所示的控制电路，主电路由刀开关 QS、熔断器 FU1、接触器 KM 的主触点、热继电器 FR 的热元件和电动机 M 组成；控制电路由启动按钮 SB2、停止按钮 SB1、接触器 KM 的线圈和辅助动合触点、热继电器 FR 的动断触点、熔断器 FU2 组成。

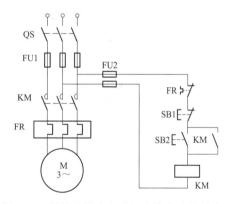

图 2-41　鼠笼式异步电动机直接启动控制线路

（2）降压启动控制线路。为限制较大异步电动机启动电流对电网的影响，较大容量（超过供电变压器的 5%～25%）的鼠笼式异步电动机一般都采用降压启动的方式启动。鼠笼式异步电动机常用的降压启动方式有丫-△降压启动、定子绕组串电阻降压启动、自耦变压器降压启动。

1）丫-△降压启动。启动时，定子绕组接成星形连接，此时加在电动机每相绕组上的电压为额定电压的 $1/\sqrt{3}$，启动电流降为全压启动时电流的 1/3，从而降低了启动电流对电网的影响。适用于正常运行状态下定子绕组接成三角形连接且容量较大的三相鼠笼式异步电动机，由于启动电流仅为三角形接法启动电流的 1/3，启动转矩也相应下降为三角形接法启动转矩的 1/3，故仅适用于空载或轻载启动的场合。

图 2-42 所示为鼠笼式异步电动机丫-△降压启动控制线路。主电路由 3 个接触器进行控制，KM1、KM3 主触点闭合，将电动机绕组连接成星形；KM1、KM2 主触点闭合，将电动机绕组连接成三角形。控制电路中，用时间继电器来实现电动机绕组由星形向三角形连接的自动转换。

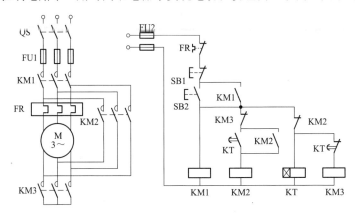

图 2-42　鼠笼式异步电动机丫-△降压启动控制线路

控制电路的工作原理：按下启动按钮 SB2，KM1 通电并自锁，时间继电器 KT、KM3 的线圈通电，KM1 与 KM3 的主触点闭合，将电动机绕组连接成星形，电动机降压启动。待电动机转速接近额定转速时，KT 延时时间到，其动断触点断开，KM3 失电，接触器 KM3 的动断触点复位，时间继电器 KT 动合触点闭合，使得 KM2 通电吸合并自锁，同时将主回路电动机绕组连接成三角形连接，电动机进入全压运行状态。

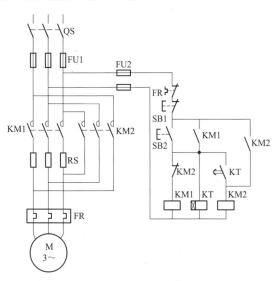

图 2-43　串电阻降压启动控制电路

2）定子串电阻降压启动控制电路。电动机定子绕组串电阻（串电抗器启动与串电阻器工作原理一样）降压启动，其工作原理是：电动机启动时，在三相定子绕组中串接电阻分压，使定子绕组上的压降降低，启动后再将电阻短接，电动机即可在全压下运行。这种启动方式不受接线方式的限制，设备简单，但由于启动电流随定子电压成比例下降，而启动转矩则按电压的平方关系下降，且能耗大，故适用于启动不频繁、空载或轻载启动的场合，常用于中小型设备的启动，以及机床点动调整时用来限制启动电流。图 2-43 所示为串电阻降压启动控制电路。图中主电路由 KM1、KM2 两组接触器主触点构成串电阻接线和短接电阻接线，并由控制电路按时间原则实现从启动状态到正常工作状态的自动切换。

控制电路的工作原理：按下启动按钮 SB2，接触器 KM1 通电吸合并自锁，KM1 主触点闭合，电动机串电阻降压启动。时间继电器 KT 线圈通电，经过延时后，KT 的延时动合触点闭合，接通 KM2 的线圈回路，KM2 的主触点闭合短接电阻，KM2 自锁，电动机进入正常工作状态。同时 KM2 的动断触点断开，将 KM1 及 KT 断电，这样，在电动机启动后，只要 KM2 得电，电动机便能正常运行。

3) 自耦变压器降压启动控制电路。在自耦变压器降压启动的控制线路中，将自耦变压器一次侧接在电网上，二次侧接在电动机定子绕组上。电动机启动电流的限制，是依靠自耦变压器的降压作用来实现的。电动机启动时，定子绕组的电压是自耦变压器的二次电压。当电动机启动后接近额定转速时，再切除自耦变压器，额定电压通过接触器直接加于定子绕组，电动机进入全压运行。通常自耦变压器有不同的抽头，如 40%、60% 和 80%，根据实际需要选择不同的抽头，以获得不同的启动电压和启动转矩。自耦变压器降压启动对电网电流冲击小，在启动电流一定的情况下启动转矩大，但自耦变压器价格较高，且不允许频繁启动，因此这种方法适用于启动不太频繁、要求启动转矩较高、容量较大的异步电动机。图 2-44 所示为自耦变压器降压启动控制线路。其中，KM1 为降压接触器，KM2 为正常运行接触器，KT 为启动时间继电器。

控制电路的工作原理：启动时，合上电源开关 QS，按下启动按钮 SB2，接触器 KM1 的线圈和时间继电器 KT 的线圈通电，KT 瞬时动作的动合触点闭合，形成自锁，KM1 主触点闭合，将电动机定子绕组经自耦变压器接至电源，这时自耦变压器连接成星形，电动机降压启动。KT 延时时间后，其延时断开动断触点断开，使 KM1 线圈失电，KM1 主触点断开，从而将自耦变压器从电网上切除。而 KT 延时闭合动合触点闭合，使 KM2 线圈通电，电动机直接接到电网上运行，从而完成整个启动过程。

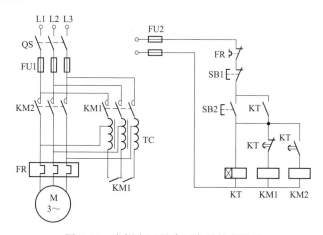

图 2-44 自耦变压器降压启动控制线路

2. 绕线式异步电动机启动控制线路

鼠笼式异步电动机的启动转矩小，启动电流大，不能满足某些生产机械对高启动转矩、低启动电流的要求。而绕线式异步电动机可以通过在转子电路串入电阻，达到限制启动电流，提高转子电路的功率因数和增大启动转矩的目的，具有较好的启动特性。绕线式异步电动机启动方式有转子串电阻启动和转子串频敏变阻器启动两种。

（1）转子串电阻启动。串接在三相转子绕组中的启动电阻，一般都接成星形。启动时，将全部启动电阻接入电路，随着电动机的启动运行，其转速逐步提高，转子电阻依次被短接，启动结束后，转子电阻被全部切除。在实际应用中，启动电阻常采用三或四级。下面以电动机的三级启动为例，说明启动电阻控制的原则。

1）按时间原则控制。图 2-45 所示为按时间原则控制的转子串电阻启动控制线路。其中，有三段启动电阻 R1、R2、R3 分别由接触器 KM2、KM3、KM4 主触点短接。为了得到理想的加速过程，接触器必须依次在特定的时刻动作。

工作原理如下：首先合上电源开关 QS，按下 SB2，KM1 线圈得电，KM1 主触点闭合，电动机带全电阻启动；同时，KM1 辅助触点闭合，实现对按钮 SB2 的自保，KM1 另一辅助触点闭合，使时间继电器 KT1 线圈通电。KT1 延时 t_1 后其动合触点闭合，使 KM2 线圈得电，其主触点闭合，切除电阻 R1，电动机电流增大并加速运行；其辅助动合触点闭合，延时继电器 KT2 线圈得电，同理延时 t_2 后 KT2 的动合触点闭合，KM3 线圈得电，其主触点闭合，切除电阻 R2，电动机又一次电流增大并加速运行；其辅助动合触点闭合，延时继电器 KT3 线圈得电，同理延时 t_3 后其动合触点闭合，使 KM4 线圈得电，其主触点闭合，切除电阻 R3，电动机电流再次增大并加速运行，直至稳定运行，KM4 的辅助动合触点自保 KT3。图 2-45 中，辅助动断触点 KM2、KM3、KM4 是为了接入全部电阻才能启动。

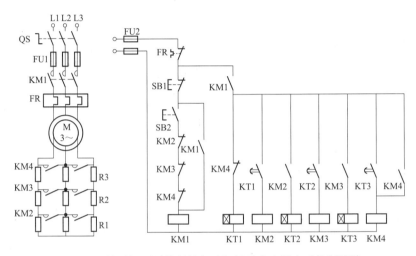

图 2-45　按时间原则控制的电动机转子串电阻启动控制线路

　　2）按电流原则控制。图 2-46 所示为按电流原则控制的绕线式电动机转子串电阻启动控制线路，它利用欠电流继电器根据电流大小的变化来控制接触器的动作。由于电动机的启动与负载力矩的大小等因素有关，因此，按时间原则控制电动机的启动过程是不够准确的。为了获得尽可能大的启动转矩，可根据电动机转子电流大小进行控制。

　　工作原理如下：KA1、KA2、KA3 为欠电流继电器，其线圈串接于转子电路中，以反映转子电流的大小。它们的吸合电流值相同，但释放电流值依次减小，因此在启动过程中，KA1 先释放，KA2 后释放，KA3 最后释放。刚启动时启动电流较大，KA1、KA2、KA3 线圈均得电吸合，随着启动电流减小，KA1、KA2、KA3 依次释放，使 KM1、KM2、KM3 依次得电，依次切除电阻 R1、R2、R3。在该控制线路中，中间继电器 KA 的设置是为了延时一下切除电阻控制环节的得电时间，以保证在转子串入全部电阻后，电动机才能启动。

　　（2）转子串频敏变阻器启动。绕线式异步电动机转子串电阻启动时，在逐级切除电阻过程中，启动电流和启动转矩会呈阶跃变化，电流和转矩的突然增大会对机械系统产生不必要的冲击。同时由于串接启动电阻，致使控制线路复杂，工作可靠性降低，能耗增大，因此经常采用串频敏变阻器启动。利用频敏变阻器的阻抗能够随着转子电流频率的下降而自动减小的特点，由频敏变阻器代替启动电阻，可以达到比转子串电阻启动更好的效果。常用于较大容量的绕线式异步电动机。图 2-47 所示为按时间原则控制的电动机转子串频敏变阻器启动控制线路。

　　工作原理如下：按下 SB2，接触器 KM1 线圈得电，其主触点闭合，电动机转子串频敏变阻器启动；其辅助动合触点闭合，实现自保，还使时间继电器 KT 线圈得电，延时 t 后，此时电机转速接近额定转速，KT 动合触点闭合，使中间继电器 KA 线圈得电，动合触点闭合，实现自锁，同时接触器 KM2 线圈得电，其常开主触点闭合，切除频敏变阻器，同时 KM2 动断触点打开使 KT 线圈失电；而 KA 动断触点打开，使热继电器 FR 行使保护功能，电动机启动结束之前短接 FR，是为了避免因启动时间过长而使造成热继电器 FR 误动。

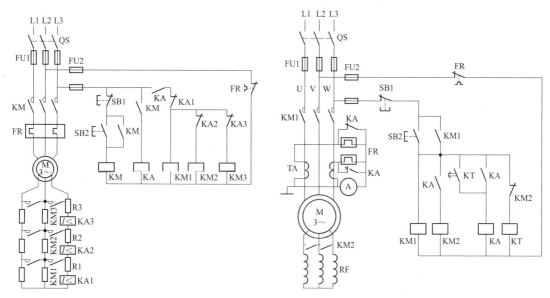

图 2-46 按电流原则控制的电动机转子串电阻启动控制线路　　图 2-47 按时间原则控制的电动机转子串频敏变阻器启动控制线路

2.3.3 三相异步电动机变速控制线路

有些生产机械不需连续调速，使用多速电动机（双速、三速、四速）代替齿轮变速箱，即可满足只需几种特定转速的要求。多速电动机在中小型磨床中应用很普遍。由三相异步电动机转速 $n = 60f_1(1-s)/n_p$ 可知，三相异步电动机的调速方法有三种：改变定子绕组的磁极对数 n_p，改变交流电的频率 f，改变转差率 s。多速电动机都是通过改变绕组的连接方法而改变磁极对数 n_p 实现变速的。

多速电动机的定子备有多组绕组，改变其接法即可改变电动机的磁极对数，从而改变其转速。如图 2-48 所示，双速电动机出线端 1、2、3 接电源，4、5、6 悬空，三相定子绕组接成三角形，每相中两个线圈串联，电动机以四极低速运行。而出线端 1、2、3 短接，4、5、6 接电源，定子绕组则接为丫丫接法，每相中两个线圈并联，电动机以二极高速运行。电动机采用改变磁极对数获得变速运行时，其转向会变反，为保持变速前后转向不变，改变磁极对数时必须改变电源相序。图 2-49 所示为双速电动机高低速控制线路。

SB2 为低速启动按钮，SB3 为高速启动按钮。

按下按钮 SB2，则接触器 KM1 得电并自锁，使电动机定子绕组连成三角形接入电网低速运行。

为了限制启动电流，特别是容量较大的电动机，电动机高速运行时，需要先低速启动，延时后再高速运行。按下按钮 SB3，则接触器 KM1 和时间继电器 KT 同时得电并自锁，电动机定子绕组连成三角形接入电网低速运行，经过时间继电器设定的延时时间，KT 的延时动断触点断开，KM1 线圈失电，KT 的延时动合触点闭合，则接触器 KM2、KM3 得电并自锁，使电动机定子绕组连成丫丫形接入电网高速运行。要停车时按下按钮 SB1 即可。

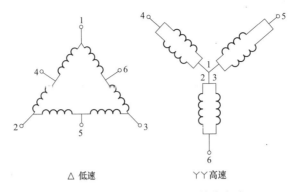

图 2-48　异步电动机△/丫丫接线方式

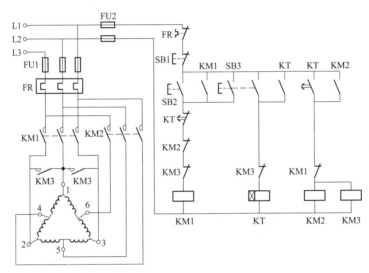

图 2-49　双速电动机高低速控制线路

2.3.4　三相异步电动机制动控制线路

三相异步电动机从切除电源到完全停止运转，由于惯性的关系，总要经过一段时间，这往往不能适应某些生产机械工艺的要求。例如万能铣床、卧式镗床、电梯等，为提高生产效率及准确停位，要求电动机能迅速停车，因此必须对电动机进行制动控制。

三相异步电动机的制动方法有电气制动和电磁机械制动。电气制动是使电动机产生一个与转子旋转方向相反的电磁转矩进行制动，常用的电气制动有能耗制动和反接制动。电磁机械制动是用电磁铁操纵制动器进行制动，如电磁抱闸制动器和电磁离合器制动器。

1. 电源反接制动

当电动机的电源反接时，定子绕组产生反方向旋转磁场，因此产生制动转矩，实现制动。要求当电动机制动转速接近零时，应及时切断反相序的电源，以防止电动机反向启动。笼型异步电动机进行反接制动时，应在电动机定子回路中串入制动电阻，以限制制动电流。

图 2-50 所示为单向运行反接制动控制线路。由于电动机的制动与负载力矩的大小等因素有关，制动的时间长短不同，因此，按时间原则控制电动机的制动过程是不够准确的。为了准确停车，避免反向启动，可根据电动机转子转速大小进行控制。

工作原理如下：合上开关 QS，按下启动按钮 SB1，接触器 KM1 通电，KM1 主触点和自锁

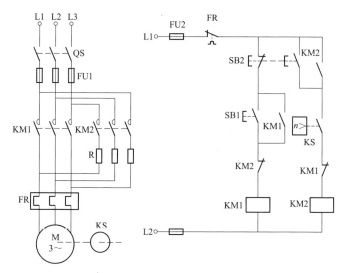

图 2-50　单向运行反接制动控制线路

触点闭合，电动机 M 转动。当电动机具有一定转速后，速度继电器 KS 动合触点闭合。停车时，按下复合按钮 SB2，此时转子转速很高，速度继电器 KS 动合触点仍处于闭合状态，于是接触器 KM2 通电，主电路电源交换相序，制动开始，电动机转速迅速下降。当转速接近零时（一般低于 100r/min 时），速度继电器 KS 释放，其动合触点打开，接触器 KM2 失电，主触点断开反相序交流电源，反接制动结束。

该方法是利用速度继电器测量电动机转子速度信号，再用此速度信号来进行制动控制，是按速度原则的控制。

2. 能耗制动

当电动机切断三相交流电源后，立即在定子绕组的任意两相中通入低压直流电流，使其在电动机内部产生一个恒定磁场。由于惯性，电动机仍按原方向旋转。该电流与恒定磁场相互作用，产生与转子旋转方向相反的制动转矩，使电动机转速迅速下降，实现制动。当转速为零时，转子对磁场无相对运动，转子内感应电动势和感应电流变为零，制动转矩消失，电动机停转，制动过程结束。制动结束后，应切断直流电源，否则会烧毁定子绕组。

图 2-51 所示为电动机单向运行能耗制动的控制线路。图 2-51（a）所示为主电路。

图 2-51（b）所示为按时间原则控制。工作原理如下：设电动机已处于运行状态，若使电动机停止，按下停止按钮 SB2，KM1 失电，电动机断开电源，同时 KM2、KT 线圈得电并自锁，KM2 主触点将电动机两相绕组接入直流电源进行能耗制动，当到达时间继电器 KT 的设定值时，KT 的延时断开触点动作，KM2、KT 线圈失电释放，能耗制动结束。该线路按反映生产机械工作状态的时间来控制，该时间由 KT 实现，且按制动过程（时间）大致调整，不太准确。

图 2-51（c）所示为按速度原则控制。控制线路与反接制动控制线路相同，工作原理也与其相似。该线路按反映生产机械工作状态的速度来控制，该速度由 KS 反映，控制准确。

与反接制动相比，能耗制动利用转子中的储能进行制动，能量消耗少；制动电流比反接制动电流小；制动过程平稳，不会产生过大的机械冲击；制动时磁场是静止的，不会产生反转，能够实现准确停车。其缺点是当电动机转速较高时，转子中的感应电流较大，制动转矩也较大，但到了制动后期，随着电动机转速的降低，转子中的感应电流较小，制动转矩也相应减小，所以制动效果不如反接制动显著，而且能耗制动需要整流电源，控制线路相对复杂。通常能耗制动适用于

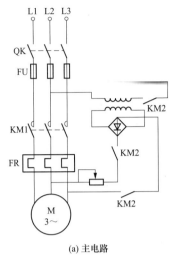

(a) 主电路

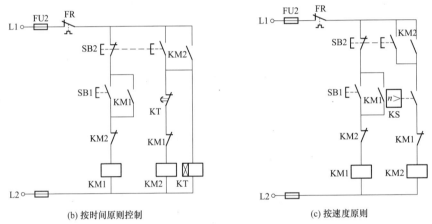

(b) 按时间原则控制　　　　　　　　　(c) 按速度原则

图 2-51　电动机单向运行能耗制动控制线路

电动机容量较大、制动较频繁的场合。

3. 机械制动

机械制动是利用机械装置使电动机在断电后迅速停止转动的方法。常用的机械制动装置有电磁抱闸和电磁离合器。下面介绍电磁抱闸制动控制。

电磁抱闸在结构上分为电磁铁和轴瓦制动器两部分。电磁抱闸制动原理如下：制动器闸轮与电动机轴相连，随电动机一起转动，通过两者之间的摩擦力实现制动。电磁抱闸制动分为两种：断电制动，是线圈断电后，控制闸移动并与轴接触进行制动；通电制动，是线圈通电后，控制闸移动并与轴接触进行制动。图 2-52 所示为电磁抱闸制动器的图形、文字符号。

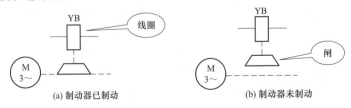

(a) 制动器已制动　　　　　　　　　(b) 制动器未制动

图 2-52　电磁抱闸制动器的图形、文字符号

　　图 2-53（a）所示为电磁抱闸制动原理。在电动机刚停止运行时，电磁铁使轴瓦制动器紧紧地抱住与电动机同轴的制动轮，于是电动机迅速停转。

　　图 2-53（b）所示为断电制动控制电路。合上电源开关 QS，启动时，按 SB2，KM1 通电，其动合触点闭合，电磁铁 YA 通电，制动闸松开制动轮。同时，KM2 通电，动合触点闭合，电动机启动运行。制动时，按 SB1，KM1 断电，YA 和 KM2 断电，电磁抱闸在弹簧的作用下，使制动闸与制动轮紧紧抱住，电动机迅速停转。

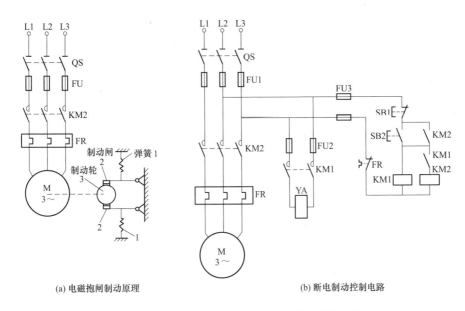

(a) 电磁抱闸制动原理　　　　　　　　　　(b) 断电制动控制电路

图 2-53　电磁抱闸制动原理及断电制动控制电路

　　电磁抱闸制动方法制动力矩大，制动迅速，操作方便，安全可靠，能实现准确停车，不会因突然停电或电气故障而造成事故，被广泛应用于起重设备上。

2.4　常用电器元件的选择

　　正确合理地选择电器元件，是使控制线路安全可靠工作的重要保证。电器元件的选择，主要是根据电器产品目录上的各项技术指标来进行的。下面介绍常用电器元件的选择。

2.4.1　接触器的选择

1. 接触器的基本参数

（1）额定电压。即主触点额定工作电压，应等于负载的额定电压。同一型号接触器常规定几个额定电压，同时列出相应的额定工作电流或额定控制功率。通常，最大工作电压即为额定电压。常用的额定电压等级：交流接触器为 220、380、660、1140V；直流接触器为 220、440、660V。

（2）额定电流。接触器主触点在额定工作条件下的电流值称为额定电流。常用额定电流等级为 5、10、20、40、60、100、150、250、400、600A。

（3）约定发热电流。在额定条件下工作时，接触器在 8h 工作制条件下，各部件的发热不超过允许值时的最大电流称为约定发热电流。

（4）线圈额定电压。接触器正常工作时，励磁线圈上所加的电压值称为线圈额定电压。一般该电压数值及线圈的匝数、线径等数据均标于线包上，而不是标于接触器外壳铭牌上，使用时应加以注意。常用的线圈额定电压等级：交流线圈为 36、127、220、380V；直流线圈为 24、48、110、220V。

（5）通断能力。通断能力分为最大接通电流和最大分断电流。最大接通电流是指触点闭合时不会造成触点熔焊时的最大电流值，最大分断电流是指触点断开时能可靠灭弧的最大电流。一般通断能力是额定电流的 5～10 倍，这一数值与通断电路的电压等级有关，电压越高，通断能力越低。

（6）动作值。动作值包括吸合电压和释放电压。吸合电压是指接触器吸合前，缓慢增加吸合线圈两端的电压，接触器吸合时的最小电压；释放电压是指接触器吸合后，缓慢降低吸合线圈的电压，接触器释放时的最大电压。一般规定，吸合电压不低于线圈额定电压的 85%，释放电压不高于线圈额定电压的 70%。

（7）允许操作频率。接触器在吸合时，线圈需消耗比额定电流大 5～7 倍的电流，如果操作频率过高，则会使线圈严重发热，直接影响接触器的正常使用。为此，规定了接触器的允许操作频率，一般为每小时允许操作次数的最大值（次/h）。直流接触器的允许操作频率比交流接触器要高。

（8）寿命。接触器的寿命包括电寿命和机械寿命。电寿命是指在带电正常工作条件下，无需修理或更换元件的操作次数；机械寿命是指不带电工作结构寿命。目前，接触器的机械寿命已达一千万次以上，电寿命为机械寿命的 5%～20%。

2. 接触器的选用

接触器的选用主要是选择接触器的形式，主电路和控制电路参数和辅助触点的数目，以及电寿命、使用类别和工作制，还要考虑负载条件的影响。

（1）形式的确定。主要是电流种类和极数，电流种类由系统主电路电流种类确定。极数的确定：三相交流系统中一般选用三极接触器；当需要同时控制中性线时，则选用四极交流接触器；单相交流和直流系统中则经常采用两极或三极并联的情况。

（2）使用类别的选择。在选择接触器时，首先应根据接触器所控制负载的工作任务（轻载、一般负载或重载）来选择接触器的使用类别。接触器按负载种类一般分为四类，分别记为 AC-1、AC-2、AC-3 和 AC-4。一类交流接触器对应的控制对象是无感或微感负荷，如白炽灯、电阻炉等；二类交流接触器用于绕线式异步电动机的启动和停止；三类交流接触器的典型用途是鼠笼式异步电动机的启动和运行中分断；四类交流接触器用于鼠笼式异步电动机的启动、反接制动、反转和点动。可根据接触器所控制负载的工作任务来选择相应使用类别的接触器。对于生产中广泛使用的中、小功率鼠笼式异步电动机，大多数负载是一般任务，故应选用 AC-3 类。对于控制机床电动机用接触器，其负载情况较为复杂。如果负载明显属于重任务，则应选用 AC-4 类；如果负载为一般任务与重任务混合时，则可根据实际情况选用 AC-3 或 AC-4 类接触器，若选用 AC-3 类，应降级使用。

（3）额定电压的确定。接触器主触点的额定电压应根据主触点所控制负载电路的额定电压来确定，接触器的额定电压应等于或稍大于负载电路的额定电压。

（4）额定电流的选择。接触器的额定电流是指在连续通电时间不超过 8h，且安装在敞开式控制屏上的工作条件下，运行时的最大允许电流，因此，当实际工作条件发生变化时，电流值应进行适当修正。一般情况下，接触器主触点的额定电流应大于等于负载或电动机的额定电流，当接触器用于电动机频繁启动、制动或正反转的场合，一般可将其额定电流降一个等级来选用。

（5）线圈额定电压的确定。接触器线圈的电流种类和电压等级应与控制电路相同。对于交流电路，为保证安全，一般接触器线圈选用 110V 和 127V，并由控制变压器供电。但如果控制电路比较简单，所用接触器的数量较少时，为省去控制变压器，可选用 380V 和 220V 电压。一般场合选用交流接触器，对频繁操作的带交流负载的场合，可选用直流接触器。

（6）触点参数的确定。交流接触器通常有三对动合主触点和四至六对辅助触点，直流接触器通常有两对动合主触点和四对辅助触点。一般应根据系统控制要求确定所需的触点数量、种类（动合或动断）及组合形式，同时应注意触点的通断能力和其他额定参数。当接触器的触点数量或其他额定形式不能满足控制系统要求时，可增加电磁式继电器来扩展功能。

（7）电寿命的选用。交流接触器的寿命由生产厂家用表格或曲线的形式给出，可根据控制系统的需要进行选择。直流接触器额定操作频率有 600、1200 次/h 等几种，一般额定电流越大，操作频率越低，可根据实际需要选择。对于频繁操作的场合，应降低等级使用，以获得较高的电寿命。

2.4.2　电磁式继电器的选择

根据继电器的功能特点、适用性、使用环境、工作制、额定工作电压及工作电流来选择。

1. 电压继电器的选择

电压继电器线圈的电流种类和电压等级应与所在电路一致。根据在控制电路中的作用，电压继电器有过电压继电器和欠电压继电器两种类型，可按控制要求确定类型。

过电压继电器选择的主要参数是额定电压和动作电压（吸合整定值），其动作电压按系统额定电压的 1.1～1.2 倍整定。

欠电压继电器常用在控制电路中作欠（零）压保护，防止电动机在电源故障排除后自行启动。一般采用电压式继电器或小型接触器，其选用只要满足一般要求即可，对释放电压值无特殊要求。

2. 电流继电器的选择

根据负载所要求的保护作用，电流继电器分为过电流继电器和欠电流继电器两种类型。

过电流继电器主要用作电动机的过流保护和短路保护，主要参数是额定电流和动作电流（吸合整定值），其额定电流应大于或等于被保护电动机的额定电流；动作电流应根据电动机工作情况按其启动电流的 1.1～1.3 倍整定。一般绕线型异步电动机的启动电流按 2.5 倍额定电流考虑，鼠笼型异步电动机的启动电流按 5～7 倍额定电流考虑。

欠电流继电器一般用于直流电动机的励磁回路以监视励磁电流，作直流电动机弱磁超速保护，其选择的主要参数是额定电流和释放电流，其额定电流应大于或等于直流电动机及电磁吸盘的额定励磁电流；释放电流应低于励磁电路正常工作范围内可能出现的最小励磁电流，一般释放电流按最小励磁电流的 0.85 倍整定。

3. 中间继电器的选择

选择中间继电器时，应使线圈的电流种类和电压等级与控制电路一致，同时，触点数量、种类（常开或常闭）及容量应满足控制电路要求。当中间继电器的触点数量不能满足要求时，可以将两个中间继电器并联使用，以增加触点数量。

2.4.3　热继电器的选择

热继电器主要用于电动机的长期过载保护，因此选择时应根据被保护电动机的形式、工作环境、启动情况、负载性质、工作制及电动机允许过载能力等综合考虑。

1. 结构形式的选择

主要根据电动机定子绕组的连接方式来确定热继电器的型号，对于星形连接的电动机，使用一般不带断相保护的两相或三相热继电器能反映一相断线后的过载，对电动机断相运行能起保护作用。对于三角形连接的电动机，由于相电流小于线电流，而热元件是串接在主电路中，故按额定线电流整定，整定值较大。当一相断线时，热继电器可能尚未到达动作值而电动机绕组已经过热，所以应选用带断相保护的三相热继电器。

2. 额定电流的选择

热继电器的电流越大则动作时间越快，要求热继电器的安一秒特性应位于电动机的过载特性之下，并尽可能接近，甚至重合，以充分发挥电动机的能力，同时使电动机在短时过载和启动瞬间的影响很小。

热元件的整定电流范围是热继电器的主要参数，选择参数的合适与否，直接影响热继电器的性能和动作的可靠性。主要依据电动机的额定电流来选择适当的热元件，以准确地反映电动机的发热情况，原则上按整定电流范围的中间值应等于或稍大于电动机的额定电流。

同一种热继电器有若干规格的热元件可供选择，例如 JR16-20 型热继电器热元件有 12 种规格，额定电流为 0.35～22A。每一种规格的热元件又有一定的电流整定范围，如额定电流为 5A 的热元件整定电流范围为 3.2～4.0～5.0A。对于长期正常工作的电动机，热元件的整定电流值应为电动机额定电流的 0.95～1.05 倍；对于过载能力较差的电动机，热元件整定电流值为电动机额定电流的 0.6～0.8 倍。

对于不频繁启动的电动机，应保证热继电器在电动机启动过程中不产生误动作，若电动机启动电流不超过其额定电流的 6 倍，并且启动时间不超过 6s，可按电动机的额定电流来选择热继电器。

对于重复短时工作制的电动机，首先要确定热继电器的允许操作频率，因为热继电器的操作频率是很有限的，当被保护电动机的操作频率较高时，热继电器的动作特性会变差，甚至不能工作；然后再根据电动机的启动时间、启动电流和通电持续率来选择。对于可逆运行且频繁启动的电动机，不适合采用热继电器作保护，必要时可在电动机内部装入温度继电器作为过热保护。

热继电器应与电动机具有相同的散热条件，否则会影响保护的可靠性。例如，电动机安装在高温环境中，而热继电器安装在室温低通风环境好的控制柜当中，则会出现电动机已过热而热继电器还远没有达到整定值的情况，热继电器不动作而电动机已发热损坏，从而失去电动机保护的意义；反之，热继电器的温度相对电动机过高，则热继电器频频动作，使电动机不能充分发挥其负荷能力。在实际的生产现场，往往是电动机作为执行机构安装在控制柜以外，而热继电器与主接触器安装在一起，位于控制柜中，从而可能会造成热继电器与电动机环境温度的不一致。因此，当热继电器与被控电动机环境温度相同时，可按该电动机的额定电流值选择热继电器的额定电流；当被控电动机的环境温度比热继电器高 15～20℃ 时，按比电动机的额定电流小一个等级来选择热继电器；当被控电动机的环境温度比热继电器低 15～20℃ 时，则按电动机的额定电流选用大一个等级的热继电器。

2.4.4 时间继电器的选择

（1）电流种类和电压等级。在选择时间继电器时，对于电磁阻尼式和空气阻尼式时间继电器，其线圈的电流种类和电压等级应与控制电路的相同；对于电子式继电器，其电源的电流种类和电压等级应与控制电路的相同。

（2）延时方式。根据控制电路的要求来选择延时方式（即通电延时型和断电延时型）及触点数量。

（3）延时精度。电磁阻尼式或空气阻尼式时间继电器适用于延时精度要求不高的场合；电动式或电子式时间继电器适用于延时精度要求高的场合。

（4）延时时间。延时时间应满足电气控制电路的要求。

（5）操作频率。时间继电器的操作频率不宜过高，否则会影响其使用寿命，甚至会导致延时动作失调。

2.4.5　熔断器的选择

熔断器的安-秒特性是描述熔断器流过熔体的电流与熔断时间关系的特性，与熔体的材料和结构有关，是熔断器主要的技术参数之一。电流流过熔断器熔体时所产生的热量与电流的平方成正比，因此，短路电流越大，熔体熔断时间就越短，这样才能满足短路保护的要求。

熔断器的选择应保证设备能正常工作或启动时不熔断，在电路出现短路或过大电流时才熔断。要满足上述要求，应根据熔断器类型、额定电压、额定电流及熔体的额定电流来选择。

1. 类型选择

熔断器类型应根据负载的保护特性、短路电流的大小、使用场合及安装条件来选择，其保护特性应与被保护对象的过载能力相匹配。对于容量较小的照明和电动机，一般是考虑它们的过载保护，可选用熔体熔化系数小的熔断器，例如熔体为锡铅合金的 RC1A 系列熔断器；对于容量较大的照明电路和电动机，除过载保护外，还应考虑短路时的分断短路电流能力。熔断器的短路能力是指在额定电压及一定的功率因数下切断短路电流的能力，它必须大于线路中可能出现的最大短路电流。当短路电流较小时，可选用低分断能力的熔断器，如熔体为锌质的 RM10 系列无填料密封管式熔断器；当短路电流较大时，可选用高分断能力的熔断器，如 RL 系列螺旋式熔断器；当短路电流相当大时，可选用有限流作用的熔断器，如 RT 系列熔断器。另外，供家庭使用时，一般选用 RC1A 系列熔断器。

2. 额定电压的选择

熔断器的额定电压应大于或等于被保护线路的工作电压。

3. 熔体额定电流

熔断器熔体额定电流的选择方法随被保护负载特性的不同有所不同。

（1）对于照明线路或电热设备等没有冲击电流的负载及一般控制电路，应选择熔体的额定电流等于或稍大于负载的额定电流，即 $I_{RN} \geqslant I_N$。其中，I_{RN} 为熔体额定电流，A；I_N 为负载额定电流，A。

（2）对于长期工作的单台电动机，要考虑电动机启动时不应熔断，一般选取熔体额定电流 $I_{RN} \geqslant (1.5 \sim 2.5) I_N$。其中，轻载或启动时间较短的情况，取较小系数；重载或启动时间较长时，取较大系数。

（3）对于频繁启动的单台电动机，应考虑频繁引起的发热也不应使熔体熔断，故选取熔体的额定电流 $I_{RN} \geqslant (3 \sim 3.5) I_N$。

（4）对于多台电动机长期共用一个熔断器的情况，应使熔断器在电路出现尖峰电流时不熔断。一般将其中容量最大的电动机启动时而其他电动机正常工作时出现的电流看作是尖峰电流，熔体额定电流的计算公式为 $I_{RN} \geqslant (1.5 \sim 2.5) I_{Nmax} + \sum I_N$。其中，$I_{Nmax}$ 为容量最大电动机的额定电流，A；$\sum I_N$ 为除容量最大电动机外其余电动机额定电流之和，A。

4. 配电系统的保护配合

在配电系统通常采用多级熔断器进行保护，使上、下级熔断器之间应有良好的保护配合，即当电路发生短路时，下级熔断器应先动作，而上级熔断器不动作，从而将受故障影响的负载数目限制在最小程度。选用熔断器时应使上一级熔断器的熔体额定电流比下一级的熔体额定电流大 1～2 个级差。

2.4.6　刀开关的选择

刀开关主要根据使用的场合、电源种类、电压等级、负载容量及所需极数来选择。

（1）根据刀开关在线路中的作用和安装位置选择其结构形式。若用于隔断电源，选用无灭弧罩的产品；若用于分断负载，则应选用有灭弧罩且用杠杆来操作的产品。

（2）根据线路电压和电流来选择。刀开关的额定电压应大于或等于所在线路的额定电压；刀开关的额定电流应大于负载的额定电流，当负载为异步电动机时，其额定电流应取为电动机额定电流的 1.5 倍以上。

（3）刀开关的极数应与所在电路的极数相同。

2.4.7　低压断路器的选择

低压断路器主要根据保护特性要求、分断能力、电网电压类型及等级、负载电流、操作频率等方面进行选择。

1. 额定电压和额定电流

低压断路器的额定电压应等于或大于线路的额定电压，额定电压与通断能力及使用类别有关，同一个低压断路器可以有几个额定电压和相应的通断能力及使用类别。低压断路器的额定电流应等于或大于负载电路的额定电流。

2. 通断能力

低压断路器的额定短路通断能力应等于或大于线路中可能出现的最大短路电流。如果低压断路器的通断能力不够，可以采用以下措施：

（1）采用两级低压断路器共同运行以提高短路分断能力，将上一级低压断路器的脱扣器瞬时电流整定在下级低压断路器额定短路通断能力的 80% 左右。

（2）采用限流断路器。

（3）在电源侧增设后备断路器。

3. 脱扣器参数

根据主电路系统对保护的要求，选择脱扣器的相关参数。

（1）低压断路器欠电压脱扣器的额定电压应等于线路的额定电压。

（2）低压断路器分励脱扣器的额定电压应等于控制电源电压。

（3）热脱扣器整定电流应与被控制电动机或负载的额定电流一致。

（4）过电流脱扣器瞬时动作整定电流由式 $I_z \geqslant K I_s$ 确定，其中，I_z 为瞬时动作整定电流，A；I_s 为线路中的尖峰电流。若负载是电动机，则 I_s 为启动电流，A；K 为考虑整定误差和启动电流允许变化的安全系数，当动作时间大于 20ms 时，取 $K=1.35$，当动作时间小于 20ms 时，取 $K=1.7$。

2.5　电动机的保护

电动机除了能满足生产机械的加工工艺要求外，若要长期安全地正常运行，必须有各种保护措施。保护环节是电气控制系统不可缺少的组成部分，可靠的保护装置可以防止对电动机、电网、电气控制设备及人身安全的损害。

电动机的安全保护环节有短路保护、过载保护、过流保护、欠压保护、弱磁保护等。

2.5.1　短路保护

当电路发生短路时，会引起电气设备绝缘损坏和产生强大电动力，使电路中的各种电气设备发生机械性损坏。因此当电路出现强大的短路电流时，应迅速而可靠地切断电源，以防止过大电流流过电动机，使电气设备发生损坏。一般采用熔断器、自动空气开关等进行短路保护。

熔断器结构简单，价格低廉，若断一相电源会造成缺相运行，适用于动作准确性要求不高，自动化程度较低的场合。在主电路采用三相四线制或三相三线制供电电路中，必须采用三相短路保护。若电动机容量较小，主电路的熔断器可同时兼作控制电路的短路保护，控制电路无需另设熔断器；若电动机容量较大，则控制电路必须另设独立熔断器。

自动空气开关既可用作短路保护，又可用作长期过载和欠压保护。当主电路出现过载或缺相时，自动空气开关能自动跳闸，切断主电路，故障排除后只要合上开关即可恢复工作。其动作准确性高、容易复位、不会造成缺相运行，故常用于自动化程度和工作特性要求较高的场合。

三相绕线式异步电动机也可采用过电流继电器进行短路保护。如图 2-54 所示，线路中用两个熔断器 FU1、FU2 分别对主电路和控制电路进行短路保护。主电路容量较小时，其控制电路也可不设熔断器，主电路中的熔断器兼作控制电路的短路保护。

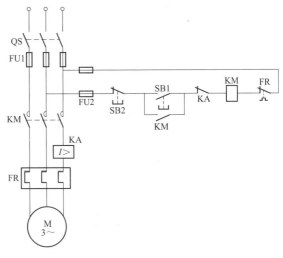

图 2-54 短路、过电流及过载保护电路

2.5.2 过电流保护

过电流是指电动机运行电流超过其额定电流的运行状态，不正确的启动方法和过大的负载转矩常常会引起电动机很大的过电流。电动机运行过程中，过电流会使电动机绕组流过过大的冲击电流而损坏换向器，同时过大的电动机转矩也会使机械传动部件受到损坏。过电流一般比短路电流小，但电动机运行中，过电流出现的可能性比短路要大，特别是在频繁启动和正反转运行、重复短时工作制的电动机中。因此，为保护电动机的安全运行，有必要设置过电流保护。

限流启动的直流电动机和绕线式异步电动机常需要采用过电流保护环节。一般采用过电流继电器进行过电流保护。过电流继电器不同于熔断器和空气开关，不能作为执行元件接通和切断主电路电源。它只是一个测量元件，在进行过电流保护时，需与接触器配合使用。如图 2-54 所示，过电流继电器线圈串接于被保护电动机的主电路中，其动断触点串接于控制电路中，电流正常时过电流继电器不动作，当电流达到整定值时，过电流继电器动作，其动断触点断开，切断控制电路电源，接触器主触点打开，使电动机脱离电源而起到保护作用。

2.5.3 过载保护

与短路保护和过电流保护相似，过载保护也属于防止过大电流的电流型保护，只是过载保护是针对电动机长期过电流的。引起电动机过载的原因有负载的突然增加、断相运行等。如果电动机长期过载运行，会使电动机绕组的温升超过允许值而导致绝缘老化，甚至损坏，所以必须设置过载保护环节。

一般机械设备的过载保护用热继电器、自动空气开关等，如图 2-54 所示线路中用热继电器进行过载保护。当电动机电流为额定电流时，电动机温升达到额定温升，热继电器不动作，在过载电流较大，使电动机温升超过允许温升时，热继电器经过较短时间就动作，其动断触点打开，切断控制电路电源，接触器主触点打开，使电动机脱离电源而起到保护作用。

由于热惯性的原因，热继电器不会受电动机短时过载冲击电流或短路电流的影响而瞬时动作，当有过电流流过时，热继电器需经过一定时间才能动作，这样可能会导致热继电器尚未动作时，其热元件就已经烧毁，所以热继电器作过载保护不能代替短路保护和过流保护。引起过载的原因常常是一种暂时因素，如负载的突然增加会引起过载，但可能马上又恢复正常。对于电动机来说，只要在过载期间电动机绕组不超过允许的温升就不必切断电源，认为这种过载是允许的。如果采用电流保护，则会立即切断电源，这样势必会影响正常生产。由于过载保护特性与过电流保护不同，也不能用过电流保护的方法代替过载保护。

综上所述，在图 2-54 所示的电路中，熔断器 FU1 和 FU2 分别实现主电路和控制电路的短路保护、过电流继电器 KA 实现过电流保护、热继电器 FR 实现电机长期过载保护。

2.5.4 欠压保护

利用按钮的自动恢复作用和接触器的自锁作用，将接触器动合触点并联在按钮两端，可实现零（欠）压保护，即带有自锁环节的电路本身已经兼有了零压保护环节。如图 2-55 （a）所示，当电源电压过低或断电时，接触器 KM 释放，其主触点和辅助动合触点均打开，切断电动机电源并解除自锁。当电源恢复时，必须由操作员重新按动启动按钮 SB2，才能使电动机重新启动。

当采用主令控制器 SA 控制电动机时，则通过欠电压继电器实现欠压保护。如图 2-55 （b）所示，电源电压正常时，主令控制器 SA 置于"0"位，欠电压继电器 KV 吸合，其动合触点闭合自锁，电动机可通过主令控制器 SA 控制正反转运行。当电源电压过低并低于欠电压继电器的整定值时，欠电压继电器释放，其动合触点打开，切断电动机电源并解除自锁。当电源恢复时，必须由操作员先将主令控制器 SA 置于"0"位，使欠电压继电器 KV 吸合，才能控制电动机重新启动运行。欠电压继电器的线圈应串联在主电路中，辅助触点则串联在控制电路中的适当位置。

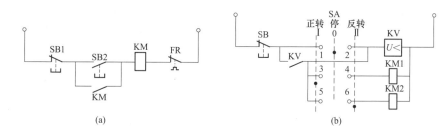

(a)   (b)

图 2-55 零（欠）压保护电路

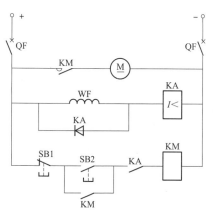

图 2-56 弱磁保护控制电路

2.5.5 弱（零）励磁保护

直流并励电动机、复励电动机失去励磁电流或励磁电流过小时，会导致磁通 Φ 过度减小，由直流电动机转速公式 $n = \dfrac{U - IR}{K_e \Phi}$ 可知，转速会升高至超速。由于负载的作用不会升高至无穷大，所以轻载时会飞车，重载时电枢电流迅速增加，会使绕组发热导致线圈绝缘损坏。因此，直流并（他）励电动机需要采用弱（零）励磁保护。

图 2-56 所示为采用欠电流继电器进行弱磁保护的控制电路。将欠电流继电器 KA 线圈串入励磁电路，其动合触点串入控制电路。当达到一定的励磁电流后，欠电流继电器 KA 吸合，其动合触点闭合，控制电动机的接触器 KM 线圈才能得电，电动机才能启动。如果励磁电流消失或降低很多，低于欠电流继电器的整定值时，欠电流继电器释放，其动合触点打开，切断接触器 KM 线圈的电源，使电动机断电停车。

2.6　电气控制线路设计实例

下面以 CW6163 型卧式车床的电力拖动控制为例，说明电气控制线路的设计过程。

2.6.1　机床电力拖动的特点与控制要求

（1）机床主运动和进给运动由电动机 M1 集中拖动。主轴运动的正反方向（满足螺纹加工要求）靠两组摩擦片离合器完成。

（2）主轴的制动采用液压制动器。

（3）刀架快速移动由单独的快速电动机 M3 拖动。

（4）切削液泵由电动机 M2 拖动。

（5）进给运动的纵向左右运动，横向前后运动，以及快速移动，都集中由一个手柄操纵。

（6）要有信号指示与照明。

（7）电动机型号。

主电动机 M1：Y160M-4，11kW，380V，22.6A，1460r/min。

切削液泵电动机 M2：JCB-22，0.15kW，380V，0.43A，2790r/min。

快速移动电动机 M3：Y90S-4，1.1kW，380V，2.7A，1400r/min。

2.6.2　电气控制线路的设计

（1）主电路设计。根据电力拖动与控制要求，主电路如图 2-57 所示。由接触器 KM1、KM2、KM3 分别控制电动机 M1、M2、M3，三相电源由电源开关 QS 引入。主电动机 M1 的过载保护由热继电器 FR1 实现，其短路保护可由机床的前一级配电箱中熔断器充任。切削液泵电动机 M2 的过载保护由热继电器 FR2 实现。快速电动机 M3 是短时工作，不需过载保护。M2 和 M3 共设短路保护，由熔断器 FU1 实现。

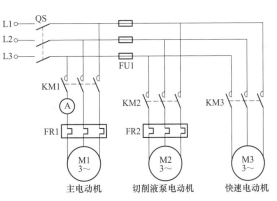

图 2-57　主电路

（2）控制电路设计。三台电动机的控制电路如图 2-58 所示。为操作方便，主电动机 M1 可在主轴箱操作板上和刀架拖板上分别设置启动和停止控制按钮 SB1、SB2、SB3、SB4；切削液泵电动机 M2 由 SB5、SB6 进行启停操作，装在主轴箱板上；快速移动电动机 M3 工作时间短，为了灵活操作，由按钮 SB7 实现点动控制。

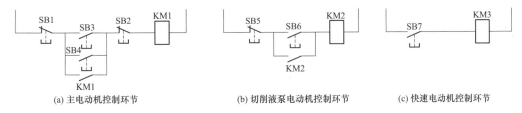

(a) 主电动机控制环节　　　　(b) 切削液泵电动机控制环节　　　(c) 快速电动机控制环节

图 2-58　三台电动机的控制电路

（3）信号指示与照明电路。设电源接通指示灯 HL2（绿色），在电源开关 QS 接通后立即点亮，表示机床电气控制线路已处于供电状态。设指示灯 HL1（红色）表示主电动机是否运行。这两个指示灯由接触器 KM1 的动合及动断两对触点控制。照明灯 HL 由开关 S 控制。

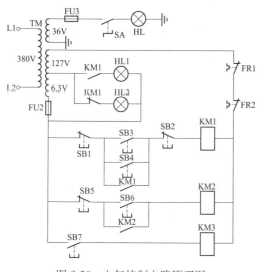

图 2-59　电气控制电路原理图

在操作板上设有交流电流表 A，它串联在电动机的主电路中，用以指示机床的工作电流，这样可根据电动机的工作情况调整切削用量，使电动机尽量满载运行，提高生产率及电动机的功率因数。

（4）控制电路电源。考虑安全可靠及满足照明指示灯的要求，控制电路的电源采用变压器 TM 供电，控制电路 127V，照明灯 36V，指示灯 6.3V。

（5）绘制电气控制电路原理图，如图 2-59 所示。

2.6.3　选择元器件

元器件的选择需参阅相关电气设备设计手册。

（1）接触器选择。

接触器 KM1：根据主电动机 M1 的额定电流 22.6A，控制电路电源 127V，需主触点三对，辅助动合触点两对，辅助动断触点一对，选 CJ20-25（AC-3 或 AC-4）。

接触器 KM2、KM3：由于电动机 M2、M3 额定电流很小，可以采用交流中间继电器。

（2）热继电器选择。

热继电器 FR1：根据主电动机 M1 的额定电流 22.6A，选 JR20-25，热元件编号 3T，整定电流范围为 17～25A，工作时将电流整定值调节在 22.6A。

热继电器 FR2：同理选 JR20-10，热元件编号 4R，整定电流范围为 0.35～0.53A，工作时将电流整定值调节在 0.43A。

（3）熔断器选择。

熔断器 FU1：它是对 M2、M3 两台电动机进行短路保护，熔体额定电流为 $I_{RN} \geqslant (1.5～2.5) \times 2.7A + 0.43A = 4.48～7.18A$，选 RL6-25，用额定电流为 10A 或 6A 的熔体。

熔断器 FU2、FU3：选 RL6-25，配用最小等级的熔体 2A。

（4）刀开关选择。刀开关 QS 主要用作电源隔离开关用，并不用来直接启停电动机，可按电动机的额定电流来选择。根据三台电动机可选额定电流为 25A 的三极组合开关。

2.7　变频调速控制

变频调速属于转差功率不变型调速类型，以变频器向交流电动机供电，并构成开环或闭环系统，从而实现对交流电动机较宽范围内的无级调速。在中、小容量范围内，采用自关断器件的全数字控制 PWM 变频器已经实现通用化，通用变频器具有调速范围宽、调速精度高、动态响应快、运行效率高、功率因数高、操作方便、易与其他设备接口等优点，在机电控制技术中占有非常重要的地位。

2.7.1　变频器的分类和基本结构

1.变频器的分类

（1）按主电路的结构，可分为交-直-交型和交-交型两类。

　　1）交-交变频器：是将工频交流电直接变换成频率-电压均可控制的交流电，又称直接式变频器。它的变换效率高，但连续可调的频率范围窄，一般为额定频率的 1/2 以下，所以主要用于低速、大容量的场合。

　　2）交-直-交变频器：是先将工频交流电整流成直流电，再把直流电变换成频率、电压均可控制的交流电，又称间接式变频器。这类变频器应用广泛。

　　（2）按主电路的工作方式，可分为电压型和电流型两类。

　　对于交-直-交变压变频器，由于整流电路输出的直流电压或直流电流中含纹波，必须在整流器与逆变器之间设置中间直流滤波环节，以减少直流电压或电流的波动。

　　1）电压型变频器：直流环节采用大电容滤波，因而直流电压波形比较平直，在理想情况下是一个内阻为零的恒压源，输出交流电压是矩形波或阶梯波，也称电压型逆变器。

　　2）电流型变频器：直流环节采用大电感滤波，直流电流波形比较平直，相当于一个恒流源，输出交流电流是矩形波或阶梯波，也称电流型逆变器。

　　除了上述两种分类方式外，变频器还可以按其他方式进行分类。按开关方式可分为 PAM 控制变频器、PWM 控制变频器和高载频 PWM 控制变频器；按工作原理可分为恒压频比控制变频器、转差频率控制变频器、矢量控制变频器、直接转矩控制变频器；按用途可分为通用变频器、专用变频器等。

　　下面重点介绍通用变频器。

　　2. 通用变频器简介

　　现代通用变频器大都是采用二极管整流和由快速全控开关器件 IGBT 或功率模块 IPM 组成的 PWM 逆变器，构成交-直-交电压源型变压变频器，已经占据了中、小容量变频调速装置的绝大部分市场。

　　"通用"的含义有两方面：①可以和通用的笼型异步电机配套使用；②具有多种可供选择的功能，适用于各种不同性质的负载。

　　很多机械负载（如风机和水泵）对调速性能的要求不高，并不需要很高的动态性能，只要在一定范围内能实现高效率的调速就能满足要求，因此采用节能型的通用变频器。其特点是控制方式比较单一，一般只有恒压频比控制，功能也没有那么齐全，但是其价格相对要便宜些。而有些生产机械（如机床、轧钢机、造纸机等）对调速性能的要求较高，若调速效果不理想则会直接影响到产品的质量，所以通用变频器必须使变频后电动机的机械特性符合生产机械的要求。其控制方式除了恒压频比控制，还使用了矢量控制技术。因此，在各种条件下均可保持系统工作的最佳状态。除此之外，高性能的变频器还配备了各种控制功能，如 PID 调节、PLC 控制、PG 闭环速度控制等，为变频器和生产机械组成的各种开、闭环调速系统的可靠工作提供了技术支持。因此这种通用变频器功能较多，价格也较贵。

　　3. 通用变频器的结构

　　通用变频器主要由整流电路、中间直流电路、逆变电路、控制电路等几部分组成，其基本结构如图 2-60 所示。

　　（1）整流电路。一般的三相变频器整流电路由三相全控整流桥组成。其主要作用是对工频的外部电源进行

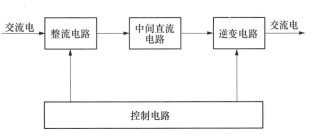

图 2-60　变频器的基本结构

整流，并给逆变电路和控制电路提供所需要的直流电源。整流器件可以采用二极管，也可以采用

晶闸管，但二极管整流器功率因数较高，成本较低，因此近年来多采用二极管整流电路。

（2）中间直流电路。中间直流电路是对整流电路的输出进行滤波，以保证逆变电路和控制电源能够得到质量较高的直流电源。对于电压型变频器，中间直流电路并联大电容；对于电流型变频器，中间直流电路串联大电感。此外，由于电动机制动的需要，在中间直流电路中有时还包括制动电阻及其他辅助电路。

（3）逆变电路。逆变电路是在控制电路的控制下将直流电源转换为频率和电压都可调的交流电源。逆变电路的输出就是变频器的输出，用来实现对异步电动机的调速控制。由于整流部分大多采用二极管不可控整流，所以逆变电路多采用 PWM（脉宽调制）控制方式来完成调压和调频。中小容量逆变电路常采用可关断电力电子器件，如大功率晶体管（GTR）或绝缘栅极型晶体管（IGBT）可作为开关器件；大容量逆变电路采用门极可关断晶闸管（GTO）或晶闸管（SCR）开关器件。当采用晶闸管（SCR）作为开关器件时，由于是半控型器件，自身不能控制关断，需要采用辅助换相电路。

（4）控制电路。控制电路包括主控制电路、信号检测、门极驱动、外部接口、保护电路等部分，是变频器的核心。控制电路的优劣决定了变频器性能的好坏。主要作用是对逆变器的开关控制、对整流器的电压控制、通过外部接口电路接收发送控制信息、完成各种保护功能等。控制方法可以采用模拟控制或数字控制。

图 2-61 所示为通用变频器原理图。

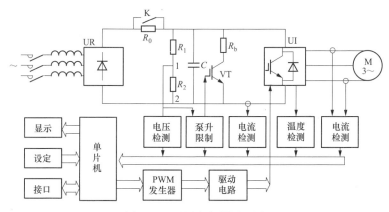

图 2-61　通用变频器原理图

4. 通用变频器的基本操作面板及接线端子

通用变频器的主要功能是通过外部接口电路及数字操作面板来设定的。通用变频器的操作面板由键盘与显示屏组合而成，其中键盘是供用户进行菜单选择、设定和查询功能参数、向机内主控板发出各种指令的，通过显示屏可以观察菜单及其说明、所设定的功能参数、查询运行参数和故障信息，正常运行时，显示屏可显示运行参数如频率、速度、电流等。

西门子 MM440 系列（MICROMASTER 440）变频器的操作面板及功能说明见图 2-62。

利用基本操作面板 BOP 可以更改变频器的各个参数，BOP 具有五位数字的七段显示，用于显示参数的序号和数值，报警和故障信息，以及该参数的设定值和实际值。

西门子 MM440 系列变频器的外观和接线端子见图 2-63，其电路结构见图 2-64。

2.7.2　通用变频器的控制方式

1. 压频比（U/f）控制

改变电源频率进行调速的同时，还要调节电源的电压幅值，以保证电动机的磁通不变，通用

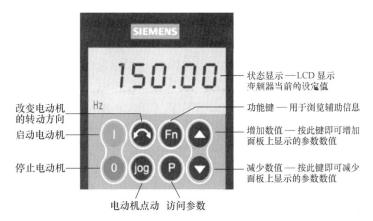

图 2-62 西门子 MM440 变频器操作面板

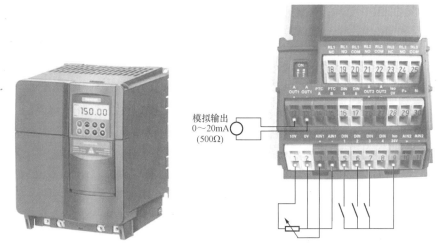

图 2-63 西门子 MM440 系列变频器的外观和接线端子

变频器基本都采用这种控制方式,所以通用变频器常被称为 VVVF 变频器。这种变频器结构简单,但低频时需要进行转矩补偿。

U/f 控制方式有下列几种形式:线性 U/f 控制方式、带磁通电流控制的线性 U/f 控制方式、多点 U/f 控制方式、抛物线型 U/f 控制方式。

2. 矢量控制

矢量控制是以转子磁通这一旋转的空间矢量为参考坐标,利用从静止坐标系到旋转坐标系之间的变换,把定子电流中的励磁电流分量与转矩电流分量变成标量独立开来,分别进行控制。这样,通过坐标变换重建的电动机模型就可等效为一台直流电动机,从而可像直流电动机那样快速地控制转矩和磁通。

矢量控制方式有基于转差频率控制的矢量控制方式、无速度传感器的矢量控制方式、有速度传感器的矢量控制方式等。采用矢量控制方式的通用变频器调速系统在性能上已经达到甚至超过了直流电机控制系统。此外,由于异步电动机具有对环境适应性强、维护简单等许多直流电动机所不具备的优点,在许多需要进行高速、高精度控制的应用中获得了广泛的应用。

3. 直接转矩控制

直接转矩控制技术是利用空间矢量、定子磁场定向的分析方法,直接在定子坐标系下分析

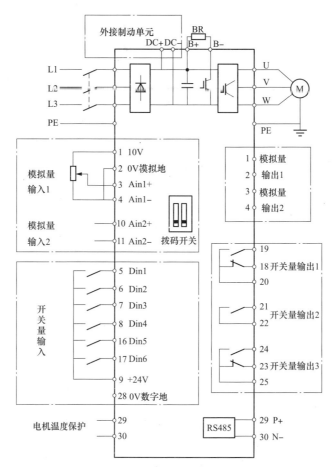

图 2-64　西门子 MM440 系列变频器的电路结构

异步电动机的数学模型,计算与控制异步电动机的磁链和转矩。它采用离散的电压状态和近似圆形磁链轨迹的概念,只要知道定子电阻就可以观测出定子磁链。其控制效果与异步电机的数学模型是否能够简化无关,仅取决于转矩的实际状况。它不需要将交流电动机与直流电动机做比较、等效、转化,即不需要模仿直流电动机的控制,且省去了矢量控制中的旋转变换和为解耦而简化异步电动机的数学模型。控制结构简单,控制信号处理的物理概念明确,系统的转矩响应迅速而无超调,是一种具有高静、动态性能的交流调速控制方式。

2.7.3　变频器的应用

1. 风机的变频调速

风机应用广泛,但常用的方法则是调节风门或挡板开度的大小来调整受控对象,这样,就使得能量以风门、挡板的节流损失消耗掉了,而采用变频调速可以节能 30%～60%。

负载转矩 T_L 和转速 n_L 之间的关系为

$$T_L = T_0 + K_T n_L^2$$

则功率 P_L 和转速 n_L 之间的关系为

$$P_L = P_0 + K_P n_L^3$$

式中:T_L、P_L 分别为电动机轴上的转矩和功率;K_T、K_P 分别为二次方律负载的转矩常数和功率常数。

图 2-65 所示为风机变频调速系统的电路原理图。

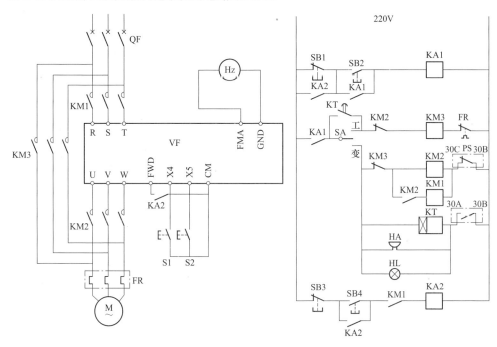

图 2-65 风机变频调速系统的电路原理图

以变频器森兰 BT12S 系列为例，变频器的功能如下：变频器处于外部 FWD 控制模式；FMA 输出功能为频率，在 FMA 和 GND 两端之间跨接频率表；频率由 X4、X5 设定，控制端子的通断实现变频器的升降速；X5 与公共端 CM 接通时频率上升，断开时频率保持；X4 与公共端 CM 接通时频率下降，断开时频率保持。

这里使用 S1 和 S2 两个按钮分别与 X4 和 X5 相接，按下按钮 S2，X5 与公共端 CM 接通，控制频率上升；松开按钮 S2，X5 与公共端 CM 断开，频率保持。同样，按下按钮 S1，X4 与公共端 CM 接通，控制频率下降；松开按钮 S1，X4 与公共端 CM 断开，频率保持。

（1）主电路。三相工频电源通过断路器 QF 接入，接触器 KM1 用于将电源接至变频器的输入端 R、S、T，接触器 KM2 用于将变频器的输出端 U、V、W 接至电动机，KM3 用于将工频电源直接接至电动机。注意接触器 KM2 和 KM3 绝对不允许同时接通，否则会造成损坏变频器的后果，因此，KM2 和 KM3 之间必须有可靠的互锁。热继电器 FR 用于工频运行时的过载保护。

（2）控制电路。设置有"变频运行"和"工频运行"的切换，控制电路采用三位开关 SA 进行选择。当 SA 合至"工频运行"方式时，按下启动按钮 SB2，中间继电器 KA1 动作并自锁，进而使接触器 KM3 动作，电动机进入工频运行状态。按下停止按钮 SB1，中间继电器 KA1 和接触器 KM3 均断电，电动机停止运行。当 SA 合至"变频运行"方式时，按下启动按钮 SB2，中间继电器 KA1 动作并自锁，进而使接触器 KM2 动作，将电动机接至变频器的输出端。KM2 动作后使 KM1 也动作，将工频电源接至变频器的输入端，并允许电动机启动。同时，使连接到接触器 KM3 线圈控制电路中的 KM2 动断触点断开，确保 KM3 不能接通。按下按钮 SB4，中间继电器 KA2 动作，电动机开始加速，进入"变频运行"状态。KA2 动作后，停止按钮 SB1 失去作用，以防止直接通过切断变频器电源使电动机停机。在变频运行中，如果变频器因故障而跳闸，则变频器的"30B-30C"保护触点断开，接触器 KM1 和 KM2 线圈均断电，其主触点切断了变频器与电源之间，以及变频器与电动机之间的连接。同时"30B-30A"触点闭合，接通报警扬声器

HA 和报警灯 HL 进行声光报警。同时，时间继电器 KT 得电，其触点延时一段时间后闭合，使 KM3 动作，电动机进入工频运行状态。

（3）节能分析。以一台工业锅炉使用的 30kW 鼓风机为例。一天 24h 连续运行，其中每天 10h 运行在 90% 负荷（频率按 46Hz 计算，挡板调节时电机功耗按 98% 计算），14h 运行在 50% 负荷（频率按 20Hz 计算，挡板调节时电机功耗按 70% 计算），全年运行时间在 300 天为计算依据。则变频调速时每年的节电量为

$$W_1 = 30 \times 10 \times [1 - (46/50)^3] \times 300 = 19\ 918(kWh)$$

$$W_2 = 30 \times 14 \times [1 - (20/50)^3] \times 300 = 117\ 936(kWh)$$

$$W_b = W_1 + W_2 = 19\ 918 + 117\ 936 = 137\ 854(kWh)$$

挡板开度时的节电量为

$$W_1 = 30 \times (1 - 98\%) \times 10 \times 300 = 1800(kWh)$$

$$W_2 = 30 \times (1 - 70\%) \times 14 \times 300 = 37\ 800(kWh)$$

$$W_d = W_1 + W_2 = 1800 + 37\ 800 = 39\ 600(kWh)$$

相比较节电量为 $W = W_b - W_d = 137\ 854 - 39\ 600 = 98\ 254(kWh)$

因此，采用变频调速节约大量能源，降低成本，变频调速技术用于风机设备改造非常必要。

2. 变频恒压供水系统

（1）恒压供水的意义。恒压供水是指通过闭环控制，使供水的压力自动地保持恒定，其主要意义如下：

1）提高供水质量。用户用水的多少是经常变动的，因此供水不足或供水过剩的情况时有发生。而用水和供水之间的不平衡集中反映在供水压力上，即用水多而供水少则压力低，用水少而供水多则压力大。保持供水的压力恒定可使供水和用水之间保持平衡，即用水多时供水也多，用水少时供水也少，从而提高了供水质量。

2）节约能源。用变频调速来实现恒压供水，与用调节阀门来实现恒压供水相比较，节能效果十分明显。

3）启动平稳。启动电流可以限制在额定电流以内，从而避免启动时对电网的冲击，对于比较大的电机，可省去降压启动的装置。

4）可以消除启动和停机时的水锤效应。电机在全压下启动时，在很短的启动时间里，管道内的流量从零增大到额定流量，液体流量十分急剧的变化将在管道内产生压强过高或过低的冲击力，压力冲击管壁将产生噪声，犹如锤子敲击管子一般，故称水锤效应。采用了变频调速后，可以根据需要，设定升速时间和降速时间，使管道系统内的流量变化率减小到允许范围内，从而达到完全彻底地消除水锤效应的目的。

（2）恒压供水的主电路。通常在同一路供水系统中设置两台常用泵，供水量大时开 2 台，供水量少时开 1 台。在采用变频调速进行恒压供水时，为节省设备投资，一般采用 1 台变频器控制 2 台电机，主电路如图 2-66 所示，图中

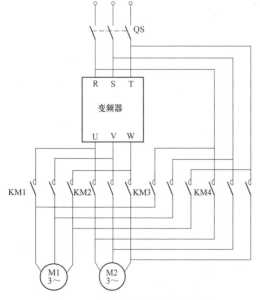

图 2-66　恒压供水的主电路原理

没有画出用于过载保护的热继电器。

控制过程为用水少时，由变频器控制电动机 M1 进行恒压供水控制，当用水量逐渐增加时，M1 的工作频率也增加，当 M1 的工作频率达到最高工作频率 50Hz，而供水压力仍达不到要求时，将 M1 切换到工频电源供电。同时将变频器切换到电动机 M2 上，由 M2 进行补充供水。当用水量逐渐减小，即使 M2 的工作频率已降为 0Hz，而供水压力仍偏大时，则关掉由工频电源供电的 M1，同时迅速升高 M2 的工作频率，进行恒压控制。

如果用水量恰巧在一台泵全速运行的上下波动时，将会出现供水系统频繁切换的状态，这对于变频器控制元器件及电机都是不利的。为了避免这种现象的发生，可设置压力控制的"切换死区"。例如所需压力为 0.3MPa，则可设定切换死区为 0.3～0.35MPa。控制方式是当 M1 的工作频率上升到 50Hz 时，若压力低于 0.3MPa，则进行切换，使 M1 全速运行，M2 进行补充。当用水量减少，M2 已完全停止，但压力仍超过 0.3MPa 时，暂不切换，直至压力超过 0.35MPa 时再切换。

另外，两台电动机可以用两台变频器分别控制，也可以用一台容量较大的变频器同时控制。前者机动性好，但设备费用较贵，后者控制较为简单。

多台电动机使用一台变频器的切换方式与上述类似。

习 题

2-1　电磁式继电器和接触器有何区别？

2-2　电动机的短路保护、过电流保护和过载保护有何区别？它们如何实现？

2-3　电动机为什么要设置零电压和欠电压保护？如何实现？

2-4　低压断路器具有哪些脱扣器？它们分别有哪些功能？

2-5　是否可以将两个 110V 的交流接触器线圈串接于 220V 的交流电源上，为什么？若是直流接触器情况又如何？为什么？

2-6　接触器是怎样选择的？主要考虑哪些因素？

2-7　在电气控制系统中，如何选择热继电器和熔断器？

2-8　在试分析图 2-67 所示控制电路的工作原理，并说明开关 S 和按钮 SB 的作用。

2-9　试设计某工作台前进—后退控制线路，工作台由电动机 M 拖动，行程开关 SQ1、SQ2 分别装在原位和终点。要求：

（1）能自动实现前进到终点停一下再后退到原位停止；

（2）工作台在前进过程中可以人工操作使其立即后退到原位停止；

（3）设有终端保护。

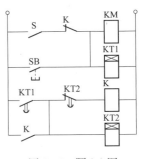

图 2-67　题 2-8 图

2-10　试设计两台电动机 M1、M2 顺序启、停的控制线路。要求：

（1）M1 启动后，M2 立即自动启动；

（2）M1 停止后，延时一段时间，M2 才自动停止；

（3）M2 能点动调整。

2-11　某小车运行情况如图 2-68 所示，要求按下 SB1 后，小车由 SQ1 处前进到 SQ2 处停留 5s，继续前进到 SQ3 处停留 10s，再后退到 SQ1 处停止。试设计其控制

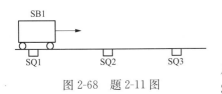

图 2-68　题 2-11 图

线路。

2-12　某机械设备由两台笼型异步电动机 M1、M2 拖动。按要求设计控制线路：

（1）M1 容量较大，采用Ｙ-△降压启动，停车时采用能耗制动；

（2）M1 启动后经 20s 后方允许 M2 启动（M2 容量较小，可直接启动）；

（3）M2 停车后 M1 才允许停车；

（4）M1、M2 启、停均要求两地控制；

（5）要设置必要的保护环节。

第 3 章 PLC 原理及应用

3.1 PLC 的基础知识

3.1.1 PLC 的产生发展

1. PLC 的产生

在可编程控制器（PLC）诞生之前，继电器控制系统已经广泛应用于工业生产的各个领域，起着不可替代的作用。随着生产规模的逐步扩大，继电器控制系统已越来越难以适应现代工业生产的要求。继电器控制系统通常是针对某一固定的动作顺序或生产工艺而设计，其控制功能也局限于逻辑控制、定时、计数等一些简单的控制，一旦动作顺序或生产工艺发生变化，就必须重新进行设计、布线、装配和调试，造成时间和资金的严重浪费。继电器控制系统体积大、耗电多、可靠性差、寿命短、运行速度慢、适应性差。

为了改变这一现状，1968 年美国最大的汽车制造商通用汽车公司（GM），提出"多品种小批量、不断翻新汽车品牌型号"的设想，并试图寻找一种新型控制器，以尽量减少重新设计和更换继电器控制系统的硬件和接线，减少系统维护与升级时间，降低成本。希望将计算机的功能完备、灵活、通用等优点与继电器控制系统简单易懂、操作方便、价格便宜等优点相结合，设计一种通用的工业控制装置以满足生产需求。为此，GM 拟订了 10 项公开招标的技术要求：① 可编程，且编程简单、现场可修改程序；② 维护方便、采用插件式结构；③ 可靠性高于电器控制系统；④ 体积小于电器控制系统；⑤ 成本低于电器系统；⑥ 数据可以直接送入计算机；⑦ 输入可为市电；⑧ 输出可为市电，能直接驱动电磁阀、交流接触器等；⑨ 通用性强、易于扩展；⑩ 控制程序容量大于 4K。

根据招标的技术要求，美国数字设备公司（DEC）于 1969 年研制出了第一台可编程控制器，并在通用汽车公司的自动装配线上试用成功。这种新型的工业控制装置具有简单易懂、操作方便、可靠性高、使用灵活、体积小、寿命长等一系列优点，很快就推广到其他行业领域，也受到了许多国家的重视。随后德国、日本等国相继引进这一技术，使 PLC 迅速在工业控制中得到了广泛应用。

目前，世界上有 200 多家 PLC 厂商，400 多种 PLC 产品，按地域可分成美国、欧洲和日本三个流派产品，例如美国 Rockwell 自动化公司所属的 A-B（Allen-Bradley）公司、GE-Fanuc 公司、日本的三菱公司和立石公司，德国的西门子（Siemens）公司等。其产品已风行全世界，各具特色，成为各国工业控制领域中的著名品牌，如日本主要发展中小型 PLC，其小型 PLC 性能先进，结构紧凑，价格便宜，在国际市场上占据重要地位。

我国从 1974 年也开始研制 PLC，1977 年开始应用于工业领域。如今已经实现了 PLC 的国产化，生产的设备越来越多地采用 PLC 作为控制装置。

2. PLC 的定义

早期的可编程控制器仅有逻辑运算、定时、计数等顺序控制功能，只是用来取代传统的继电器控制，通常称为可编程逻辑控制器（programmable logic controller，PLC）。随着微电子技术和计算机技术的发展，在 20 世纪 70 年代中期将微处理器技术应用到 PLC 中，使 PLC 不仅具有逻辑控制功能，还增加了算术运算、数据传送和数据处理等功能。所以又称为可编程控制器（PC），但为了避免与个人计算机混淆，故仍用 PLC 作为可编程控制器的英文缩写。

20 世纪 80 年代以后，随着大规模、超大规模集成电路等微电子技术的迅速发展，16 位和

32位微处理器应用于 PLC 中，使 PLC 得到迅速发展。PLC 不仅控制功能增强，可靠性提高，功耗、体积减小，成本降低，编程和故障检测更加灵活方便，而且具有通信和联网、数据处理和图像显示等功能，使 PLC 真正成为具有逻辑控制、过程控制、运动控制、数据处理、联网通信等功能的名副其实的多功能控制器。

1987 年，国际电工委员会（IEC）颁布了可编程控制器标准草案，对可编程控制器定义如下："可编程控制器是一种数字运算操作的电子系统，专为在工业环境下应用而设计。它采用可编程序的存储器，用来在其内部存储执行逻辑运算、顺序控制、定时、计数和算术运算等操作的指令，并通过数字式和模拟式的输入和输出，控制各种类型的机械或生产过程。可编程控制器及其有关外围设备，都应按易于与工业系统联成一个整体，易于扩充其功能的原则设计"。定义强调了 PLC 是数字运算操作的电子系统，它是专为在工业环境下应用而设计的工业计算机，是一种用程序来改变控制功能的工业控制计算机，除了能完成各种各样的控制功能外，还有与其他计算机通信联网的功能，这与传统控制装置有本质区别。同时，还强调了 PLC 直接应用于工业环境，它需具有很强的抗干扰能力、广泛的适应能力和广阔的应用范围，这是区别于一般微机控制系统的重要特征。

PLC 是应用面最广、功能强大、使用方便的通用工业控制装置，它已经成为当代工业自动化三大技术（PLC、工业机器人、CAD/CAM）支柱之一。

3. PLC 的发展趋势

PLC 技术是随着自动控制技术和计算机技术的发展而发展的。PLC 的发展前景广阔，概括如下：

（1）高性能 PLC 将具备更强的数据处理能力，是 PLC 的一个发展方向。

（2）越来越多的模块正在不断地被研制出来，例如数控模块、语音处理模块等；模块自身带有 CPU，可以与主 CPU 并行工作，有利于 PLC 的工程应用。

（3）网络技术将向深层次应用推进。伴随计算机网络和通信网络的飞速发展，针对工业以太网络技术的 PLC 技术已经成功应用，针对网络兼容性、因特网、GSM/CDMA 通信网络的技术将迅速发展。

（4）从技术角度而言，PLC 实现软硬件标准化、通用化和开放化是今后发展的趋势。

3.1.2 PLC 的特点、应用与分类

1. PLC 的特点

（1）可靠性高，抗干扰能力强。PLC 采用了一系列的硬件和软件的抗干扰措施：①所有的 I/O 接口电路均采用光电隔离，使工业现场的外电路与 PLC 内部电路之间电气上隔离；②各输入端均采用 R-C 滤波器，其滤波时间常数一般为 $10\sim20ms$；③各模块均采用屏蔽措施，以防止辐射干扰；④采用性能优良的开关电源；⑤对采用的器件进行严格的筛选；⑥良好的自诊断功能，一旦电源或其他软、硬件发生异常情况，CPU 立即采用有效措施，以防止故障扩大。

（2）可编程，通用性强。PLC 控制系统控制作用的改变主要不是取决于硬件的改变，而是取决于程序的改变，即硬件柔性化。柔性化的结果使整个系统可靠性提高，计数器、定时器、继电器等器件在 PLC 中变成了编程变量，控制作用的实现更加容易。

（3）丰富的 I/O 接口模块。PLC 针对不同的工业现场信号，如交流或直流、开关量或模拟量、电压或电流、脉冲或电位和强电或弱电等，有相应的 I/O 模块与工业现场的器件或设备，如按钮、行程开关、接近开关、传感器及变送器、电磁线圈和控制阀等直接连接。另外，为了提高操作性能，PLC 还有多种人机对话的接口模块；为了组成工业局部网络，PLC 还有多种通信联网的接口模块。

（4）采用模块化结构可以适应各种工业控制需要。除了整体式的小型 PLC 以外，绝大多数 PLC 均采用模块化结构。PLC 的各个部件，包括 CPU、电源、I/O 等均采用模块化设计，由机

架及电缆将各模块连接起来，系统的规模和功能可根据用户需要自行组合。

（5）编程简单易学。PLC 的编程大多采用类似于继电器控制线路的梯形图形式，对使用者而言，不需要具备计算机的专门知识，因此工程技术人员可以很容易地理解和掌握。

（6）安装简单，维修方便。PLC 不需要专门的机房，可以在各种工业环境下直接运行。使用时只需将现场的各种设备与 PLC 相应的 I/O 端相连接，即可投入运行。各种模块上均有运行和故障指示装置，便于用户了解运行情况和查找故障。由于采用模块化结构，一旦某个模块发生故障，用户可以通过更换模块的方法迅速排除故障，使系统恢复运行。

2. PLC 的应用领域

目前，PLC 已广泛应用于钢铁、石油、化工、电力、建材、机械制造、汽车、轻纺、交通运输、环保及文化娱乐等各个行业，大致可归纳如下：

（1）开关量逻辑控制。开关量逻辑控制是 PLC 最基本、最广泛的应用领域，可用以取代传统的继电器控制电路，实现逻辑控制、顺序控制，既可用于单台设备的控制，又可用于多机群控制及自动化流水线。例如，机床、注塑机、印刷机械、装配生产线、电镀流水线、电梯的控制等。

（2）模拟量控制。在工业生产过程中，为了使可编程控制器能处理如温度、压力、流量、液位和速度等模拟量信号，PLC 厂家都有配套的 A/D、D/A 转换模块用于模拟量控制。

（3）运动控制。PLC 可以用于圆周运动或直线运动的控制。各主要 PLC 厂家几乎都有运动控制功能专用模块，如可驱动步进电机或伺服电机的单轴或多轴位置控制模块，广泛应用于各种机械、机床、机器人、电梯等。

（4）过程控制。过程控制是指对温度、压力、流量等模拟量的闭环控制。PLC 能编制不同的控制算法程序，完成闭环控制。例如，PID 调节就是一般闭环控制系统中常用的调节方法，PID 处理一般是运行专用的 PID 子程序。过程控制在冶金、化工、热处理、锅炉控制等场合有非常广泛的应用。

（5）数据处理。现代 PLC 具有数学运算、数据传送、转换、排序、查表、位操作等功能，可以完成数据的采集、分析及处理。这些数据可以与存储器中的参考值比较，完成一定的控制操作，也可以利用通信功能传送到其他智能装置，或将其打印制表。数据处理一般用于大型控制系统，如无人控制的柔性制造系统；也可用于过程控制系统，如造纸、冶金、食品工业中的一些大型控制系统。

（6）通信联网。PLC 的通信包括 PLC 与 PLC、PLC 与上位计算机、PLC 与其他智能设备之间的通信，PLC 系统与通用计算机可直接或通过通信处理单元、通信转换单元相连构成网络，以实现信息的交换，并可构成集中管理、分散控制的多级分布式控制系统，满足工厂自动化（FA）系统发展的需要。

3. PLC 的分类

PLC 产品种类繁多，通常根据其结构形式的不同、功能的差异和 I/O 点数的多少等进行大致分类。

（1）按结构形式分类，PLC 可分为整体式、模块式、叠装式三类。

1）整体式 PLC。整体式 PLC 是将电源、CPU、存储器、I/O 接口等部件都集中装在一个机箱内，具有结构紧凑、体积小、价格低的特点。小型 PLC 一般采用这种整体式结构。整体式 PLC 由不同 I/O 点数的基本单元（又称主机）和扩展单元组成。基本单元内有电源、CPU、存储器、I/O 接口、与 I/O 扩展单元相连的扩展口，以及与编程器或 EPROM 写入器相连的接口等。扩展单元内只有 I/O 和电源等，没有 CPU。基本单元和扩展单元之间一般用扁平电缆连接。整体式 PLC 一般还可配备特殊功能单元，如模拟量单元、位置控制单元等，使其功能得以扩展。

2）模块式 PLC。模块式 PLC 是将 PLC 各组成部分，分别做成若干个单独的模块，如 CPU

模块、I/O 模块、电源模块及各种功能模块。模块式 PLC 由框架或基板和各种模块组成。模块装在框架或基板的插座上。这种模块式 PLC 的特点是配置灵活，可根据需要选配不同规模的系统，而且装配方便，便于扩展和维修。大中型 PLC 一般采用模块式结构。

3) 叠装式 PLC。将整体式和模块式的特点结合起来，构成所谓叠装式 PLC。叠装式 PLC 的 CPU、电源、I/O 接口等也是各自独立的模块，但它们之间是靠电缆进行连接，并且各模块可以一层层地叠装。这样，不仅系统可以灵活配置，而且体积小巧。

（2）按功能分类，PLC 可分为低档、中档、高档三类。

1) 低档 PLC。低档 PLC 具有逻辑运算、定时、计数、移位以及自诊断、监控等基本功能，还可有少量模拟量输入/输出、算术运算、数据传送和比较、通信等功能，主要用于逻辑控制、顺序控制或少量模拟量控制的单机控制系统。

2) 中档 PLC。除具有低档 PLC 的功能外，中档 PLC 还具有较强的模拟量输入/输出、算术运算、数据传送和比较、数制转换、远程 I/O、子程序、通信联网等功能，有些还可增设中断控制、PID 控制等功能，适用于复杂控制系统。

3) 高档 PLC。除具有中档机的功能外，高档 PLC 还增加了带符号算术运算、矩阵运算、位逻辑运算、平方根运算及其他特殊功能函数的运算、制表及表格传送功能等。高档 PLC 机具有更强的通信联网功能，可用于大规模过程控制或构成分布式网络控制系统，实现工厂自动化。

（3）按 I/O 点数分类，PLC 可分为小型、中型和大型三类。

1) 小型 PLC。I/O 点数为 256 点以下的为小型 PLC。其中，I/O 点数小于 64 点的为超小型或微型 PLC。

2) 中型 PLC。I/O 点数为 256 点以上、2048 点以下的为中型 PLC。

3) 大型 PLC。I/O 点数为 2048 以上的为大型 PLC。其中，I/O 点数超过 8192 点的为超大型 PLC。

一般 PLC 功能的强弱与其 I/O 点数的多少是相互关联的，即 PLC 的功能越强，其可配置的 I/O 点数越多。因此，通常我们所说的小型、中型、大型 PLC，不仅表示其 I/O 点数不同，也表示其功能为低档、中档、高档。

3.1.3　PLC 的组成及工作原理

1. PLC 的硬件组成

虽然 PLC 的外观各异，但作为工业控制计算机，其硬件结构都大体相同。PLC 主要由中央处理单元（CPU）、存储器、输入单元、输出单元、通信接口、扩展接口、电源等部分组成。其中，CPU 是 PLC 的核心；输入单元和输出单元是连接现场输入/输出设备与 CPU 之间的接口电路；通信接口用于与编程器、上位计算机等外围设备连接。对于整体式 PLC，所有部件都装在同一机壳内，其组成框图如图 3-1 所示。对于模块式 PLC，各部件独立封装成模块，各模块通过总线连接，安装在机架或导轨上，其组成框图如图 3-2 所示。无论是哪种结构类型的 PLC，都可根据用户需要进行配置与组合，模块式 PLC 比整体式 PLC 配置更加灵活。

下面介绍各部分的功能。

（1）中央处理单元（CPU）。CPU 是 PLC 的核心部分，是整个 PLC 系统的中枢，其功能是读入现场状态、控制信息存储、解读和执行用户程序、输出运算结果、执行系统自诊断程序、与计算机等外部设备通信。CPU 由大规模或超大规模集成电路微处理器构成，PLC 常用的微处理器主要有通用微处理器、单片机或双极型位片式微处理器。

（2）存储器。存储器是 PLC 存放系统程序、用户程序和运行数据的单元，包括只读存储器 ROM、随机存取存储器 RAM、可编程只读存储器、可擦写只读存储器 EPROM、电可擦写只读存储器 EEPROM。只读存储器 ROM 在使用过程中只能取出不能存储，而随机存取存储器 RAM 在使用过程中能随时取出和存储。

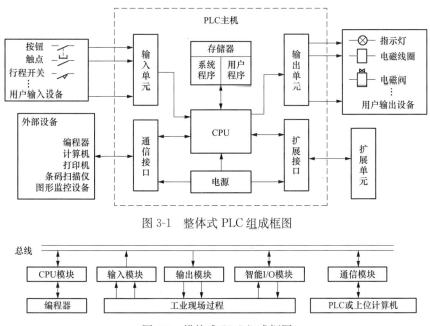

图 3-1　整体式 PLC 组成框图

图 3-2　模块式 PLC 组成框图

（3）输入/输出单元。通常也称为输入/输出（I/O）接口电路或输入/输出（I/O）模块。PLC 的对外功能主要是通过各类接口模块的外接线，实现对工业设备和生产过程的检测与控制。通过各种输入/输出单元，PLC 既可检测到所需的过程信息，又可将处理结果传送给外部过程，驱动各种执行机构，实现工业生产过程的控制。通过输入单元，PLC 能够得到生产过程的各种参数；通过输出单元，PLC 能够把运算处理的结果送至工业过程现场的执行机构实现控制。

PLC 配置了各种类型的输入/输出单元，其中常用的有以下几种类型：

1）开关量输入单元。开关量输入单元的作用是把现场各种开关信号变成 PLC 内部处理的标准信号。开关量输入单元按照输入端的电源类型不同，分为直流输入单元和交流输入单元。直流开关量输入单元电路图如图 3-3（a）所示，外接的直流电源极性可以为任意极性。虚线框外为外部用户接线，虚线框内是 PLC 内部的输入电路。发光二极管（LED）点亮，指示现场开关闭合。

交流开关量输入单元电路图如图 3-3（b）所示，虚线框内是 PLC 内部的输入电路。在交流输入单元中，电阻 R2 与 R3 构成分压器。电阻 R1 为限流电阻，电容 C 为滤波电容。双向光耦合器起整流和隔离双重作用，双向发光二极管用作状态指示。其工作原理和直流输入单元基本相同，仅在正反向时导通的双向光耦合器不同。

2）开关量输出单元。开关量输出单元的作用是把 PLC 的内部信号转换成现场执行机构的各种开关信号。按照输出电路所用开关器件不同，PLC 的开关量输出单元可分为晶体管输出单元、晶闸管输出单元和继电器输出单元。按照现场执行机构使用的电源类型的不同，开关量输出单元可分为直流输出单元（晶体管输出方式或继电器触点输出方式）和交流输出单元（晶闸管输出方式或继电器触点输出方式）。三种输出方式电路如图 3-4 所示。

3）模拟量输入单元。PLC 控制系统所控制的信号中有许多是模拟量，如常用的温度、压力、速度、流量、酸碱度、位移的各种工业检测都是对应于电压、电流的模拟量值。模拟量输入电平大多是从传感器通过变换后得到的，模拟量的输入信号为 4～20mA 的电流信号或 1～5V、−10～10V、0～10V 的直流电压信号。模拟量输入模块接收这种模拟信号之后，将其转换为 8

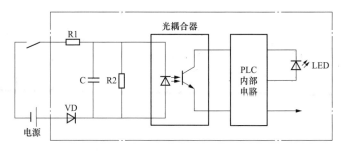

(a) 直流开关量输入单元

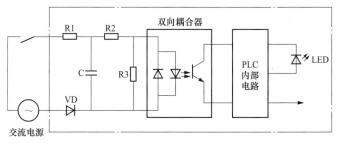

(b) 交流开关量输入单元

图 3-3　PLC 开关量输入单元电路图

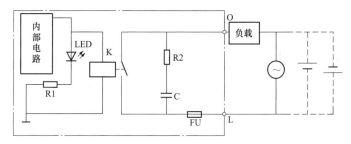

(a) 继电器输出单元结构图

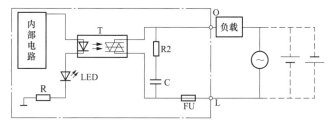

(b) 晶闸管输出单元结构图

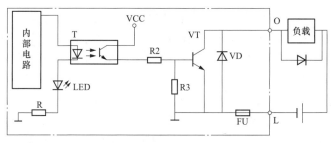

(c) 晶体管输出单元结构图

图 3-4　PLC 开关量输出单元电路图

位、10 位、12 位或 16 位等精度的数字量信号并传送给 PLC 进行处理，因此，模拟量输入模块又称为 A/D 转换输入模块，其原理框图如图 3-5 所示。

4）模拟量输出单元。模拟量输出单元（见图 3-6）是将中央处理器的二进制数字信号转换成 4～20mA 的电流输出信号或 0～10V、1～5V 的电压输出信号，以提供给执行机构，满足生产现场连续信号的控制要求。模拟量输出单元一般由光耦合器隔离、D/A 转换器和信号转换等部分组成。

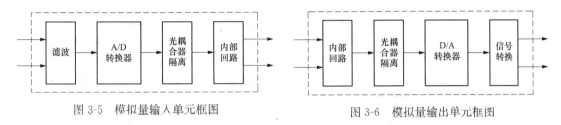

图 3-5　模拟量输入单元框图　　　　　　　　图 3-6　模拟量输出单元框图

（4）电源。电源单元是 PLC 的电源供给部分。它的作用是把外部供应的电源变换成系统内部各单元所需的电源，有的电源单元还向外提供直流电源，供与开关量输入单元连接的现场电源开关使用。PLC 的外部工作电源一般为单相 85～260V 50/60Hz 交流电源，也有采用 24～26V 直流电源的。使用单相交流电源的 PLC，往往还能同时提供 24V 直流电源，供直流输入使用。PLC 对其外部工作电源的稳定度要求不高，一般可允许±15％左右。

（5）扩展接口。扩展接口用于连接扩展单元与基本单元，使 PLC 的配置更加灵活，以满足不同控制系统的需求。

（6）外设接口。外设接口一般分为通信接口和专业接口两种。通信接口采用标准通用的接口，如 RS232、RS422 和 RS485A；专业接口是指各 PLC 厂家专有的自成标准和系列的接口。通信接口是 PLC 实现人机对话、机机对话的通道，通过这些接口，PLC 主机可与编程器、监视器、打印机及其他的 PLC 和计算机相连。

（7）智能接口模块。智能接口模块是一个独立的计算机系统，它有自己的 CPU、系统程序、存储器，以及与 PLC 系统总线相连的接口。智能接口模块作为 PLC 系统的一个模块，通过总线与 PLC 相连以进行数据交换，并在 PLC 的协调管理下独立地进行工作。

PLC 的智能接口模块种类很多，如高速计数模块、闭环控制模块、运动控制模块、中断控制模块等。

（8）编程设备。编程设备是供用户进行程序编制、编辑、调试、监视用的设备，主要有专用编程器和配有专用编程软件包的通用计算机两种形式。

专用编程器有简易型和智能型两种类型。简易型编程器只能联机编程，一般需将梯形图转化为机器语言助记符的形式才能输入；智能型编程器又称图形编程器，本质上它是一台专用便携式计算机，既可以联机工作也可以脱机工作，可直接输入梯形图，并能通过屏幕对话。

编程工具现在的发展趋势是第二种形式，利用微机辅助编程，在计算机中装入厂家为自己的产品设计的专用编程软件包。运用这些软件可以编辑、修改用户程序，监控系统运行，打印文件，采集分析数据等，配上相应的通信电缆后，可直接与 PLC 通信，实时控制，非常方便。

（9）其他外部设备。除了上述部件和设备外，PLC 还有许多外部设备，如 EPROM 写入器、外存储器、人机接口装置等。

2. PLC 的软件组成

PLC 的软件由系统程序和用户程序组成。

系统程序由 PLC 的制造厂商编制，固化在 PROM 或 EPROM 中，安装在 PLC 上，随产品提供给用户。系统程序包括系统管理程序、用户指令解释程序和供系统调用的标准程序模块和系统调用程序等。

系统管理程序主要负责程序运行的时间分配、用户程序存储空间的分配管理、系统自检等。用户指令解释程序可将用户编制的应用程序（如用梯形图、语句表等编制的程序）翻译成 CPU 能执行的机器指令。

PLC 的用户程序是用户利用 PLC 的编程语言，根据控制要求编制的程序。在 PLC 的应用中，最重要的是用 PLC 的编程语言来编写用户程序，以实现控制目的。由于 PLC 是专门为工业控制而开发的装置，其主要使用者是广大电气技术人员，为了满足他们的传统习惯和掌握能力，PLC 的主要编程语言采用比计算机语言相对简单、易懂、形象的专用语言。

3. PLC 的工作原理

PLC 是一种专用的工业控制计算机，以微处理器为控制核心。编程装置将用户程序输入 PLC，在 PLC 运行状态下，输入单元接收到外部元件发出的输入信号，PLC 执行程序，并根据程序运行后的结果，由输出单元驱动外部设备。图 3-7 所示为 PLC 工作原理。

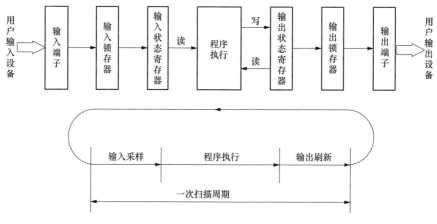

图 3-7　PLC 的工作原理

（1）PLC 的工作过程。PLC 运行时是通过执行反映控制要求的用户程序来完成控制任务的，需要执行众多的操作，但 CPU 不可能同时去执行多个操作，它只能按分时操作（串行工作）方式，一次执行一个操作，按顺序逐个执行。由于 CPU 的运算处理速度很快，所以从宏观上来看，PLC 外部出现的结果似乎是同时（并行）完成的。这种串行工作过程称为 PLC 的扫描工作方式。

PLC 一般有 RUN 和 STOP 两种工作状态。RUN 状态是 PLC 的运行状态；STOP（PRG）状态是停止状态，也称为编程状态，下载程序时 PLC 必须处于停止状态。PLC 上有选择开关来决定 PLC 当前的状态，也可以通过上位机来设置 PLC 的状态。

PLC 按照循环扫描工作方式工作，如图 3-8 所示，PLC 周期性完成内部处理、通信服务、输入采样、执行程序和输出刷新 5 项工作。一个循环周期结束之后再开始新的周期，每个循环周期的时间长度随 PLC 的性能和程序不同而有所差别，一般为 10ms 左右。在 STOP 状态下，只完成内部处理和通信服务。PLC 的工作过程如图 3-9 所示。

1）内部处理。PLC 在内部处理阶段主要完成自检、自诊断等工作。

2）通信服务。PLC 在通信服务阶段主要负责通过网络和其他 PLC 或现场设备进行数据的交换。

3）输入采样。在输入采样阶段，PLC 按顺序对所有输入接口的输入状态进行采样，并存入输入映像寄存器中，此时输入映像寄存器被刷新。

PLC 在一个扫描周期内，对输入状态的采样只在输入采样阶段进行。当 PLC 进入程序执行阶段后，输入端将被封锁，直到下一个扫描周期的输入采样阶段才对输入状态进行重新采样，这种方式称为集中采样。

4）程序执行。在程序执行阶段，PLC 按顺序对用户程序进行扫描。若程序用梯形图来表示，则总是按先上后下，先左后右的顺序进行。当遇到程序跳转指令时，则根据跳转条件是否满足来决定程序是否跳转。

当指令中涉及输入、输出状态时，PLC 从输入映像寄存器和元件映像寄存器中读出，根据用户程序进行运算，运算的结果再存入输出映像寄存器和元件映像寄存器中。对于输出映像寄存器和元件映像寄存器来说，其内容会随程序执行的过程而变化。在程序执行阶段，用户程序的执行和 PLC 的输入、输出接口一般不直接发生关系，只处理和决定变量的状态。

PLC 的工作过程如图 3-9 所示。

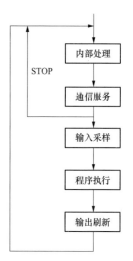

图 3-8　PLC 的循环扫描

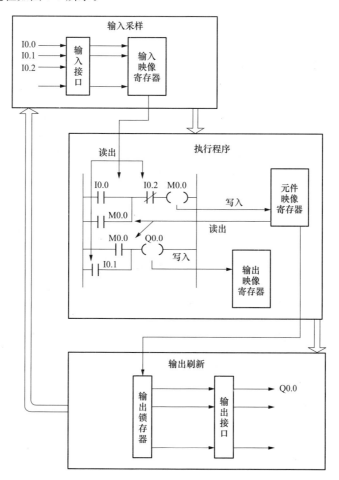

图 3-9　PLC 的工作过程

5）输出刷新。在某一扫描周期内，当所有程序执行完毕后，进入输出刷新阶段。在这一阶段里，PLC将输出映像寄存器中的输出继电器状态，转存到输出锁存器中，并通过一定方式输出，驱动外部负载。在用户程序中，一般只对输出继电器进行一次赋值，即输出继电器的线圈只能出现一次。在一个扫描周期内，只在输出刷新阶段才将输出状态从输出映像寄存器中输出，对输出接口进行刷新。而在其他阶段，输出状态一直保存在输出映像寄存器中，这种方式称为集中输出。

对于小型PLC，其I/O点数较少，用户程序较短，一般采用集中采样、集中输出的工作方式，虽然在一定程度上降低了系统的响应速度，但使PLC工作时大多数时间与外部输入、输出设备隔离，从根本上提高了系统的抗干扰能力，增强了系统的总体响应速度。而对于大中型PLC，其I/O点数较多，控制功能强，用户程序较长，为提高系统响应速度，可以采用定期采样、定期输出方式，或中断输入、输出方式，以及采用智能I/O接口等多种方式。

（2）输入/输出响应滞后。PLC是根据输入的情况及程序的内容来决定输出。从PLC的输入信号发生变化到PLC输出端对该输入变化做出反应需要一段时间，这种现象称为PLC输入/输出响应滞后。循环扫描的工作方式是PLC输出滞后的主要原因。PLC硬件中的输入滤波电路和输出继电器触点机械运动也是PLC输出滞后的重要原因。另外，程序编写不当也会增加PLC输出的滞后。

为了改善和减少PLC输出的滞后问题，有些PLC生产厂家对PLC的工作过程做了改进，增加每个扫描周期中的输入采样和输出刷新的次数，或是增加立即读和立即写的功能，直接对输入和输出接口进行操作。另外，设计专用的特殊模块用于运动控制等对延时要求苛刻的场合，也是一种很好的方案。

由于PLC输出滞后的存在，一般将PLC用于顺序控制系统和过程控制系统，有时也用于运动控制系统。滞后时间是设计PLC控制系统时应注意把握的一个参数。

3.1.4 PLC 的性能指标

（1）I/O点数。输入/输出（I/O）点数是PLC可以接受的输入信号和输出信号的总和，是衡量PLC性能的重要指标。I/O点数越多，外部可接的输入设备和输出设备就越多，控制规模就越大。

（2）存储容量。存储容量是指用户程序存储器的容量。用户程序存储器的容量大，可以编制出复杂的程序。一般来说，小型PLC的用户存储器容量为几千字，而大型机的用户存储器容量为几万字。

（3）扫描速度。扫描速度是指PLC执行用户程序的速度，是衡量PLC性能的重要指标。一般以扫描1K字用户程序所需的时间来衡量扫描速度，通常以ms/K字为单位。PLC用户手册一般给出执行各条指令所用的时间，可以通过比较各种PLC执行相同操作所用的时间来衡量扫描速度的快慢。

（4）内部元件的种类与数量。在编制PLC程序时，需要用到大量的内部元件来存放变量、中间结果、保持数据、定时计数、模块设置和各种标志位等信息。这些元件的种类与数量越多，表示PLC存储和处理各种信息的能力越强。

（5）指令的功能与数量。指令功能的强弱、数量的多少也是衡量PLC性能的重要指标。编程指令的功能越强、数量越多，PLC的处理能力和控制能力越强，用户编程也越简单，越容易完成复杂的控制任务。

（6）特殊功能单元。特殊功能单元种类的多少与功能的强弱是衡量PLC产品的一个重要指标。近年来各PLC厂商非常重视特殊功能单元的开发，特殊功能单元种类日益增多，功能越来越强，使 PLC 的控制功能日益扩大。

（7）可扩展能力。在选择 PLC 时，经常需要考虑 PLC 的可扩展能力。PLC 的可扩展能力包括 I/O 点数、存储容量、联网功能、各种功能模块等的扩展。

3.2　西门子 PLC S7-200 简介

西门子 S7 系列 PLC 分为 S7-400、S7-300、S7-200 三个系列。其中，SIMATIC S7-200 属于西门子小型 PLC 系列产品，适用于各行各业、各种场合中的检测、监测及控制的自动化应用。S7-200 系列可靠性高、指令集丰富、易于掌握、操作便捷、内置集成功能丰富、实时特性、强劲的通信能力、多种扩展模块。因此，无论它是独立运行，还是相连成网络，都能实现复杂的控制功能，具有极高的性价比。

3.2.1　西门子 S7 200 PLC 的主机单元

SIMATIC S7-200 系列 PLC 的主机单元又称为 CPU 单元，它将微处理器、集成电源、输入电路和输出电路集成在一个紧凑的外壳中，从而形成了一个功能强大的 Micro PLC。

1. S7-200 系列 PLC 的结构

S7-200 系列 PLC 有 CPU21X 系列、CPU22X 系列。其中，CPU22X 型 PLC 提供了 4 个不同的基本型号，常见的有 CPU221、CPU222、CPU224 和 CPU226 四种基本型号。S7-200PLC 的外部结构，如图 3-10 所示。

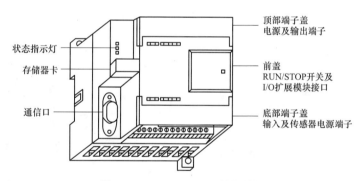

图 3-10　S7-200PLC 的外部结构

状态显示用于显示 CPU 所处的工作状态指示（系统错误/诊断、运行、停止）；存储器卡接口可以插入存储卡；通信接口可以连接 RS-485 总线的通信电缆，顶部端子盖下边为输出端子和PLC 供电电源端子，输出端子的运行状态可以由顶部端子盖下方的一排指示灯显示，ON 状态对应的指示灯亮；底部端子盖下边为输入端子和传感器电源端子，输入端子的运行状态可以由底部端子盖上方的一排指示灯显示，ON 状态对应的指示灯亮；前盖下面有运行、停止开关和接口模块插座。将开关拨向停止位置时，可编程序控制器处于停止状态，此时可以对其编写程序；将开关拨向运行位置时，可编程序控制器处于运行状态，此时不能对其编写程序；将开关拨向监控状态，可以运行程序，同时还可以监视程序运行的状态。接口插座用于连接扩展模块实现 I/O扩展。

2. CPU 模块的主要特点和特性

CPU 模块的主要特点和特性见表 3-1。

表 3-1   **CPU 模块的主要特点和特性**

机型	数字量 I/O 点数	模拟量 I/O 点数	存储容量	扩展功能	适用范围
CPU221	6 输入/4 输出	—	较小	具有一定高速计数和通信功能	点数少或特定控制系统
CPU222	8 输入/6 输出	—	较小	可以最多扩展 2 个模块	可以作为全功能控制器,应用范围较小
CPU224	14 输入/10 输出	—	一般	可扩展 7 个模块,具有更强的模拟量和计数处理能力	使用广泛
CPU224XP	14 输入/10 输出	2 输入/1 输出	较大	主机增加了模拟量单元和 1 个通信口	有少量模拟量信号的系统和复杂通信要求的场合
CPU226	24 输入/16 输出		可达 10KB	具有 2 个通信口和多种模块	点数多、要求高的小型或中型控制系统

3.2.2   S7-200PLC 的扩展模块

除了主机单元外,CPU22X 系列 PLC 还提供了相应的外部扩展模块。扩展模块主要有数字量 I/O 模块、模拟量 I/O 模块、通信扩展模块、特殊功能扩展模块。除了 CPU221 外,其余的主机单元可以通过连接扩展模块,以实现扩展 I/O 点数和执行特殊的功能。连接时 CPU 模块放在最左侧,扩展模块用扁平电缆与左侧的模块相连,如图 3-11 所示。

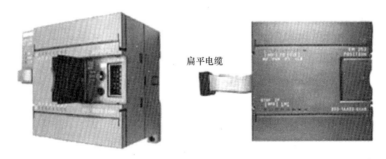

扁平电缆

图 3-11   扩展单元的连接示意

1. 数字量输入/输出扩展模块

(1) EM221。EM221 为数字量输入扩展模块,共有 3 种产品:EM221 DI8×24V DC,EM221 DI8×120/230V AC,EM221 DI16×24V DC。

(2) EM222。EM222 为数字量输出扩展模块,共有 5 种产品:EM222 DO4×24V DC/5A,EM222 DO4×继电器/10A,EM222 DO8×24V DC,EM222 DO8×继电器,EM222 DO8×120/230V AC。

(3) EM223。EM223 为数字量输入/输出混合扩展模块,共有 8 种产品:EM223 DI4/DO4×24V DC,EM223 DI4/DO4×24V DC/继电器,EM223 DI8/DO8×24V DC,EM223 DI8/DO8×24V DC/继电器,EM223 DI16/DO16×24VDC,EM223 DI16/DO16×24V DC/继电器,EM223 DI32/DO32×24VDC,EM223 DI32/DO32×24V DC/继电器。

2. 模拟量输入输出扩展模块

在工业控制中,被控对象通常是模拟量,如压力、温度、流量、转速等。而 PLC 的 CPU 内部执行的是数字量，因此需要将模拟量转换成数字量，以便 CPU 进行处理，这一任务由模拟量 I/O 扩展模块来完成。A/D 扩展模块可将 PLC 外部的电压或电流转换成数字量送入 PLC 内，经 PLC 处理后，再由 D/A 扩展模块将 PLC 输出的数字量转换成电压或电流送给被控对象。

（1）EM231。EM231 为模拟量输入扩展模块，是 4 通道电流/电压输入，产品有 EM231 AI4、EM231 AI8。

（2）EM232。EM232 为模拟量输出扩展模块，是 2 通道电流/电压输出，产品有 EM232 AQ2、EM232 AQ4。

（3）EM235。EM235 为模拟量输入/输出扩展模块，是 4 通道电流/电压输入、1 通道电流/电压输出（占用 2 路输出地址），产品有 EM235 AI4/AQ1。

3. 通信扩展模块

除了主机单元自身集成的通信口外，S7-200 系统还提供了以下几种通信扩展模块，以适应不同的通信方式，连接成更大的网络。

（1）EM277：PROFIBUS-DP 从站通信模块，同时也支持 MPI 从站通信。

（2）EM241：调制解调器（modem）模块。

（3）CP243-1：工业以太网通信模块。

（4）CP243-1 IT：工业以太网通信模块，同时支持 Web/E-mail 等 IT 应用功能。

（5）CP243-2：AS-Interface 主站模块，可连接最多 62 个 AS-Interface 从站。

4. 特殊功能扩展模块

CPU22X 系列还提供了一些特殊功能扩展模块，以完成某些特定的任务。

（1）温度测量扩展模块。温度测量扩展模块是模拟量模块的特殊形式，可以直接连接 TC（热电偶）和 RTD（热电阻）以测量温度。它们各自都可以支持多种热电偶和热电阻，使用时只需简单设置就可以直接得到温度数值，S7-200 提供了 2 种温度测量扩展模块：EM231TC 为热电偶输入模块，4 输入通道；EM231RTD 为热电阻输入模块，2 输入通道。

（2）EM253。EM253 为定位控制模块，它能产生脉冲串，用于步进电机和伺服电机的速度和位置的开环控制。

（3）SIWAREX MS。SIWAREX MS 为一种多用途、灵活的称重模块。

（4）SINAUT MD720-3。SINAUT MD 720-3 是一个 GPRS/GSM 调制解调器模块。通常，S7-200 PLC 需要进行发送、接收手机短信或者 GPRS 通信时就需要使用该调制解调器。

3.2.3　I/O 地址分配及外部接线

1. 本机 I/O 与扩展 I/O 的地址分配

S7-200 CPU 具有一定数量的本机 I/O，本机 I/O 有固定的地址。可以通过用扩展 I/O 模块来增加 I/O 点数，扩展模块安装在 CPU 模块的右边。I/O 模块分为数字量输入、数字量输出、模拟量输入和模拟量输出 4 类。S7-200 系统扩展对输入/输出地址空间的分配规则如下：

（1）同类型的输入点或输出点的模块进行顺序编址。

（2）对于数字量，输入/输出映像寄存器的单位长度为 8 位。本模块高位实际位数未满 8 位的，未使用位不能分配给 I/O 链的后续模块，后续同类地址编址必须重新从一个新的连续的字节开始。

（3）对于模拟量，输入/输出以 2 点或 2 个通道（2 个字，4 字节）递增方式来分配空间。本模块中未使用的通道地址不能被后续的同类模块继续使用，后续的地址排序必须从新的 2 个字以后的地址开始。

例如，某控制系统选用 S7-200 PLC 的 CPU224，系统所需的输入输出点数如下：数字量输入 28 点、数字量输出 24 点、模拟量输入 7 点和模拟量输出 2 点。主机与扩展模块的编址见表 3-2。

表 3-2　　　　　　　　　　　　　　　　主机与扩展模块的编址

主机		模块 0	模块 1	模块 2		模块 3		模块 4	
CPU224		EM221 DI8	EM222 DO8	EM235　AI4/AQ1		EM223 DI8/DO8		EM235　AI4/AQ1	
I0.0～I0.7 I1.0～I1.5	Q0.0～Q0.7 Q1.0～Q1.1	I2.0～I2.7	Q2.0～Q2.7	AIW0 AIW2 AIW4 AIW6	AQW0	I3.0～I3.7	Q3.0～Q3.7	AIW8 AIW10 AIW12 AIW14	AQW4

2. S7-200 外部接线

（1）交流电源系统的外部接线。交流电源系统的外部电路如图 3-12 所示，用单刀开关将电源与 PLC 隔离开，可以用过流保护设备（如空气开关）保护 CPU 的电源和 I/O 电路，也可以为输出点分组或分点设置熔断器。所有的地线端子集中到一起后，在最近的接地点用 1.5mm² 的导线一点接地。

以 CPU222 为例，它的 8 个输入点 I0.0～I0.7 分为两组，1M 和 2M 分别是两组输入点内部电路的公共端。L＋和 M 端子分别是模块提供的 DC24V 电源的正极和负极。图中用该电源作输入电路的电源。6 个输出点 Q0.0～Q0.5 分为两组，1L 和 2L 分别是两组输出点内部电路的公共端。

PLC 的交流电源接在 L1（相端）和 N（零线）端，此外还有保护接地（PE）端子。

（2）直流电源系统的外部接线。直流电源系统的外部电路如图 3-13 所示，用开关将电源与 PLC 隔离开，过流保护设备、短路保护和接地的处理与交流电源系统相同。

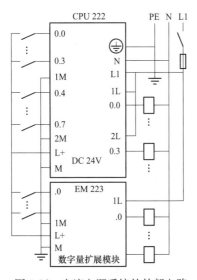

图 3-12　交流电源系统的外部电路

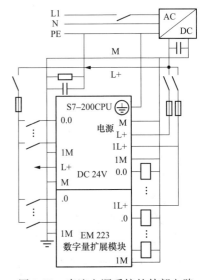

图 3-13　直流电源系统的外部电路

在外部 AC/DC 电源的输出端接大电容，负载突变时，可以维持电压稳定，以确保 DC 电源有足够的抗冲击能力。把所有的 DC 电源接地可以获得最佳的噪声抑制。

未接地的 DC 电源的公共端 M 与保护地 PE 之间用 RC 并联电路连接，电容和电阻的典型值为 4700pF 和 1MΩ。电阻提供了静电释放通路，电容提供了高频噪声通路。

DC24V 电源回路与设备之间、AC220V 电源与危险环境之间，应提供安全电气隔离。

3.2.4　S7-200PLC 的存储区与编程变量

1. S7-200PLC 的存储区

S7-200 系列 PLC 的存储区分为程序存储区、变量存储区和参数存储区。

(1) 程序存储区。程序存储区主要用于存放用户程序，程序空间容量在不同的 CPU 中是不同的。另外，CPU 中的 RAM 区与内置 E^2PROM 上都有程序存储器，它们互为映像，且空间大小一样。系统程序会进行自动调度，在程序执行时将程序从 E^2PROM 映像到 RAM 中，以提高运行速度。系统程序也存放在程序空间，但对用户是不开放的，即用户不能访问和读写系统程序。

(2) 变量存储区。变量存储区存储各种编程变量。编程变量包括输入继电器（输入映像）I、输出继电器（输出映像）Q、中间继电器 M、定时器 T 和计数器 C 等。

(3) 参数存储区。参数存储区是用于存放 PLC 组态参数有关的存储区域，如保护口令、PLC 站地址、停电记忆保持区、软件滤波、强制操作的设定信息等，该存储器为 E^2PROM。

2. S7-200 的基本数据类型及编址

(1) S7-200 的基本数据类型。

位（bit）：位是计算机的最小数据单位，用一个二进制数表示（0 或 1）。

字节（B）：字节是计算机最基本的数据单位，在 S7-200 中，字节也是表示数据的基本单位。

字（W）：字（W）是计算机表示字符的基本单位，一个字由两个字节组成，即 1W=2B。

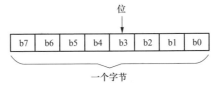

S7-200 的基本数据类型见表 3-3。

表 3-3　　　　　　　　　　　S7-200 的基本数据类型

数据类型	数据长度（位 bit）	取值范围
位（bit）	1	0，1
字节（B）	8	0～255
字（W）	16	0～65535
双字（DW）	32	0～$(2^{32}-1)$
整数（INT）	16	-32767～$+32767$
双整数（DINT）	32	-2^{31}～$(2^{31}-1)$
实数（R）	32	浮点数

(2) S7-200 的编址。存储器是由许多存储单元组成的，每个存储单元都有唯一的地址，可以依据存储器地址来存取数据。数据区存储器地址的表示格式有位、字节、字、双字地址格式，如下所示：

3. S7-200PLC 的编程变量（编程元件）

编程变量是从程序变量的角度对存储区进行表述，在 PLC 中又称为编程元件。西门子 PLC 编程变量包括输入继电器（输入映像）I、输出继电器（输出映像）Q、辅助继电器 M、定时器 T、计数器 C、局部数据 L 和累加器 AC 等。其中，S7-200PLC 还有全局变量存储器 V、特殊中间继电器 SM、模拟量输入输出 AWI 与 AWQ。一般变量可以以位、字节、字和双字的格式自由读取或写入，但特殊情况除外。

不同厂家、同一厂家不同系列的 PLC，其编程元件（软继电器）的功能编号也不相同，因此用户在编制程序前，必须要先熟悉选用 PLC 的每条指令及元件的功能编号。

（1）输入继电器（I）。输入继电器是 PLC 数据存储区中的输入映像寄存器，用于存放 PLC 的输入信号状态值，每一个输入继电器就是一个位元件（存放 1 位二进制数）。每个输入继电器与 PLC 的指定输入点相连接，PLC 将每次采样输入接点的结果放入相应的输入继电器中。

西门子 PLC 的输入继电器表示符号用 I 来表示，I0.0、I0.1 等表示不同输入端对应的继电器线圈。西门子 S7-200 系列 CPU224 型的 PLC 输入端子号也是八进制数的地址，输入编号为 I0.1~I0.7、I1.0~I1.5，共 14 个输入点。输入继电器线圈是反映外部信号状态的，必须由外部信号驱动，不能由程序驱动，所以程序中只能用它的触点，而不能出现它的线圈，并且继电器的触点可在程序中出现无限次。一般，多个输入端对应一个公共端 COM 口。图 3-14 所示为其等效示意。

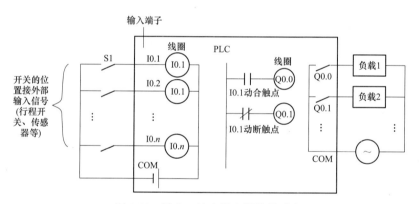

图 3-14　输入、输出继电器等效示意

（2）输出继电器（Q）。输出继电器是 PLC 数据存储区中的输出映像寄存器，用于存放 PLC 的输出值，每一个输出继电器就是一个位元件（存放 1 位二进制数）。每个输出继电器与 PLC 的指定输出点相连接，PLC 将每次运算得到的输出结果放入相应的输出继电器中。

西门子 PLC 用 Q0.0、Q0.1 等表示不同输出端对应的输出继电器线圈触点。西门子 S7-200 系列 CPU224 型的 PLC 输出端子号也是八进制数的地址，输入编号为 Q0.1~Q0.7、Q1.0~Q1.1，共 10 个输出点。

输出继电器线圈是 PLC 向外部负载发送信号的，如线圈得电，其对应的输出单元中的硬件继电器只有一对动合触点，即只能驱动一个输出端；但在程序中每一个输出继电器的动合触点、动断触点都可以出现无限次（实质上只是调用它的状态，可无限制次数地使用），可以反复使用其触点。一般，可多个输出端对应一个公共端 COM 口，也可一个输出端对应一个 COM 口。

（3）变量寄存器（V）。S7-200 中有大量的变量寄存器，用于数据运算、数据传送、存储中间结果等。

（4）辅助继电器（M）。辅助继电器的功能与传统中间继电器的功能基本相同。每个辅助继电器就是一个位元件，它与外部设备没有直接联系，不能直接驱动负载。

（5）特殊辅助继电器（SM）。特殊辅助继电器是用来自动存储系统的工作状态、进行控制参数设置，以及产生特定信号的专用存储区域。

SM0.0：在运行状态下，总为 ON。

SM0.1：在从停止转为运行时，产生 1 个扫描周期 ON。

SM0.2：当 RAM 中保存数据丢失，产生 1 个扫描周期 ON。

SM0.3：PLC 通电转为运行时，产生 1 个扫描周期 ON。

SM0.4：周期为 1min，占空比 50% 的时钟脉冲。

SM0.5：周期为 1s，占空比 50% 的时钟脉冲。

SM0.6：一个扫描周期为 ON，下一个扫描周期为 OFF 的扫描时钟。

SM0.7：指示 PLC 方式开关（MODE）的位置，1＝运行（RUN，启动自由口通信模式），0＝终端（TERM，终止 PLC 与编程设备的通信）。

（6）定时器（T）。定时器（T）类似于继电器电路中的时间继电器，但其精度更高，定时精度分为 1、10、100ms 三种，根据需要由编程者选用。定时器的类型有接通延时和断开延时等。定时器的数量随 CPU 型号不同而不同。定时器除了有状态值（长度为位）之外，还有当前值（长度为字）。定时器的设定值通过程序预先给定，当满足定时器的工作条件时，定时器开始延时，达到设定值时，定时器接点动作，其动合触点闭合，动断触点断开。每个定时器都有一个存储当前值的 16 位寄存器和一个表示定时器接点状态的位元件。

（7）计数器（C）。计数器（C）的作用与通用计数器相似，用来计脉冲个数。S7-200 提供增计数器、减计数器、增/减计数器三种类型的计数器。当满足计数器的工作条件时，计数器开始工作，达到设定值（增计数器、增/减计数器）或减到 0 时（减计数器、增/减计数器），计数器的接点动作，此时它的动合触点闭合，动断触点断开。每个计数器都有一个存储当前值的 16 位寄存器和一个表示计数器接点状态的位元件。

（8）数据寄存器。数据寄存器是计算机不可缺少的编程元件，用于存放各种数据，其通道编号也是由厂家提供。

（9）局部数据（L）。局部数据（L）是在块或子程序运行时使用的临时变量。局部变量使用前需要在块或子程序的变量表中声明。局部变量是为块或子程序提供传送参数和存放中间结果的临时存储空间。块或子程序执行结束后，局部数据存储空间将可以重新分配，用于作为其他块或子程序的临时变量。

（10）累加器（AC 或 ACCU）。累加器（AC 或 ACCU）是程序运行中重要的寄存器，用它可把参数传给子程序或任何带参数的指令和指令块。此外，PLC 在响应外部或内部的中断请求而调用中断服务程序时，累加器中的数据是不会丢失的，即 PLC 会将其中的内容压入堆栈。但应注意，不能利用累加器进行主程序和中断服务子程序之间的参数传递。

（11）全局变量存储器（V）。全局变量存储器（V）是 S7-200 独有的存储空间，经常用来保存逻辑操作的中间结果。所有的 V 存储区域都是断电保持的。有时会用 V 区的部分空间存放一些系统参数，这时用户程序就不能再访问那些空间。在 V 区还可以创建数据块 DB。S7-200 CPU 可用的存储空间见表 3-4。

存储区	存取单位	CPU221	CPU222	CPU224	CPU226	其他存取单位
I	B	0~15	0~15	0~15	0~15	b、W、D
Q	B	0~15	0~15	0~15	0~15	b、W、D
V	B	0~2047	0~2047	0~8191	0~10239	b、W、D
M	B	0~31	0~31	0~31	0~31	b、W、D
SM	B	0~179	0~229	0~549	0~549	b、W、D
S	B	0~31	0~31	0~31	0~31	b、W、D
T	b	0~255	0~255	0~255	0~255	—
	W	0~255	0~255	0~255	0~255	—
C	b	0~255	0~255	0~255	0~255	—
	W	0~255	0~255	0~255	0~255	—
L	B	0~63	0~63	0~63	0~255	b、W、D
AC	B	0~3	0~3	0~3	0~3	W、D
AI	W	—	0~30	0~62	0~62	
AQ	W	—	0~30	0~62	0~62	
HC	D	0，3，4，5	0，3，4，5	0~5	0~5	

表 3-4　　　　　　　　　　　　S7-200 CPU 可用的存储空间

3.3　西门子 PLC S7-200 基本指令

3.3.1　S7-200PLC 基本逻辑指令

基本逻辑指令是指构成基本逻辑运算功能指令的集合，以位逻辑操作为主，一般用于开关量逻辑控制。指令格式分为梯形图指令格式和语句表指令格式。

（1）梯形图指令。梯形图指令由触点（或线圈）和直接位址两部分组成。例如，┤├I0.0，┤├为动合触点，I0.0 为直接位地址（即操作数），操作数由可以进行位操作的寄存器元件和地址组成，本例寄存器元件为输入继电器 I，地址为该输入继电器编号 0.0。操作数的寄存器元件可以是 I（输入继电器）、Q（输出继电器）、M（辅助继电器）、T（定时器）、C（计数器）等。

由于梯形图中的触点并不是真实的触点，只是对存储器的一个读操作，而 CPU 读操作的次数不受限制，所以用户程序中，动合、动断触点的使用次数不受限制，可无限次使用。对梯形图中的线圈来说也不是真实的线圈，线圈符号代表 CPU 对存储器的写操作。在用户程序中，一般每个线圈只能使用一次，若使用次数多于一次（即程序中同一编号线圈出现次数多于一次），其线圈状态以最后一次写入时的状态为准。输入继电器线圈的状态只能由外部电路决定，程序无法改变它。

（2）语句表指令。语句表指令由指令助记符和操作数两部分组成。例如，LD I0.0，LD 为指令助记符，I0.0 为操作数，语句表所完成的功能同梯形图 I0.0 完全一样，是另一种输入法表现形式。

1. 触点的取用指令和线圈输出指令

（1）触点取用指令（又称触点装载指令）。

LD（load）取指令：用于逻辑运算的开始，在梯形图中表示动合触点与左母线相连。如图 3-15 中采用输入继电器 I0.0 的动合触点。

LDN（load Not）取反指令：用于逻辑运算的开始，在梯形图中表示动断触点与左母线相连。如图 3-15 中采用输入继电器 I0.1 的动断触点。

LD/LDN 指令的操作数可以是 I（输入继电器）、Q（输出继电器）、M（辅助继电器）、T（定时器）、C（计数器）等。

（2）—（out）线圈输出指令。该指令用于线圈的驱动，对应梯形图上的线圈必须放在最右端。线圈可以是 Q（输出继电器）、M（辅助继电器）、T（定时器）、C（计数器）等，但不能用于输入继电器 I。线圈可以并联不能串联，同一编号的线圈不能出现多次。

如图 3-15 所示，第一行程序如下：当输入端子 I0.0 上有信号输入时，输入继电器 I0.0 的动合触点闭合，输出继电器 Q0.0 的线圈得电，其外部动合触点闭合从而使接在对应输出端子 Q0.0 上的外部设备得电；当输入端子 I0.0 上无信号输入时，输入继电器 I0.0 的动合触点打开，输出继电器 Q0.0 的线圈失电，其外部动合触点断开从而使接在对应输出端子 Q0.0 上的外部设备失电。第二行程序如下：输出继电器线圈 Q0.0 和辅助继电器线圈 M0.0 并联，当输入端子 I0.1 上有信号输入时，输入继电器 I0.1 的动断触点打开，输出继电器 Q0.1 和辅助继电器 M0.0 的线圈都失电；若输入端子 I0.1 上无信号输入，则输入继电器 I0.1 的动断触点不动作而保持闭合，输出继电器 Q0.1 和辅助继电器 M0.0 的线圈都得电。该程序的运行时序图如图 3-15 所示。

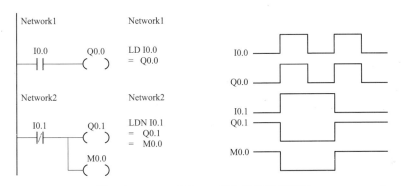

图 3-15　LD、LDN、＝指令编程及时序图

2. 触点的串联指令（与指令）和并联指令（或指令）

（1）触点的串联指令（与指令）。

A（And）与指令：表示一个动合触点与左面触点串联，是将一个动合触点状态与前面结果进行逻辑"与"运算。

AN（And Not）与非指令：表示一个动断触点与左面触点串联，是将一个动断触点状态与前面结果进行逻辑"与"运算。

注意：A/AN 指令是单个触点串联连接指令；串联触点数目没有限制，可连续使用；其操作数可以是 I（输入继电器）、Q（输出继电器）、M（辅助继电器）、T（定时器）、C（计数器）等。

图 3-16 所示为 A/AN 指令编程及时序图。当动合触点 I0.0 与 I0.1 同时闭合时，继电器 Q0.0 线圈得电；当动合触点 I0.2 与动断触点 I0.3 同时闭合时，继电器 Q0.1 线圈得电。

（2）触点的并联指令（或指令）。

O（OR）或指令：表示一个动合触点与上面的触点并联连接，是将一个动合触点状态与前面结果进行逻辑"或"运算。

ON（OR NOT）或非指令：表示一个动断触点与上面的触点并联连接，是将一个动断触点状态与前面结果进行逻辑"或"运算。

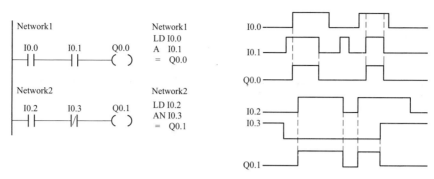

图 3-16　A/AN 指令编程及时序图

注意：O/ON 指令是单个触点串联连接指令；串联触点数目没有限制，可连续使用；其操作数可以是 I（输入继电器）、Q（输出继电器）、M（辅助继电器）、T（定时器）、C（计数器）等。

图 3-17 所示为 O/ON 指令编程及时序图。图中，只要动合触点 I0.0 和 I0.1 中任意一个闭合，继电器 Q0.0 线圈就会得电；当动合触点 I0.2 闭合或动断触点 I0.3 保持闭合，继电器 Q0.1 线圈得电。

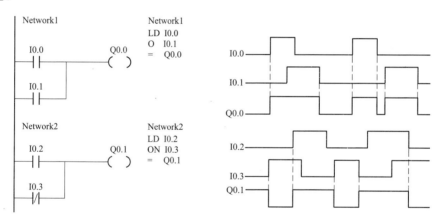

图 3-17　O/ON 指令编程及时序图

3. 电路块的串联指令（块与指令）和电路块的并联指令（块或指令）

（1）电路块的串联指令（块与指令）ALD。

ALD（and load）：用于串联连接多个并联电路组成的电路块，是将一个电路块与前面结果进行逻辑"与"运算。

两个或两个以上触点并联的电路称为并联电路块，并联电路块与前面电路串联连接时，使用 ALD 指令。分支的起点用 LD 或 LDN 指令开始，并联电路结束后，使用 ALD 指令与前面电路串联。ALD 指令无操作目标元件，是一个程序步指令。图 3-18 所示为 ALD 指令编程及时序图。

（2）电路块的并联指令（块或指令）OLD。

OLD（or load）：用于并联连接多个串联电路组成的电路块，是将一个电路块与前面结果进行逻辑"或"运算。

两个或两个以上的触点串联连接的电路称为串联电路块，串联电路块并联连接时，使用 OLD 指令。分支的起点用 LD、LDN 指令开始，串联电路结束后，使用 OLD 指令与它上面电路并联。OLD 指令无操作目标元件，是一个程序步指令。图 3-19 所示为 OLD 指令编程及时序图。

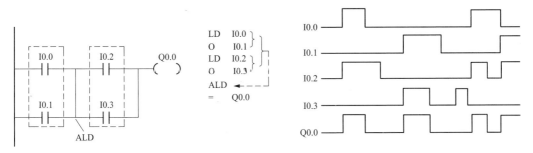

图 3-18 ALD 指令编程及时序图

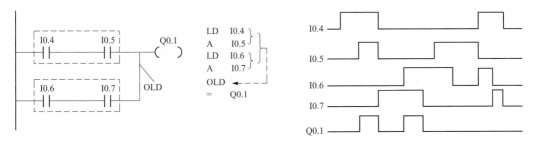

图 3-19 OLD 指令编程及时序图

ALD/OLD 指令混合使用的编程示例如图 3-20 所示。

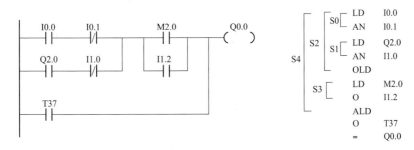

图 3-20 ALD/OLD 指令混合使用的编程示例

4. 置位/复位指令 S/R

S（SET）：置位指令，使能输入有效后从起始位 S-bit 开始连续 N 位都被置位为 1，并保持。

R（RESET）：复位指令，使能输入有效后从起始位 R-bit 开始连续 N 位都被复位为 0，并保持。

置位/复位指令 S/R 说明见表 3-5。

表 3-5   置位/复位指令 S/R 说明

指令名称	梯形图	语句表	功能	操作数
置位指令 S（SET）	—(bit S) N	S bit，N	从起始位 bit 开始连续 N 位被置 1	I、Q、M、SM、T、C、V、S、L
复位指令 R（RESET）	—(bit R) N	R bit，N	从起始位 bit 开始连续 N 位被清 0	

S/R 指令编程示例及时序如图 3-21 所示。

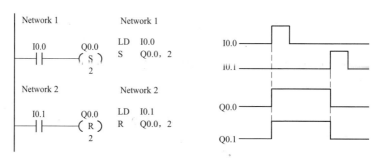

图 3-21　S/R 指令编程示例及程序的运行时序

使用说明：

（1）位元件一旦被置位，就保持在通电状态，而一旦被复位就保持在断电状态。

（2）S/R 指令可以互换次序使用，但写在后面的指令具有优先权。S、R 指令对同一线圈可以多次设置。

（3）如果对计数器和定时器复位，则计数器和定时器的当前值被清零，它们的位变为 0 状态。

（4）N 的常数范围为 1～255，N 也可为 VB、IB、QB、MB、SMB、SB、LB、AC、常数、＊VD、＊AC、＊LD。一般情况下使用常数。

（5）S/R 指令的操作数为 I、Q、M、SM、T、C、V、S 和 L。

5．边沿脉冲指令

边沿脉冲指令是利用边沿触发信号产生一个宽度为一个扫描周期的脉冲，用以驱动它后面的输出线圈。常见的脉冲生成指令有脉冲上升沿指令和脉冲下降沿指令两种。

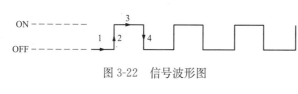

图 3-22　信号波形图

上升沿是指信号从 OFF→ON 变化的瞬间，下降沿是指信号从 ON→OFF 变化的瞬间。信号波形图如图 3-22 所示。

（1）EU（Edge Up）脉冲上升沿指令。即在 EU 指令前有一个上升沿时产生一个宽度为一个扫描周期的脉冲，驱动其后输出线圈。

（2）ED（Edge Down）脉冲下降沿指令。即在 ED 指令前有一个下降沿时产生一个宽度为一个扫描周期的脉冲，驱动其后输出线圈。指令格式见表 3-6。

表 3-6　　　　　　　　　　　　　　EU/ED 指令格式

指令名称	梯形图	语句表	功能	操作数
脉冲上升沿指令 EU	─┤P├─	EU	产生宽度为一个扫描周期的脉冲信号	无
脉冲下降沿指令 ED	─┤N├─	ED	产生宽度为一个扫描周期的脉冲信号	

EU/ED 指令编程示例及程序运行时序如图 3-23 所示。当 I0.0 有上升沿时，EU 产生一个宽度为一个扫描周期的脉冲，驱动它后面的输出线圈 M0.0，则输出线圈 M0.0 得电，触点 M0.0

闭合，Q0.0 置位；而 ED 指令则在对应输入 I0.1 有下降沿时产生一个宽度为一个扫描周期的脉冲，驱动其后的输出线圈 M0.1，触点 M0.1 闭合，Q0.0 复位。

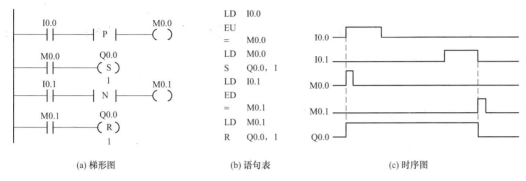

图 3-23　EU/ED 指令编程示例及时序图

6. 取反指令和空操作指令

（1）取反指令（NOT）。取反指令是指将它左面的电路的逻辑运算结果取反。如图 3-24 所示，此触点左侧 I0.0 接通为 1 时，NOT 触点右侧为 0，输出无效，线圈 Q1.5 失电；此触点左侧 I0.0 断开为 0 时，NOT 触点右侧为 1，线圈 Q1.5 得电。而线圈 Q1.6 由触点 I0.0 直接控制。

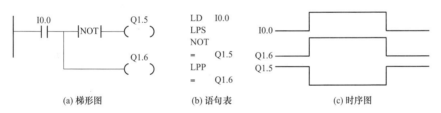

图 3-24　取反指令及时序图

（2）空操作指令（NOP）。空操作指令起增加程序容量的作用，当条件满足，执行空操作指令，将稍微延长扫描周期长度，不影响用户程序的执行。在编程时，若预先在程序中插入 NOP 指令，可在修改或增加指令时使用，直接插入新指令即可。执行空操作的次数可为 0～255 次。如图 3-25 所示，若动合触点 I0.0 为断开状态，即为 0，则 NOT 触点右侧为 1，条件满足，执行空操作 30 次。

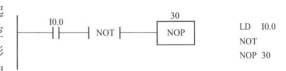

图 3-25　NOP 空操作指令

7. 逻辑堆栈指令

堆栈是一组能够存储和取出数据的暂存单元。在 S7-200 中，堆栈有 9 层，顶层称为栈顶，底层称为栈底。堆栈的存取特点"后进先出"，每次进行入栈操作时，新值都放在栈顶，栈底值丢失；每次进行出栈操作时，栈顶值弹出，栈底值补进随机数。

逻辑堆栈指令主要用来完成对触点进行复杂连接，配合 ALD、OLD 指令使用，逻辑堆栈指令主要有逻辑入栈（LPS）、逻辑读栈（LRD）、逻辑出栈（LPP）、装入堆栈（LDS）指令。逻辑堆栈指令的执行情况如图 3-26 所示。

（1）逻辑入栈指令（LPS）。该指令又称为分支指令或主控指令，执行该指令时将复制栈顶的值并将这个值推入堆栈，原堆栈中各级栈值依次下压一层，栈底值将丢失。

（2）逻辑读栈指令（LRD）。执行该指令时把堆栈中第2层的值复制到栈顶，2～9层的值数据不变，堆栈没有进行入栈、出栈操作，只是原来的栈顶值被新复制的第2层的值覆盖。

（3）逻辑出栈指令（LPP）。该指令又称为分支结束指令或主控复位指令。执行该指令时，将栈顶的值弹出，原堆栈各级栈值依次上弹一级，堆栈第2级的值成为新的栈顶值，原栈顶值从栈内丢失，而栈底值变为不确定数值。

（4）装入堆栈指令（LDS）。装入堆栈指令的语句表形式为LDS n。操作数表示第n级栈，范围是0～8。执行该指令时，将复制堆栈中的第n级的栈值到栈顶，原堆栈各级栈值依次下压一级，栈底值将丢失。

指令说明：①由于受堆栈空间的限制（9层堆栈），LPS、LPP指令连续使用时应少于9次；② LPS与LPP指令必须成对使用，它们之间可以使用LRD指令；③LPS、LRD、LPP指令均无操作数。

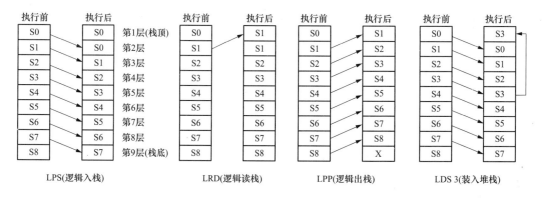

图 3-26　逻辑堆栈指令的执行情况

逻辑堆栈指令的使用举例如图 3-27 和图 3-28 所示。

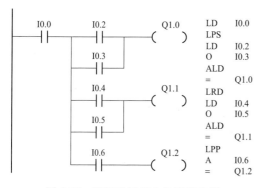

图 3-27　逻辑堆栈指令的编程实例

3.3.2　定时器指令

定时器指令用于时间控制，其作用相当于继电器控制系统中的时间继电器，编号范围为T0～T255。S7-200 的定时器为增量型定时器，一般有两种分类方式：按工作方式和按时间基准，时间基准又称为定时精度或分辨率。

按工作方式，定时器可分为通电延时型（TON）、有记忆的通电延时型（TONR）（保持型）和断开延时定时器（TOF）。

按时间基准，定时器可以分为 1、10、100ms 三种类型，不同时基标准的定时精度、定时范围和定时器的刷新方式不同。

使用定时器时可参照表 3-7 中时基标准和工作方式合理地选择定时器编号，例如要选择分辨率为1ms的有记忆的通电延时型（TONR）定时器，定时器号只能为T0 和T64 中的一个。TON和 TOF 共享一组定时器，不能重复使用，即不能既有 T33（TON）又有 T33（TOF）。

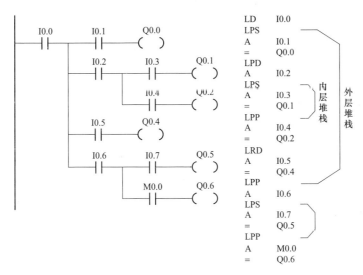

图 3-28 多层堆栈的使用

表 3-7   定时器工作方式及类型

定时器类型	分辨率	最大当前值	定时器号
TONR	1ms	32.767s	T0，T64
	10ms	327.67s	T1～T4，T65～T68
	100ms	3276.7s	T5～T31，T69～T95
TON、TOF	1ms	32.767s	T32，T96
	10ms	327.67s	T33～T36，T97～T100
	100ms	3276.7s	T37～T63，T101～T255

下面介绍三种类型定时器的使用方法。

1. 接通延时型定时器（TON）

如图 3-29 所示，IN 为使能输入端，PT 为预置输入端，最大预置值 32767。当 IN 输入有效（接通）时，定时器开始计时，当前值大于或等于预置值时，定时器输出状态 ON 为 1，输出触点有效（接通）；当 IN 输入无效（断开）时，定时器复位，当前值清零，定时器输出状态 OFF 为 0，输出触点无效（断开）。

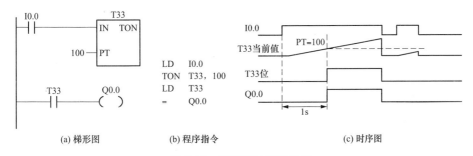

(a) 梯形图   (b) 程序指令   (c) 时序图

图 3-29 接通延时型定时器

图 3-29 中使用定时器号为 T33，其工作方式为 TON，分辨率为 10ms，即 0.01s，预置值为 100，因此设定值为 $100×0.01s=1s$。当 I0.0 触点闭合，IN 输入有效，定时器开始计时，当前

值从零开始递增，当大于或等于设定值1s时，定时器输出状态为1，触点 T33 闭合，线圈 Q0.0 得电。当定时器达到设定值后，只要 I0.0 一直闭合，定时器继续计时，一直到最大值 327.67s，其间定时器输出状态一直为1。如果中间 I0.0 断开，IN 输入无效，定时器复位（当前值清零，输出状态为0），触点 T33 断开，线圈 Q0.0 失电。

2. 有记忆的接通延时型定时器（TONR）

如图 3-30 所示，使用定时器号为 T65，其工作方式为 TONR，其分辨率为 10ms，即 0.01s，预置值为 500，因此设定值为 500×0.01s=5s。IN 为使能输入端，PT 为预置输入端。当 IN 输入有效（接通）时，定时器开始计时，当前值大于或等于预置值时，定时器输出状态 ON 为1，输出触点有效（接通）；当 IN 输入无效（断开）时，定时器当前值保持（记忆）不复位，暂停计数，等下次 IN 输入有效（接通）时，定时器在原记忆的基础上递增计时。它的复位采用线圈复位指令进行复位，当复位线圈有效时，定时器当前值清零，定时器输出状态 OFF 为0，输出触点无效（断开）。

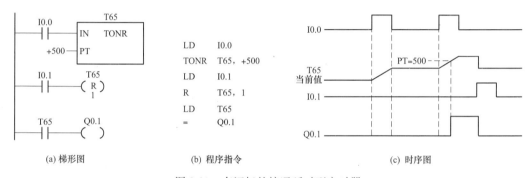

图 3-30　有记忆的接通延时型定时器

程序说明：当 I0.0 触点闭合，IN 输入有效，定时器开始计时，当前值从零开始递增。当大于或等于设定值 5s 时，定时器输出状态为1，触点 T65 闭合，线圈 Q0.1 得电，状态为1。中间若 I0.0 断开，IN 输入无效，定时器当前值保持（记忆）不复位，暂停计数。等下次 IN 输入有效（接通）时，定时器在原记忆的基础上递增计时，大于或等于设定值 5s 时，定时器输出状态为1。当触点 I0.1 闭合时，复位 T65，定时器 T65 当前值清零，输出状态 OFF 为0，输出触点 T65 无效（断开），线圈 Q0.1 失电。

3. 断开延时型定时器（TOF）

如图 3-31 所示，使用定时器号为 T37，其工作方式为 TOF，它的分辨率为 100ms，即 0.1s，预置值为 30，因此设定值为 30×0.1s=3s。IN 为使能输入端，PT 为预置输入端。当 IN 输入有效（接通）时，定时器输出状态立即置1，当前值复位为0；当 IN 输入无效（断开）时，定时器开始计时，当前值从0开始递增，当前值达到预置值时，定时器状态复位0，并停止计时，保持当前值。

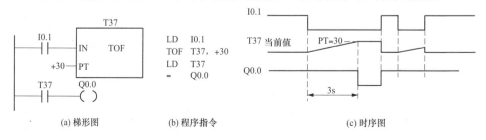

图 3-31　断开延时型定时器

程序说明：当 I0.1 触点闭合，定时器 T37 立即置 1，动合触点 T37 闭合，Q0.0 得电为 1；当 I0.1 触点断开，定时器开始计时，当前值从零开始递增，等于设定值 3s 时，定时器 T37 输出状态为 0（复位，停止计时，当前值保持），动合触点 T37 断开，Q0.0 失电。

3.3.3 计数器指令

计数器是对外部的或由程序产生的脉冲进行计数，基本结构和使用方法与定时器基本相同，编号范围为 C0～C255。S7-200 计数器指令形式有加计数器（CTU）、减计数器（CTD）、加/减计数器（CTUD）三种。

1. 加计数器（CTU）

如图 3-32 所示，采用加计数器 C1，设定值（PV）为 3 次。在 CU 端输入脉冲上升沿，计数器当前值增 1，当前值大于或等于设定值（PV）时，计数器状态为 1，当前值累加最大值为 32767；复位输入（R）有效时，计数器状态复位为 0，当前计数值为 0。

图 3-32 中，触点 I0.0 每从断开到闭合一次（出现一次上升沿），计数器计数一次，从断开到闭合满三次，则计数值等于设定值 3，计数器状态由 0 变为 1，触点 C1 闭合，线圈 Q0.0 得电；当触点 I0.1 闭合时，计数器复位为 0 状态，触点 C1 断开，线圈 Q0.0 失电。

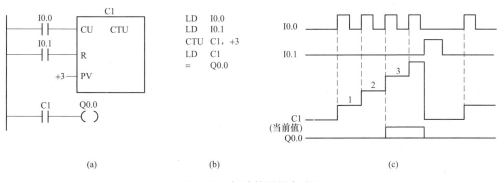

图 3-32 加计数器指令编程

2. 减计数器（CTD）

如图 3-33 所示，采用减计数器 C40，设定值（PV）为 3 次。当复位输入端 LD 有效时，计数器把预置值 PV 装入当前值存储器，同时计数器状态位复位置 0。CD 端每一个输入脉冲上升沿，减计数器当前值从预置值开始递减计数，当前值等于零时，计数器状态位置 1，停止计数。

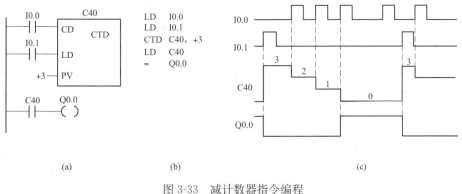

图 3-33 减计数器指令编程

程序说明：触点 I0.1 闭合时，计数器把预置值 PV 为 3 装入当前值存储器，同时计数器复位为 0 状态，触点 C40 断开，线圈 Q0.0 失电，为低电平。触点 I0.0 每从断开到闭合一次（出现一次上升沿），减计数器当前值从预置值 3 开始递减计数，当前值等于零时，计数器状态位置 1，停止计数。触点 C40 闭合，线圈 Q0.0 得电，保持高电平，直至下一个复位脉冲到来。

3. 加/减计数器（CTUD）

加/减计数器有两个脉冲输入端，CU 端用于加计数，CD 端用于减计数，PV 为设定值。CU 端的计数脉冲上升沿加 1 计数，CD 端的计数脉冲上升沿减 1 计数。当前值大于或等于计数器设定值时，计数器状态置位为 1；复位输入 R 有效或执行复位指令时，计数器状态复位，当前值清零。达到计数最大值 32767 后，下一个 CU 输入上升沿将使计数值变为最小值 -32678；同样达到计数最小值 -32678 后，下一个 CD 输入上升沿将使计数值变为最大值 32767。

如图 3-34 所示，采用加/减计数器 C48，设定值（PV）为 4 次。触点 I0.0 每从断开到闭合一次（出现一次上升沿），计数器计数一次，程序运行的时序：从断开到闭合满四次，则计数值等于设定值 4，计数器 C48 状态由 0 变为 1，触点 C48 闭合，线圈 Q0.0 得电；I0.0 又来一个脉冲，计数器继续计数 5，大于设定值计数器状态仍保持 1，线圈 Q0.0 继续得电；此时 I0.1 从断开到闭合一次（出现一次上升沿），减 1 计数，计数值等于设定值 4，计数器状态仍保持 1；I0.1 又从断开到闭合一次，减 1 计数器值为 3，计数值小于设定值 4，计数器状态由 1 变为 0；当触点 I0.0 又闭合时，计数器值加 1 为 4，计数器状态由 0 变为 1，触点 C48 闭合，线圈 Q0.0 得电；当触点 I0.2 断开到闭合时，计数器状态复位，当前值清零，计数器状态由 1 变为 0，线圈 Q0.0 失电。

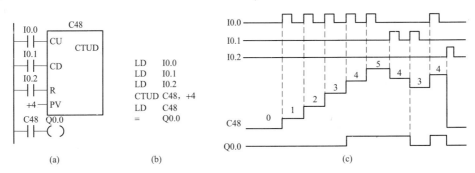

图 3-34　加/减计数器指令编程

3.4　S7-200 PLC 常用功能指令

S7-200 PLC 的功能指令很丰富，主要用于数据的传输、运算、变换、程序控制及通信等功能，可以分为数据处理类、程序控制类、特种功能类及外部设备类。

3.4.1　数据处理类指令及应用

这里主要介绍数据传送指令、比较指令、移位指令、数据转换指令等。

1. 数据传送指令

传送指令可将单个数据或多个连续数据从源区传送到目的区，主要用于 PLC 内部数据流转。

（1）单一数据传送指令 MOV。该指令用来传送单个的字节、字、双字、实数，将输入的数据（IN）传送到输出（OUT），传送过程不改变源地址中数据的值，传送后输入存储器中的内容不变。助记符最后的 B、W、DW（或 D）和 R 分别表示操作数为字节（byte）、字（word）、双字（double word）和实数（real），即字节传送（MOVB）、字传送（MOVW）、双字传送（MOVD）和实数传送（MOVR），其指令格式及功能见表 3-8。

（2）数据块传送指令 BLKMOV。该指令将从输入地址 IN 开始的 N 个数据传送到输出地址 OUT 开始的 N 个单元中，N 的范围为 1～255，数据类型为字节，其指令格式及功能见表 3-9。

表 3-8　　　　　　　　　　　　数据传送指令格式及功能

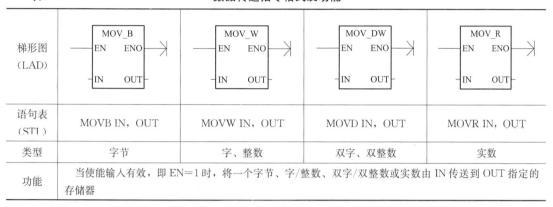

梯形图 （LAD）	MOV_B EN ENO IN OUT	MOV_W EN ENO IN OUT	MOV_DW EN ENO IN OUT	MOV_R EN ENO IN OUT
语句表 （STL）	MOVB IN, OUT	MOVW IN, OUT	MOVD IN, OUT	MOVR IN, OUT
类型	字节	字、整数	双字、双整数	实数
功能	当使能输入有效，即 EN=1 时，将一个字节、字/整数、双字/双整数或实数由 IN 传送到 OUT 指定的存储器			

表 3-9　　　　　　　　　　　　数据块传送指令格式及功能

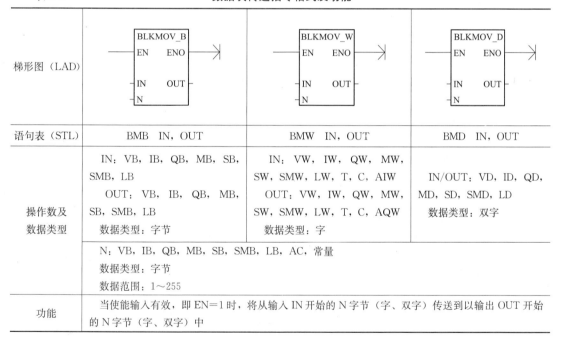

梯形图（LAD）	BLKMOV_B EN ENO IN OUT N	BLKMOV_W EN ENO IN OUT N	BLKMOV_D EN ENO IN OUT N
语句表（STL）	BMB IN, OUT	BMW IN, OUT	BMD IN, OUT
操作数及 数据类型	IN：VB, IB, QB, MB, SB, SMB, LB OUT：VB, IB, QB, MB, SB, SMB, LB 数据类型：字节	IN：VW, IW, QW, MW, SW, SMW, LW, T, C, AIW OUT：VW, IW, QW, MW, SW, SMW, LW, T, C, AQW 数据类型：字	IN/OUT：VD, ID, QD, MD, SD, SMD, LD 数据类型：双字
	N：VB, IB, QB, MB, SB, SMB, LB, AC, 常量 数据类型：字节 数据范围：1～255		
功能	当使能输入有效，即 EN=1 时，将从输入 IN 开始的 N 字节（字、双字）传送到以输出 OUT 开始的 N 字节（字、双字）中		

（3）字节立即传送指令。

字节立即读 MOV-BIR（move byte immediate read）指令：当使能输入端有效时，立即读取输入端（IN）指定字节地址的物理输入点（IB）的值，并写入 OUT 指定字节地址的存储单元中。

字节立即写 MOV_BIW（move byte immediate write）指令：当使能输入端有效时，立即将 IN 单元指定字节地址的内容写到 OUT 所指定字节存储单元的物理区及输出映像寄存器。

字节立即传送指令格式及功能见表 3-10。

表 3-10　　　　　　　　　　　　字节立即传送指令格式及功能

指令类型	传送字节立即读指令	传送字节立即写指令
梯形图（LAD）	MOV_BIR EN　ENO IN　OUT	MOV_BIW EN　ENO IN　OUT
语句表（STL）	BIR　IN，OUT	BIW　IN，OUT
操作数	IN：IB OUT：字节	IN：字节 OUT：QB

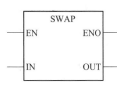

图 3-35　字节交换指令

（4）字节交换指令 SWAP。字节交换 SWAP（swap bytes）指令，用来将输入端 IN 指定的高字节内容与低字节内容进行互换，交换结果存放在输入端指定的地址中。其指令使用格式如图 3-35 所示。

2. 比较指令

比较指令用于将两个操作数按指定条件进行比较，当条件成立时，触点闭合。而在逻辑控制中是通过触点状态比较，因此，比较指令也称为比较触点指令。

比较指令包括数值比较和字符串比较两类，都属于逻辑运算类指令。比较指令只是作为条件来使用，并不对存储器中的具体单元进行操作。对梯形图指令而言，就是接通或切断能流。当条件成立时，能流通过，否则切断能流。

比较指令的梯形图指令格式如图 3-36 所示，IN1、IN2 为输入的两个操作数，比较指令见表 3-11，即比较的运算有 IN1＝IN2（等于），IN1＜IN2（小于），IN1＞IN2（大于），IN1＜＞IN2（不等于），IN1＜＝IN2（小于等于），IN1＞＝IN2（大于等于），比较指令有字节比较、整数比较、双字整数比较、实数比较和字符串比较，分别用 B、I、D、R、S 表示。

图 3-36　比较指令的梯形图指令格式

比较指令以触点形式出现在梯形图和指令表中，因而有 LD、A、O 三种形式，其形式见表 3-11。满足比较关系式给出的条件时，比较指令对应的触点接通。字符串比较指令的比较条件"x"只有＝＝和＜＞。例如，语句表指令格式可以是：LDB＝IN1，IN2（从母线取用比较触点）；AB＝IN1，IN2（串联比较触点）；OB＝IN1，IN2（并联比较触点）；LDS＝IN1，IN2；AS＝ IN1，IN2；OS＝ IN1，IN2；LDS＜＞IN1，IN2；AS＜＞ IN1，IN2；OS＜＞ IN1，IN2。

表 3-11　　　　　　　　　　　　比较指令

无符号字节比较	有符号整数比较	有符号双整数比较	有符号实数比较	字符串比较
LDBx IN1，IN2	LDWx IN1，IN2	LDDx IN1，IN2	LDRx IN1，IN2	LDSx IN1，IN2
ABx IN1，IN2	AWx IN1，IN2	ADx IN1，IN2	ARx IN1，IN2	ASx IN1，IN2
OBx IN1，IN2	OWx IN1，IN2	ODx IN1，IN2	ORx IN1，IN2	OSx IN1，IN2

（1）数值比较指令。数值比较指令用来比较两个数值 IN1 与 IN2 的大小，数据类型有字节、整数、双字整数比较和实数比较，比较指令大部分存在着相似的功能，故将其合在表 3-12 介绍。IN1、IN2 的取值类型为单字节无符号数（BYTE）、有符号整数（INT）、有符号双字（DINT）、有符号实数（REAL）。IN1、IN2 的数据类型要相匹配。

表 3-12　　　　　　　　　　　　**S7-200 的比较指令的梯形图格式**

指令名称	梯形图	说明	操作对象
字节比较	IN1 ==B IN2	若 IN1=IN2，则触点闭合 比较式还可以是 IN1>= IN2、IN1<=IN2、IN1>IN2、 IN1<IN2 和 IN1<>IN2	IN1、IN2 无符号的字节型数据：IB、QB、MB、SMB、VB、SB、LB、AC、*VD、*AC、*LD 常数
整数比较	IN1 ==I IN2	与字节比较类似，不同的是两比较数是有符号数 16♯7FFF>A6♯8000	IN1、IN2 有符号数的字型数据：IW、QW、VW、MW、SMW、SW、LW、TC、AC、AIW、*VD、*LD、*AC、常数
双字整数比较	IN1 ==D IN2	两个双整型有符号数比较（16♯7FFFFFFF>A6♯80000000）	IN1、IN2 有符号数的双字型数据：ID、QD、VD、MD、SMD、SD、LD、AC、HC、*VD、*LD、*AC、常数
实数比较	IN1 ==R IN2	两个实数型数据进行比较	IN1、IN2 实数：ID、QD、VD、MD、SMD、SD、LD、AC、HC、*VD、*LD、*AC、常数

图 3-37 所示为比较指令举例。用接通延时定时器和比较指令组成占空比可调的脉冲发生器。M0.0 和 10ms 定时器 T33 组成一个脉冲发生器，T33 的当前值按锯齿波变化。比较指令用来产生脉冲宽度可调的方波，Q0.0 为 OFF 的时间取决于比较指令"LDW>=　T33，40"中第 2 个操作数的值。

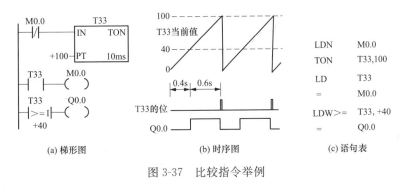

(a) 梯形图　　　　　　(b) 时序图　　　　　　(c) 语句表

图 3-37　比较指令举例

(2) 字符串比较指令。字符串比较指令用来比较两个 ASCII 码字符串是否相同。比较的运算：IN1=IN2（字符串相同），IN1<>IN2（字符串不相同）。常数字符串应是比较触点上面的参数，或比较指令中的第一个参数。IN1、IN2 是取值范围：VB、LB、*VD、*LD、*AC。

3. 移位指令

移位指令分为左、右移位和循环左、右移位及寄存器移位指令三大类。前两类移位指令按移位数据的长度又分字节型、字型、双字型 3 种。

(1) 左、右移位指令。当 EN=1 时，将单字节长的输入无符号数 IN 按位进行左移或右移 N 位，移位后空位补 0，结果存入 OUT。

左移位指令（SHL）格式如图 3-38 所示，语句表为 SLB　OUT，N。

右移位指令（SHR）格式如图 3-39 所示，语句表为 SRB　OUT，N。

左、右移位指令格式及功能见表 3-13。

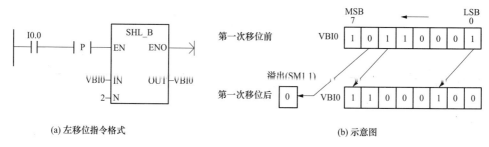

图 3-38　左移位指令

图 3-39　右移位指令

表 3-13　　　　　　　　　　**左、右移位指令格式及功能**

梯形图 （LAD）	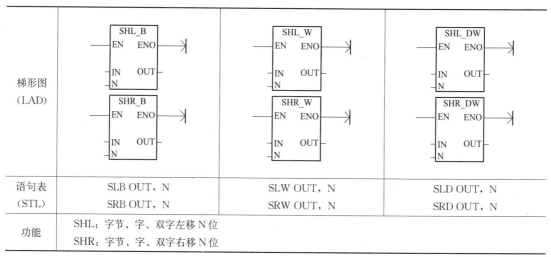		
语句表 （STL）	SLB OUT，N SRB OUT，N	SLW OUT，N SRW OUT，N	SLD OUT，N SRD OUT，N
功能	SHL：字节、字、双字左移 N 位 SHR：字节、字、双字右移 N 位		

（2）循环左、右移位指令。循环左、右移位指令格式见图 3-40 和图 3-41。

图 3-40　循环左移位指令

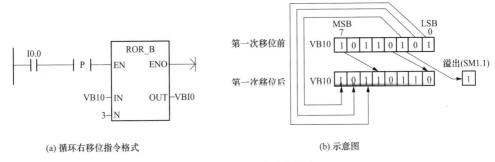

(a) 循环右移位指令格式　　　　　　　　　(b) 示意图

图 3-41　循环右移位指令

循环左、右移位指令格式及功能见表 3-14。

表 3-14　　　　　　　　　　　循环左、右移位指令格式及功能

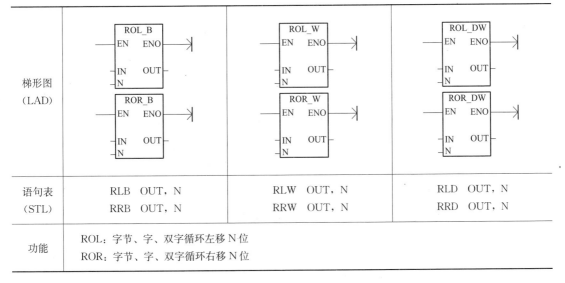

梯形图 (LAD)	ROL_B / ROR_B EN ENO IN OUT N	ROL_W / ROR_W EN ENO IN OUT N	ROL_DW / ROR_DW EN ENO IN OUT N
语句表 (STL)	RLB　OUT, N RRB　OUT, N	RLW　OUT, N RRW　OUT, N	RLD　OUT, N RRD　OUT, N
功能	ROL：字节、字、双字循环左移 N 位 ROR：字节、字、双字循环右移 N 位		

（3）移位寄存器指令（SHRB）。移位寄存器指令是对数值的每一位进行左移或者右移，以便用来进行顺序控制、物流等控制。

移位寄存器指令（SHRB）是位移位指令。当移位寄存器指令允许输入端（EN）有效时，该指令把数据输入端（DATA）的数值（位值）移入移位寄存器，并进行移位。S-BIT 指定移位寄存器最低位的地址。变量 N 指定移位寄存器的长度和移位方向。N 为正数表示正向移位，N 为负数表示反向移位，N 为字节型数据类型，移位寄存器的最大长度为 64 位。SHRB 指令移出的位放在溢出位（SM1.1）。操作数 DATA、S-BIT 为 BOOL 型数据类型。移位寄存器指令格式、编程及时序图如图 3-42 所示。

N 为正时，在 EN 的上升沿，寄存器中的各位由低位向高位移一位，DATA 输入的二进制数从最低位移入，最高位被移到溢出位；N 为负时，从最高位移入，最低位移出。

如图 3-42 所示，数据输入端为 I0.2，移位时 I0.2 为 1，则移入 1；若 I0.2 为 0，则移入 0。当正向移位时，输入数据从移位寄存器的最低有效位移入，移出的数据送入溢出存储器位（SM1.1）。

4. 数据转换指令

用于对操作数的类型、码制及数据和码制之间进行相互转换，主要是为了在不同类型数据

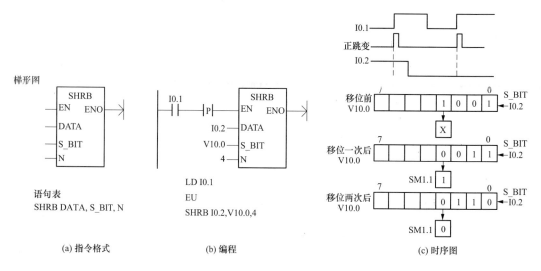

图 3-42　移位寄存器指令格式、编程及时序图

之间进行处理或运算时方便。

（1）BCD 码与整数之间的转换。

1）BCD 码转为整数（BCDI）指令：当 EN 端口执行条件存在时，将输入端 IN 指定的 BCD 码转换成整数，并将结果存放到输出端 OUT 指定的存储单元中去。输入数据的范围是 0～9999。

2）整数转为 BCD 码（IBCD）指令：当 EN 端口执行条件存在时，将输入端 IN 指定的整数转换成 BCD 码，并将结果存放到输出端 OUT 指定的存储单元中去。输入数据的范围是 0～9999。

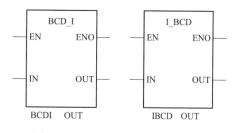

图 3-43　BCD 码与整数的转换指令

BCD 码与整数的转换指令如图 3-43 所示，它们均为无符号数操作，指令影响的特殊存储器位 SM1.6（非法 BCD 码）。

（2）双字整数与实数的转换。

1）双字整数转换为实数（DTR）指令：当 EN 端口执行条件存在时，将输入端 IN 指定的双整数类型数据转换为实数，并将结果存放到输出端（OUT）指定的存储单元中去。

2）ROUND 取整指令：当 EN 端口执行条件存在时，将输入端 IN 指定的实数转换成有符号双字整数，转换时实数的小数部分四舍五入，并将结果存放到输出端 OUT 指定的存储单元中去。

3）TRUNC 取整指令：TRUNC 取整指令，当 EN 端口执行条件存在时，将输入端 IN 指定的实数舍去小数部分后，再转换成有符号双字整数，结果存入输出端 OUT 指定的存储单元中。取整指令被转换的输入值应是有效实数，如果实数值太大，使输出无法表示，那么溢出位（SM1.1）被置位。

双字整数与实数的转换指令如图 3-44 所示。

（3）双字整数与整数的转换。

1）双字整数转为整数（DTI）指令：当 EN 端口执行条件存在时，将输入端 IN 指定的有符号双字整数转换成整数，并将结果存放到输出端 OUT 指定的存储单元中去。被转换的输入值应是有效的双字整数，否则溢出位（SM1.1）被置位。

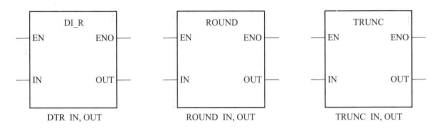

图 3-44　双字整数与实数的转换指令

2）整数转为双字整数（ITD）指令：当 EN 端口执行条件存在时，把输入端 IN 指定的整数转换成双字整数，并将结果存放到输出端 OUT 指定的双字存储单元中去。此时需要进行符号位扩展。

双字整数与整数转换指令如图 3-45 所示。

若要将整数转换为实数，由于没有直接由整数转换为实数的指令，因此需要时只能先将整数转换为双字整数，再转换为实数。即先用整数转为双字整数的 ITD 指令，把整数转换为双字整数，然后再用双字整数转换为实数 DTR 指令把双字整数转换为实数。

（4）字节与整数的转换。

1）字节转换为整数（BIT）指令：当 EN 端口执行条件存在时，把输入端 IN 指定的字节型数据转换成整数类型数据，并将结果存放到输出端 OUT 指定的存储单元中去。由于字节型数据没有符号，因此无需进行符号扩展。

2）整数转换为字节（ITB）指令：当 EN 端口执行条件存在时，把输入端 IN 的无符号整数转换成一个字节类型数据，并将结果存放到输出端 OUT 指定的存储单元中去。

字节与整数的转换指令如图 3-46 所示。被转换的值应是有效的整数，输入数据需在 0～255 范围内，否则会产生溢出错误，溢出位（SM1.1）被置位。

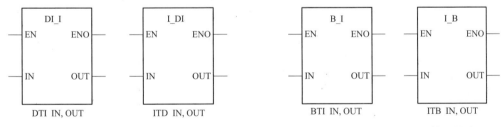

图 3-45　双字整数与整数的转换指令　　　　图 3-46　字节与整数的转换指令

（5）译码、编码指令。

1）译码（DECO）指令：当 EN 端口执行条件存在时，根据输入端 IN 输入的低四位的二进制值，所对应的十进制数（0～15），设置输出端 OUT 指定的字存储单元的相应位为"1"，其他位置"0"。

2）编码（ENCO）指令：当 EN 端口执行条件存在时，将输入端 IN 端口指定的字数据中最低有效位的位号编码成 4 位二进制数，并将结果存放到 OUT 端口指定的字节单元的低四位。

译码和编码指令编程举例如图 3-47 所示。图 3-47（a）中，VB20 存放错误码 5，译码指令使 VW10 的第 5 位置"1"；图 3-47（b）中，VW400 存放错误位，编码指令把错误位转换成错误码存于 VB20 中。

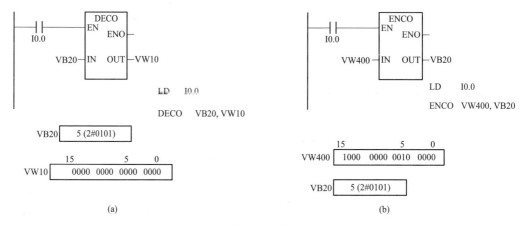

图 3-47　译码和编码指令编程举例

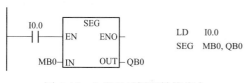

图 3-48　七段显示译码转换指令

（6）七段显示译码（SEG）指令。当 EN 端口执行条件存在时，把输入字节 IN 低 4 位的有效值（16#0～F）转换成七段显示译码，并将结果存放到 OUT 端口指定的字节单元，如图 3-48 所示。该指令的七段显示码译码见表 3-15，每个七段显示码占用一个字节，用它显示一个字符。

表 3-15　　　　　　　　　　　　　　　　七段显示译码

(IN) LSD	段显示	用于 7 段显示的 8 位数据 . gfe dc ba		(IN) LSD	段显示	用于 7 段显示的 8 位数据 . gfe dc ba
0	ロ	0011 1111		8	8	0111 1111
1	I	0000 0110		9	9	0110 0111
2	2	0101 1011		A	A	0111 0111
3	3	0100 1111		B	b	0111 1100
4	4	0110 0110		C	C	0011 1001
5	5	0110 1101		D	d	0101 1110
6	6	0111 1101		E	E	0111 1001
7	7	0000 0111		F	F	0111 0001

图 3-49 所示为七段显示译码程序举例。若 PLC 的 I0.0 外接按钮 SB0，QB0 外接 1 位 LED 共阴极数码管，要求每按一次按钮，数码管显示的数字加 1，显示数字为 0～9。我们可以使用 C0 增计数器对按钮次数进行统计，再将 C0 中的整数转换为相应的 BCD 码后送入 MB0，最后将 MB0 中的数值转换为对应的段码。

3.4.2　数学运算指令

1. 四则运算指令

四则运算指令包括加法、减法、乘法、除法、加 1/减 1 指令。操作数的类型可以是整型（INT）、双整型（DINT）和实数型（REAL）。

（1）加法、减法、乘法、除法指令。如图 3-50 所示的四则运算指令，在梯形图中，整数、双整数和实数的加、减、乘、除指令分别执行下列运算：IN1＋IN2＝OUT，IN1－IN2＝OUT，IN1×IN2＝OUT，IN1/IN2＝OUT。

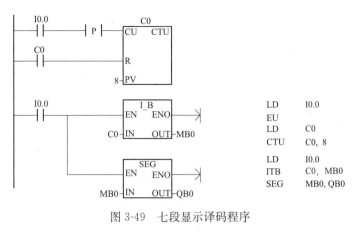

图 3-49　七段显示译码程序

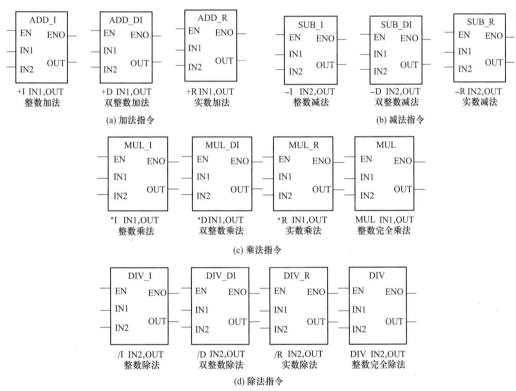

图 3-50　四则运算指令

执行加法操作时，若将操作数 IN2 与 OUT 共用一个地址单元，在语句表中 IN1＋OUT ＝OUT。

执行减法操作时，若将操作数 IN1 与 OUT 共用一个地址单元，在语句表中 OUT－IN2 ＝OUT。

执行乘法操作时，若将操作数 IN2 与 OUT 共用一个地址单元（整数完全乘法指令的 IN2 与 OUT 的低 16 位用的是同地址单元），在语句表中 IN1＊OUT＝OUT。指令 MUL 将两个 16 位整数相乘，产生一个 32 位乘积。

执行除法操作时，若将操作数 IN1 与 OUT 共用一个地址单元（整数完全除法指令的 IN1 与

OUT 的低 16 位用的是同地址单元），因而语句表中 OUT/IN2＝OUT。DIV 指令将两个 16 位整数相除，产生一个 32 位结果，高 16 位为余数，低 16 位为商。

图 3-50 图中，IN1（或 IN2）和 OUT 操作数的地址不同，在语句表中，首先用数据传送指令将 IN1（或 IN2）中数据送入 OUT，然后再进行相应的运算。

四则运算指令编程举例如图 3-51 所示。

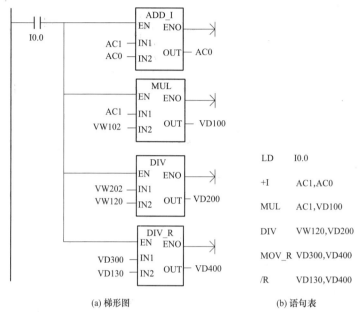

LD　　I0.0

+I　　AC1,AC0

MUL　　AC1,VD100

DIV　　VW120,VD200

MOV_R　VD300,VD400

/R　　VD130,VD400

(a) 梯形图　　　　　　　(b) 语句表

图 3-51　四则运算举例

（2）加 1 和减 1 指令。当 EN 端口执行条件成立时，把输入端（IN）数据加 1 或减 1，并把结果存放到输出单元（OUT）。按操作数的数据类型可分为字节、字、双字加 1/减 1 指令，其中字节加 1、减 1 指操作是无符号的，其余的操作是有符号的。

图 3-52 所示为加 1 和减 1 指令。在梯形图中，分别执行 IN＋1＝OUT，IN－1＝OUT；在语句表中，分别执行 OUT＋1＝OUT，OUT－1＝OUT。

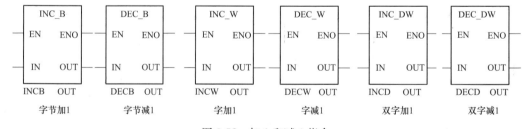

图 3-52　加 1 和减 1 指令

2. 数学功能指令

数学功能指令，包括数学运算中常用的平方根、自然对数、自然指数、三角函数等指令。梯形图格式如图 3-53 所示。

数学功能指令的操作数均为实数（REAL），其运算结果若超过 32 位二进制数表示的范围，则产生溢出。

（1）平方根（square root）指令。实数的开平方指令（SQRT），当 EN 端口执行条件成立

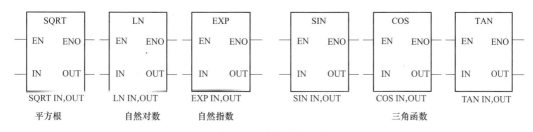

图 3-53　数学功能指令

时，把输入端（IN）指定的 32bit 实数开平方，得到 32bit 实数结果，并把结果存放到输出端（OUT）指定的存储单元中去。

（2）自然对数和自然指数指令。

1）自然对数指令（LN）：当 EN 端口执行条件成立时，将输入端（IN）指定的 32bit 实数取自然对数，结果存放到输出端（OUT）指定的存储单元中去。当求以 10 为底的常用对数（lgx）时，用实数除法指令将其对应的自然对数（lnx）除以 2.302585 即可。

2）自然指数指令（EXP）：当 EN 端口执行条件成立时，将输入端（IN）的 32bit 实数取以 e 为底的指数，结果存放到输出端（OUT）指定的存储单元中去。

自然指数指令与自然对数指令相配合，即可完成以任意实数为底的指数运算。

（3）正弦、余弦、正切指令。正弦、余弦、正切指令，当 EN 端口执行条件成立时，对输入端（IN）指定的 32bit 实数的弧度值取正弦、余弦、正切，结果存入输入端（OUT）指定的存储单元。

IN 端口的 32 位实数应为弧度值，如果输入值为角度值，应使用实数乘法指令将该角度值乘以 1/180 转换为弧度值。

3. 逻辑运算指令

逻辑运算指令，对无符号数进行与、或、异或、取反的逻辑运算，操作数可以是字节、字或双字。

（1）逻辑"与"指令。逻辑"与"指令，对两个输入端 IN1、IN2 的数据按位"与"，结果存入 OUT 单元。逻辑"与"指令按操作数的数据类型可分为字节"与"指令 WAND_B、字"与"指令 WAND_W、双字"与"指令 WAND_DW，梯形图格式如图 3-54 所示。

（2）逻辑"或"指令。逻辑"或"指令，对两个输入端 IN1、IN2 的数据按位"或"，结果存入 OUT 单元。逻辑"或"指令按操作数的数据类型可分为字节"或"指令 WOR_B、字"或"指令 WOR_W、双字"或"指令 WOR_DW，梯形图格式如图 3-55 所示。

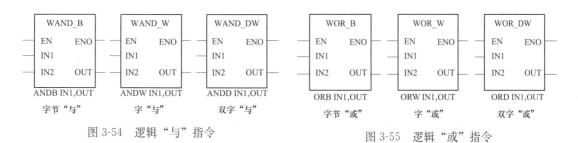

图 3-54　逻辑"与"指令　　　　　　　　图 3-55　逻辑"或"指令

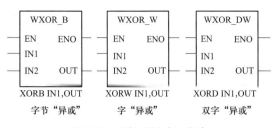

图 3-56　逻辑"异或"指令

（3）逻辑"异或"指令。逻辑"异或"指令，对两个输入端 IN1、IN2 的数据按位"异或"，结果存入 OUT 单元。逻辑"异或"指令按操作数的数据类型可分为字节"异或"指令 WXOR_B、字"异或"指令 WXOR_W、双字"异或"指令 WXOR_DW，梯形图格式如图 3-56 所示。

逻辑运算指令的操作如图 3-57 所示。图中实现了字与字之间的与、或运算，例如"ANDW AC1，AC0"，将 AC1 和 AC0 的数据"与"后，结果存放在 AC0。

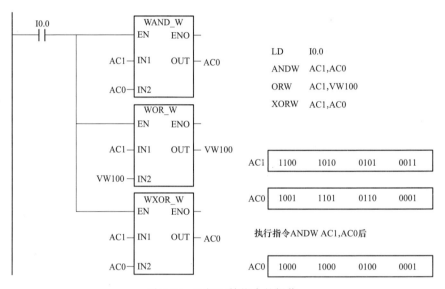

图 3-57　逻辑运算指令的操作

（4）取反指令。取反指令是指对输入端 IN 指定的数据按位取反，结果存入 OUT 单元。按操作数的数据类型可分为字节取反指令 INV_B、字取反指令 INV_W、双字取反指令 INV_DW，梯形图格式与编程示例如图 3-58 所示。

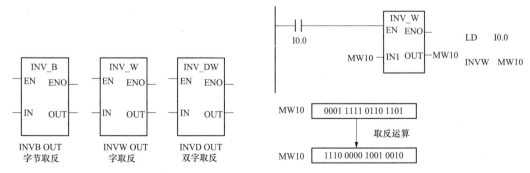

图 3-58　逻辑取反指令及其运算应用程序

3.4.3　程序控制指令

程序控制类指令用于程序运行状态的控制，主要包括系统控制、跳转、循环、子程序调用、中断、顺序控制等指令。

1. 系统控制类指令

（1）结束指令。有条件结束指令（END）用于执行条件成立时结束主程序，返回主程序起点。有条件结束指令用在无条件结束（MEND）指令之前，不能在子程序或中断程序中使用，用户程序必须以无条件结束指令结束主程序。

图 3-59 所示的 END 指令表示当 I0.0 闭合时，程序到此结束，返回到主程序的首地址重新开始执行；当 I0.0 断开时，此指令不运行，程序继续向下执行。

STEP7-Micro/WIN32 编程软件自动在主程序结束时加上一个无条件结束（MEND）指令，用来标志主程序结束。

（2）暂停指令（STOP）。当执行条件成立时，暂停（STOP）指令能够使 PLC 从运行方式（RUN）进入停止方式（STOP），同时立即终止程序的执行。STOP 指令格式如图 3-60 所示。STOP 指令常用来处理突发紧急事件，可用于主程序、子程序、中断程序中。如果 STOP 指令在中断程序中执行，那么该中断程序立即终止，并且忽略所有等待的中断，继续对主程序的剩余部分扫描，在本次扫描结束后，完成 CPU 从 RUN 到 STOP 方式的转换。

```
  I0.0                LD   I0.0
──┤├────( END )       END
```

图 3-59　END 指令格式

```
  I0.0                LD   I0.0
──┤├────( STOP )      STOP
```

图 3-60　STOP 指令格式

（3）监视定时器复位指令（watchdog reset，WDR）。为避免出现程序死循环的情况，保证系统可靠运行，PLC 内部专门设置监视扫描周期的警戒时钟，常称为看门狗定时器 WDT。每当扫描到 WDT 定时器时，WDT 定时器将复位。当系统正常工作时，所需扫描时间小于 WDT 的设定值（设定值为 100～300ms），WDT 定时器被及时复位；系统故障情况下，扫描时间大于 WDT 定时器设定值，该定时器不能及时复位，则报警并停止 CPU 运行，同时复位输入、输出。这种故障被称为 WDT 故障，主要是为了防止因系统故障或程序进入死循环而引起的扫描周期过长。

```
  I0.0        30
──┤├────┌──────────┐────▷
        │   NOP    │
        └──────────┘
                      LD   I0.0
                      NOP  30
```

图 3-61　NOP 指令格式

（4）空操作指令（NOP）。该指令不做任何逻辑操作，用于在程序中留出地址以便调试程序时插入指令或微调扫描时间。NOP 指令格式如图 3-61 所示。当动合触点 I0.0 闭合时，执行 30 次空操作。

2. 跳转指令及标号指令

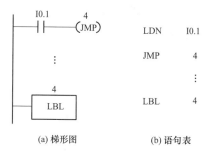

```
  I0.1     4
──┤├────( JMP )       LDN   I0.1

    ⋮                  JMP   4

    ⋮

   4
┌──────┐             LBL   4
│ LBL  │
└──────┘
```

(a) 梯形图　　(b) 语句表

图 3-62　JMP 和 LBL 指令

跳转指令（JMP）主要用于较复杂程序的设计，可以用来优化程序结构，增强程序功能。跳转指令在预置触发信号接通时，使程序流程转到同一程序中的具体标号 n 处。标号指令（LBL）标记跳转目的地的位置 n，指令操作数 n 为常数（0～255），标号指令一般放在跳转指令之后，以减少程序运行时间。

跳转指令和相应的标号指令必须用在同一个程序段中，如图 3-62 所示。在 I0.1 闭合期间，程序会跳转到标号 4 处继续运行，在跳转发生过程中，被跳过的程段停止执行。需注意以下几点：

（1）跳转与标号指令必须成对应用于主程序、子程序或中断程序中，但是主程序、子程序或中断程序之间不允许相互跳转。

（2）程序中不能出现两个相同的标号。

（3）执行跳转指令时，跳过的各程序段中元件的状态如下。各输出线圈保持跳转前的状态；计数器停止计数，保持跳转前的计数值；1ms 和 10ms 定时器保持跳转前的工作状态继续工作，到设置值时正常动作；100ms 计时器在跳转时停止工作，当前值保持不变，跳转结束后，若条件允许则继续工作，但已不能准确计时。

3. 循环指令

循环指令用于一段程序的重复执行，由 FOR 指令和 NEXT 指令构成程序的循环主体。

循环指令有两条：FOR、NEXT（必须成对使用）。FOR 为循环开始指令，用来标记循环体的开始。NEXT 为循环结束指令，用来标记循环体的结束，NEXT 指令无操作数。FOR 指令和 NEXT 指令如图 3-63 所示。

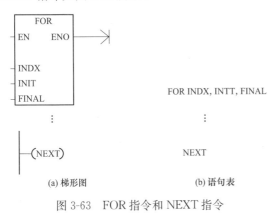

(a) 梯形图　　　　　(b) 语句表

图 3-63　FOR 指令和 NEXT 指令

FOR 指令中的 INDX 为当前值计数器，INIT 为循环次数初始值，FINAL 为循环计数终止值。FOR-NEXT 指令也可以嵌套使用，但最多可以嵌套 8 次。

4. 子程序指令

通常将具有特定功能并多次使用的程序段编制成子程序。子程序是结构化编程的有效工具，能够使程序结构清晰、功能明确、简单易懂。在程序中使用子程序时，需进行的操作有建立子程序、子程序调用和子程序返回。S7-200 程序支持子程序的调用，能够自动地完成子程序的返回，并且允许子程序进行嵌套调用，最多可达 8 级。中断服务程序中也可调用子程序，但不可以嵌套，支持子程序的递归调用。

（1）子程序调用指令。子程序调用指令 CALL，当 EN 端口执行条件存在时，将主程序转到子程序 SBR-N 开始执行子程序。

（2）有条件子程序返回指令。有条件子程序返回指令 CRET，当条件满足时，结束子程序执行，返回主程序中子程序调用处继续向下执行。

子程序指令如图 3-64 所示。

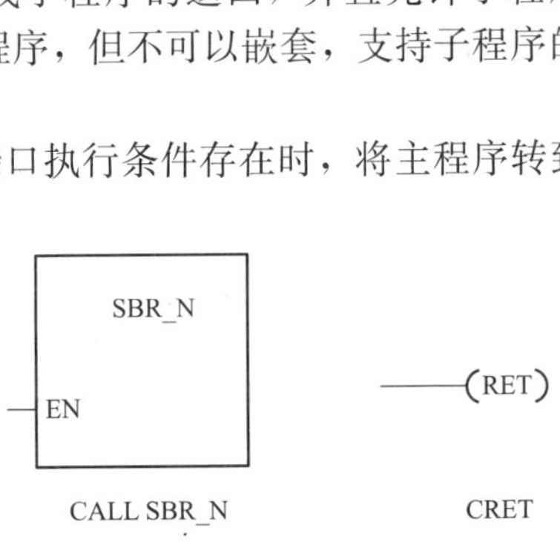

5. 中断指令

S7-200CPU 提供了对中断现场的保护功能，能支持几

图 3-64　子程序指令

十个中断，可在中断服务程序和主程序之间传递共享数据，并允许中断服务程序调用子程序，而中断服务程序与被调用的子程序共享累加器和逻辑堆栈。中断程序控制的最大特点是响应迅速，在中断源触发后，可立即中断执行的程序去执行中断程序，处理完紧急事件后再返回继续执行原程序。注意不允许中断嵌套，中断事件既可以由外部事件进行物理触发，也可以由内部存储器位触发，各种类型的中断有不同的优先级。

（1）中断类型。

1）通信中断。PLC 的串行通信口可由用户程序来控制，通信口的这种操作模式称为自由端口模式。在该模式下,用户可用程序定义波特率、每个字符位数、奇偶校验及通信协议。利用接收和发送中断可简化程序对通信的控制。

2) I/O 中断。S7-200CPU 对 I/O 点状态的各种变化产生中断事件,这些事件允许对高速计数器脉冲输出及输入点的上升沿和下降沿做出反应。I/O 中断包含了上升沿或下降沿中断、高速计数器和脉冲串输出(PTO)中断。S7-200CPU 可对 I0.0~I0.3 的上升沿或下降沿产生中断,可用来指示某个事件发生时的故障状态。

3) 时基中断。S7-200CPU 可以根据指定的时间间隔产生中断事件,时基中断包括定时中断和定时器 T32/T96 中断。可以用定时中断指定一个周期性的活动或执行一个 PID 控制,周期以 1ms 为增量单位,周期时间为 5~255ms。

S7-200 提供了两个中断,对于定时中断 0,把周期时间写入 SMB34,对于定时中断 1,把周期时间写入 SMB35。当定时中断被允许,则定时中断相关定时器开始计时,当定时时间和设置周期相等时,相关定时器溢出。每当定时器溢出时,CPU 把控制权交给相应的中断程序,执行定时中断连接的中断程序。通常可用定时中断以固定的时间间隔去控制模拟量的采集和执行 PID 回路程序。

定时器 T32 和 T96 中断是指允许对定时时间间隔产生中断,这类中断只能用时基为 1ms 的 T32 或 T96 构成。在中断被允许后,当定时器的当前值等于设定值时,在 CPU 的 1ms 定时刷新中执行中断程序。

(2) 中断管理。S7-200CPU 用三个队列对上述三种类型的中断进行管理,中断优先级的顺序是通信中断、I/O 中断、时基中断。队列是有长度的,队列溢出时,可用不同的溢出标志对队列的溢出进行管理。中断队列和每个队列的最大中断数见表 3-16。

表 3-16　　　　　　　　　　中断队列和每个队列的最大中断数

队列	CPU221	CPU222	CPU224	CPU226	CPU226XM	中断队列溢出标志
通信中断队列	4	4	4	8	8	SM4.0
I/O 中断队列	16	16	16	16	16	SM4.1
时基中断队列	8	8	8	8	8	SM4.2

中断的优先级只能决定中断同时到达时的响应次序,在各个优先级范围内,CPU 按先来先服务的原则处理中断,任何时刻只能执行一个用户中断程序,并不支持中断嵌套功能。一旦中断程序开始执行,它会一直执行到结束,而不会被别的程序(包括更高优先级的中断程序)所打断。各种中断事件的优先级见表 3-17。

表 3-17　　　　　　　　　　各种中断事件的优先级

组中断优先级	中断事件类型	中断事件号	中断事件说明	组内优先级
通信中断 (最高级)	通信口 0	8	端口 0:接收字符	0
		9	端口 0:发送字符	0
		23	端口 0:接收信息完成	0
	通信口 1	24	端口 1:接收信息完成	1
		25	端口 1:接收字符	1
		26	端口 1:发送字符	1

组中断优先级	中断事件类型	中断事件号	中断事件说明	组内优先级
I/O 中断 （中等级）	脉冲输出	19	PTO 0 脉冲串输出完成中断	0
		20	PTO 1 完成中断	1
	外部输入	0	上升沿，I0.0	2
		2	上升沿，I0.1	3
		4	上升沿，I0.2	4
		6	上升沿，I0.3	5
		1	下降沿，I0.0	6
		3	下降沿，I0.1	7
		5	下降沿，I0.2	8
		7	下降沿，I0.3	9
	高速计数器	12	HSC0 CV＝PV（当前值＝预置值）	10
		27	HSC0 输入方向改变	11
		28	HSC0 外部复位	12
		13	HSC1 CV＝PV（当前值＝预置值）	13
		14	HSC1 输入方向改变	14
		15	HSC1 外部复位	15
		16	HSC2 CV＝PV	16
		17	HSC2 CV＝PV	17
		18	HSC2 外部服务	18
		32	HSC3 CV＝PV（当前值＝预置值）	19
		29	HSC4 CV＝PV（当前值＝预置值）	20
		30	HSC4 输入方向改变	21
		31	HSC4 外部复位	22
		33	HSC5 CV＝PV（当前值＝预置值）	23
时基中断 （最低级）	定时	10	定时中断 0	0
		11	定时中断 1	1
	定时器	21	定时器 T32 CT＝PT 中断	2
		22	定时器 T96 CT＝PT 中断	3

（3）中断指令。中断指令实现对中断的允许、禁止、返回的管理，每一个中断事件仅能指定一个中断服务程序，但可以重复指定。中断事件发生时，将执行为该事件最后指定的中断服务程序。可以为不同的中断事件指定同一个中断服务程序。

1）中断允许指令 ENI：当逻辑条件成立时，全局地允许所有被连接的中断事件。

2）中断禁止指令 DISI：当逻辑条件成立时，全局地禁止所有被连接的中断事件。但中断事件的申请仍会进入申请队列进行排队，等待中断允许的到来。CPU 默认为全局中断禁止。

3）有条件中断返回指令 CRETI：当逻辑条件成立时，从中断服务程序中返回。在一个中断服务程序中可以使用多个 CRETI 指令。LAD 编辑器自动为每一个中断服务程序在最后加上无条件中断返回指令（RETI），无条件中断返回指令是中断程序必需的。

4) 中断连接指令 ATCH：用来建立某个中断事件（EVNT）与某个中断程序（INT）之间的联系，并允许此中断事件。当 EN 端口执行条件存在时，为中断事件（EVNT）指定中断服务程序号（INT），并允许该中断事件。梯形图格式如图 3-65 所示。

5) 中断分离指令 DTCH：用来解除某个中断事件（EVNT）与某个中断程序之间的联系，并禁止此中断事件。当 EN 端口执行条件存在时，将中断事件（EVNT）与中断服务程序之间的指定关系断开，同时禁止该中断。梯形图格式如图 3-66 所示。

图 3-65　中断连接指令　　　　　　　　　图 3-66　中断分离指令

6. 顺序控制指令

顺序控制就是按照生产工艺预先规定的顺序，在各个输入信号的作用下，根据内部状态和时间顺序，在生产过程中各个执行机构自动有序地进行操作。对于复杂的大型控制系统，其内部连锁关系复杂，可以采用顺序功能图编程语言完成控制程序。

顺序功能图（sequential function chart，SFC）又称为状态转移图，它是描述控制系统的控制过程、功能和特性的一种图形，也是分析、设计 PLC 的顺序控制程序的有力工具，具有直观、简单、可读性好、调试方便等特点。顺序功能图主要由步、有向连线、转换、转换条件和任务组成。图 3-67 所示为顺序功能图的一般形式。

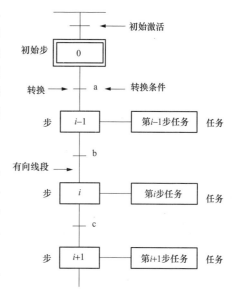

图 3-67　顺序功能图的一般形式

（1）顺序功能图的构成。

1) 步。根据系统输出量的变化，将系统的一个工作循环过程分解成若干个顺序相连的阶段，这些阶段称为步，并且用编程元件来代表各步。使用矩形方框表示步，方框中可以用数字或编程元件的地址作为步的编号。

2) 有向连线。步与步之间的连线，表示步的活动状态的进展方向。

3) 转换条件。使系统从上一步进入下一步应该满足的条件称为转换条件。

4) 动作（输出）。

（2）顺序功能图的类型。

1) 单序列。单序列是最简单的顺序功能图，是由一系列相继激活的状态步组成的，如图 3-68 所示。

2) 选择序列。一个前级步的后面紧跟着若干后续步可供选择，但一般只允许选择其中的一条分支，如图 3-69 所示。

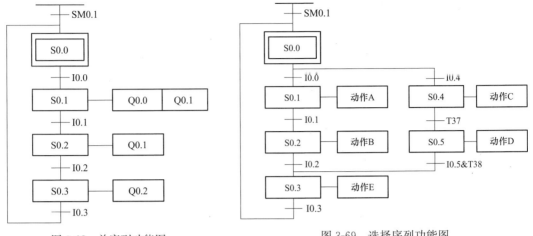

图 3-68　单序列功能图　　　　　　图 3-69　选择序列功能图

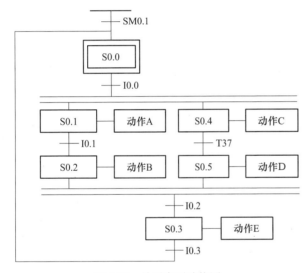

图 3-70　并列序列功能图

3）并列序列。一个前级步的后面紧跟着若干后续步，当转换实现时将后续步同时激活，如图 3-70 所示。

4）跳步、重复和循环序列。

a. 跳步序列，当转换条件满足时，跳过几个后续步不执行，如图 3-71（a）所示。

b. 重复序列，当转换条件满足时，重新返回到前级步执行，如图 3-71（b）所示。

c. 循环序列，当转换条件满足时，用重复的办法直接返回到初始步，如图 3-71（c）所示。

（3）顺序功能图的实现。

1）转换实现的条件：①所有的前级步都成为活动状态，这是保证系统各工步顺序行进的条件；②相应的转换条件得到满足。这两个条件体现了活动状态的顺序进展，缺一不可。

2）转换实现应完成的操作：①使所有由有向连线与相应转换符号相连的后续步都变为活动步；②使所有由有向连线与相应转换符号相连的前级步都变为不活动步。

3）绘制顺序功能图时的注意事项：①两个步不能直接相连，必须用一个转换将它们分隔开；②两个转换也不能直接相连，必须用一个步将它们分隔开；③顺序功能图中的初始步一般对应于系统等待启动的初始状态，这一步可能没有输出；④自动控制系统应能多次重复执行同一工艺过程。

（4）顺序控制继电器（SCR）指令。S7-200 PLC 的顺序控制指令专门用于编写顺序控制程序，是一种可以将顺序功能图转化成梯形图程序的步进型指令。它提供了三条顺序控制指令：装载 SCR 指令（LSCR）、SCR 转换指令（SCRT）、SCR 结束指令（SCRE）。

1）装载 SCR 指令（LSCR）：装载顺序控制继电器指令 LSCR　S_bit 用来表示一个 SCR 段的开始。指令中的操作数 S_bit 是顺序控制继电器的地址，该顺序控制继电器为 ON 时，执行

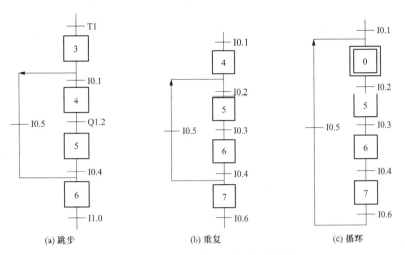

图 3-71　跳步、重复及循环序列功能

对应的 SCR 段中的程序；反之，则不执行。

2）SCR 转换指令（SCRT）：顺序控制继电器转换指令 SCRT S _ bit 的线圈通电时，用 S _ bit 指定的后续步对应的 SCR 被置位为 ON，同时当前活动步对应的 SCR 被操作系统复位为 OFF，当前步变为不活动步。

3）SCR 结束指令（SCRE）：指令用来表示 SCR 段的结束。

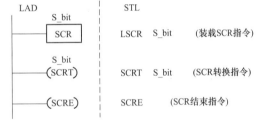

图 3-72　顺序控制指令格式

顺序控制程序被划分为 LSCR 与 SCRE 指令之间的若干个 SCR 段，一个 SCR 段对应于顺序功能图中的一步。顺序控制指令格式如图 3-72 所示。

（5）使用顺序控制继电器指令的注意事项。

1）顺序控制继电器指令的操作数为顺序控制继电器 S，每一个 S 位都表示状态转移图中的一个 SCR 段的状态，各 SCR 段程序能否执行取决于对应的 S 位是否被置位。

2）同一地址的 S 位不可用于不同的程序分区，即不能把同一个 S 位在一个程序中多次使用。例如，不能把 S0.1 同时用于主程序和子程序中，如果主程序使用了，子程序就不能再使用。

3）在 SCR 段内不能使用 JMP、LBL、FOR、NEXT、END 指令，但是可以在 SCR 段外使用 JMP、LBL、FOR、NEXT 指令。

4）一个 SCR 段被复位后，其内部元件一般也要复位，若要保持输出状态，要注意根据需要使用置位指令。

（6）顺序功能图转化为梯形图。

1）单序列的转化。图 3-68 所示的单序列功能图可以转化为如图 3-73 所示的梯形图，分别采用基本指令和 SCR 指令实现。

2）选择序列的转化。图 3-69 所示的选择序列功能图可以转化为如图 3-74 所示的梯形图。

3）并列序列的转化。图 3-70 所示的并列功能图可以转化为如图 3-75 所示的梯形图。

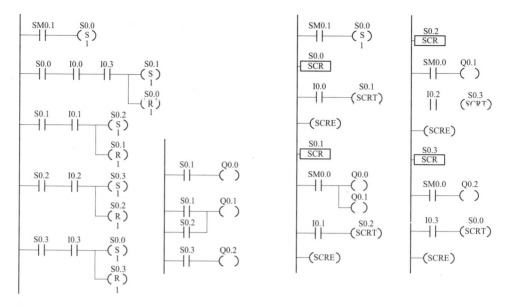

(a) 基本指令   (b) SCR指令

图 3-73 单序列的梯形图

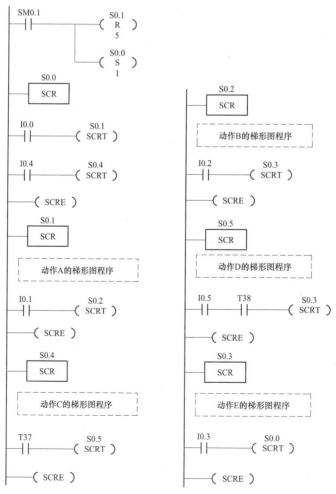

图 3-74 选择序列的梯形图

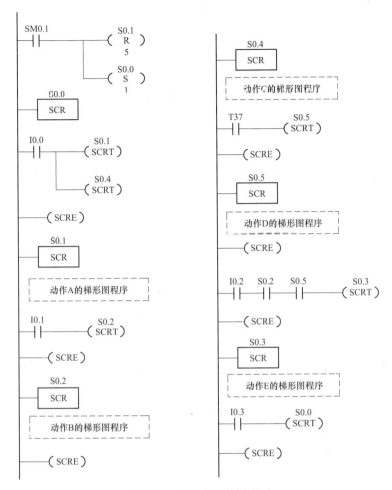

图 3-75　并列序列的梯形图

3.5　PLC 的模拟量功能

3.5.1　西门子模拟量控制概述

在许多工业控制系统中，控制对象除了数字量，还有连续变化的模拟量，如温度、压力、流量、速度、物位等，PLC 系统通过配置相应的模拟量输入和输出单元模块可以对模拟量系统进行控制。在西门子 S7-200 系列中，CPU 以二进制格式来处理模拟量。模拟量输入模块用于将输入的模拟量信号转换成 CPU 内部处理的数字信号，模拟量输出模块用于将 CPU 送给它的数字信号转换成电压信号或电流信号，对执行机构进行调节或控制。

西门子 S7-200 系列的模拟量模块主要有 EM231 模拟量输入模块、EM232 模拟量输出模块、EM235 模拟量混合模块、EM231 热电偶模块和 EM231 热电阻模块，可以根据实际情况来选择合适的转换模块。S7-200 PLC 的模拟量模块可以处理各种标准模拟量信号，当信号不同时通过模块上的设置开关进行设置。对应数字量的数据范围也可以由用户自己设定。主机单元和扩展模块的连接如图 3-76 所示。

3.5.2　模块简介

根据不同的输入信号，EM231、EM232 和 EM235 模拟量模块可以细分成电压电流型、热电

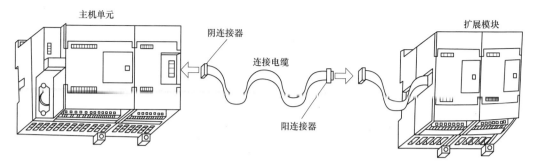

图 3-76　主机单元和扩展模块的连接

偶型和热电阻型，这些可以从其订货号上加以区分，模拟量模块的订货号见表 3-18。

表 3-18　　　　　　　　　　　　　　**模拟量模块的订货号**

订货号	扩展模块	输入	输出	可拆卸连接
6ES7 231-0HC22-0XA0	EM231 模拟量输入，4 输入	4	—	否
6ES7 232-0HB22-0XA0	EM232 模拟量输出，2 输出	—	2	否
6ES7 235-0KD22-0XA0	EM235 模拟量混合模块 4 输入、1 输出	4	1	否
6ES7 231-7PD22-0XA0	EM231 模拟输入热电偶，4 输入	4 热电偶	—	否
6ES7 231-7PB22-0XA0	EM231 模拟输入 RTD，2 输入	2RTD	—	否

1. EM231 模拟量扩展输入模块

（1）EM231 的输入端子和接线。EM231 端子接线图和外形图如图 3-77 所示。模块上有 12 个端子，每 3 个为一组，可作为一路模拟量的输入通道，共 4 组输入通道，即 A（RA、A+、A−）、B（RB、B+、B−）、C（RC、C+、C−）和 D（RD、D+、D−）。

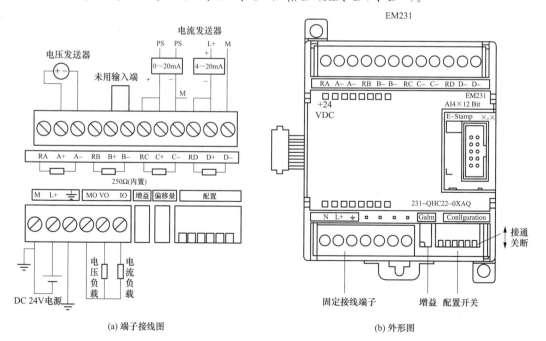

(a) 端子接线图　　　　　　　　　　　　(b) 外形图

图 3-77　EM231 端子接线图和外形图

对于电压信号，只用 2 个端子，外部电压输入信号与相应回路的＋、－端子相连，如图 3-77 中的 A＋、A－。对于电流输入信号，需要 3 个端子，将 R 与＋短接后，外部电流信号与相应回路的＋、－端子相连，如图中的 C＋、C－。对于未用的输入通道应该用导线短接，如图中的 B＋、B－应相连，图中的 RA、RB、RC、RD 分别与各通道的"－"端在模块内部接了一个 250 Ω 的电阻（不需另接）。

为满足共模电压小于 12V 的要求，在使用 2 线制传感器时，要将信号电压和供电的 M 端采用共同的参考点，使共模电压为信号电压。EM231 模块下部左端 M、L＋两端子应接入 DC24V 电源，右端分别是校准电压器和配置设定开关 DIP。

（2）EM231 的技术指标（见表 3-19）。

表 3-19　　　　　　　　　　　　　　　EM231 的技术指标

输入类型	电压输入		电流输入
	单极性	双极性	
量程范围	0～10V，0～5V	±5V，±2.5V	0～20mA，4～20mA
数据字格式（全量程）	0～32000	−32000～32000	0～32000
输入分辨率	2.5mV，1.25mV	2.5mV，1.25mV	5μA
A/D 转换器分辨率	12 位		
输入响应时间	1.5ms		
共模电压	（信号电压＋共模电压）≤12V		
输入阻抗	≥10MΩ		

（3）EM231 的 DIP 设置。通过调整 EM231 的开关 DIP，可以选择模拟量模块输入端的种类、极性和量程等参数。在 EM 电源一端侧的输入端子旁，装有模拟量模块参数设置开关 DIP，如图 3-78 所示。

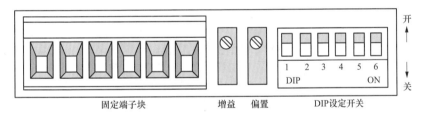

固定端子块　　　　　　　　增益　偏置　　　DIP 设定开关

图 3-78　EM231 的开关 DIP 开关

开关 DIP 共有 6 个，其中开关 SW1 用于单/双极性选择，对于电流输入信号只能为单极性；开关 SW2 和 SW3 用于量程范围和分辨率选择；开关 SW4～SW6 未使用，但必须设置到 OFF 的位置。EM231 模拟量输入模块配置见表 3-20。

表 3-20　　　　　　　　　　　　　　　EM231 模拟量输入模块配置

DIP 开关			量程范围		分辨率		极性选择
SW1	SW2	SW3	电压	电流	电压	电流	
ON	OFF	ON	0～10V	—	2.5mV		单极性
	ON	OFF	0～5V	0～20mA	1.25mV	5μA	
OFF	OFF	ON	±5V		2.5mV		双极性
	ON	OFF	±2.5V		1.25mV		

注　SW1 规定了输入信号的极性：ON 配置模块按单极性转换；OFF 配置模块按双极性转换；SW2 和 SW3 的设置分别配置了模块的不同量程和分辨率。

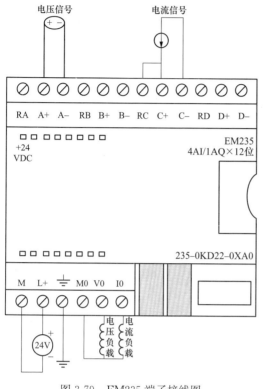

图 3-79　EM235 端子接线图

（4）输入校准。输入信号校准，其步骤如下：① 切断模块电源，选择需要的输入范围；② 接通 CPU 和模块电源，使模块稳定 15min；③ 送一个变送器、一个电压源或一个电流源，将零值信号加到一个输入端；④ 读取适当的输入通道在 CPU 中的测量值；⑤ 调节 OFFSET（偏置）电位器，直至读数为 0 或所需要的数字数据值；⑥ 将一个满刻度值信号接到输入端子中的一个，并在程序中读出该值；⑦ 调节 GAIN（增益）电位器，直至读数为 32000，或所需要的数字数据值；⑧ 必要时，重复偏置和增益校准过程。

2. EM235 模拟量扩展输入/输出模块

EM235 模拟量扩展输入模块的端子接线图和外形图如图 3-79 所示。模块上有 12 个端子，每 3 个为一组，可作为一路模拟量的输入通道，共 4 组输入通道，即 A（RA、A＋、A－）、B（RB、B＋、B－）、C（RC、C＋、C－）和 D（RD、D＋、D－）。模块上还有 3 个模拟量输出端子 M0、V0 和 I0，电压输出大小为－10～10V，电流输出大小为 0～20mA。EM235 的主要技术指标见表 3-21。

表 3-21　　　　　　　　　　　　　　　EM235 的主要技术指标

模拟量输入	模拟量输入点数	4
	输入范围	电压（单极性）0～10V，0～5V，0～1V，0～500mV，0～100mV，0～50mV
		电压（双极性）±10V，±5V，±2.5V，±1V，±500mV，±100mV，±250mV，±100mV，±50mV，±25mV，
		电流 0～20mA
	数据字格式	双极性量程范围－32000～32000；单极性量程范围 0～32000
	分辨率	12 位 A/D 转换器
模拟量输出	模拟量输出点数	1
	信号范围	电压输出±10V；电流输出 0～20mA
	数据字格式	电压－32000～32000；电流 0～32000
	分辨率	电压 12 位；电流 11 位

3. EM232 模拟量扩展输出模块

EM232 端子接线图如图 3-80 所示，上部从左端开始每 3 个端子为一组，可以作为一路模拟量的输出通道，共有 2 组输出通道。其中，第 1 组的 V0 端接电压负载，I0 端接电流负载，M0 端为公共端；另一组的接线方法类同。下部最左边的 3 个端子是模块所需要的 DC24V 电源，它既可由外部电源提供，也可由 CPU 单元提供。

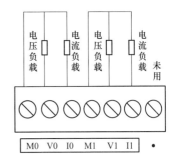

4. 模拟量扩展模块的地址编排

每个模拟量扩展模块，按扩展模块的先后顺序进行排序，其中，模拟量根据输入、输出不同分别排序。模拟量的数据格式为一个字长，所以地址必须从偶数字节开始，例如，AIW0、AIW2、AIW4、…，AQW0、AQW2、…。每个模拟量扩展模块至少占两个通道，即使第一个模块只有一个输出 AQW0，第二个模块模拟量输出地址也应从 AQW4 开始寻址，以此类推。

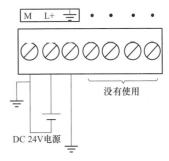

图 3-80　EM232 端子接线图

假设 CPU224 后面依次排列一个 4 输入/4 输出数字量模块，一个 8 输入/8 输出数字量模块、一个 4 模拟输入/1 模拟输出模块，则各模块的地址编排见表 3-22。

表 3-22　　　　　　　　　　　　模拟量扩展模块的地址编排

CPU224		4 输入/4 输出		8 输入	4 模拟输入/1 模拟输出		8 输出	4 模拟输入/1 模拟输出	
主机		扩展模块 0		扩展模块 1	扩展模块 2		扩展模块 3	扩展模块 4	
I0.0	Q0.0	I2.0	Q2.0	I3.0	AIW0	AQW0	Q3.0	AIW8	AQW4
I0.1	Q0.1	I2.1	Q2.1	I3.1	AIW2	AQW2	Q3.1	AIW10	AQW6
I0.2	Q0.2	I2.2	Q2.2	I3.2	AIW4		Q3.2	AIW12	
I0.3	Q0.3	I2.3	Q2.3	I3.3	AIW6		Q3.3	AIW14	
I0.4	Q0.4	I2.4	Q2.4	I3.4			Q3.4		
I0.5	Q0.5	I2.5	Q2.5	I3.5			Q3.5		
I0.6	Q0.6	I2.6	Q2.6	I3.6			Q3.6		
I0.7	Q0.7	I2.7	Q2.7	I3.7			Q3.7		
I1.0	Q1.0								
I1.1	Q1.1								
I1.2	Q1.2								
I1.3	Q1.3								
I1.4	Q1.4								
I1.5	Q1.5								
I1.6	Q1.6								
I1.7	Q1.7								

3.6　S7-200 控制系统设计

3.6.1　PLC控制系统设计方法概述

1. 设计原则

（1）系统应最大限度地满足被控设备或生产过程的控制要求。

（2）在满足控制要求的前提下，应力求使系统简单、经济，操作方便。

（3）保证控制系统工作安全可靠。

（4）考虑到生产发展和生产工艺改进，在确定PLC容量时，应适当留有裕量，使系统有扩展余地。

2. 设计内容

（1）拟订控制系统设计的技术条件。

（2）确定电气传动控制方案和电动机、电磁阀等执行机构。

（3）选择PLC的型号。

（4）编制PLC输入、输出端子分配表。

（5）绘制输入、输出端子接线图。

（6）根据系统控制要求，用相应的编程语言（常用梯形图）设计程序。

（7）设计操作台、电气柜及非标准电气元件。

（8）编写设计说明书和使用操作说明书。

3. 设计主要步骤

（1）分析被控对象的控制要求，确定控制任务。深入了解和分析被控对象的工艺条件及工作过程，提出被控对象的控制要求，然后确定控制方案，拟订设计任务书。被控对象是指被控的机电设备或生产过程；控制要求主要指控制的方式、控制的动作、工作循环的组成、系统保护等。对较复杂的控制系统可以将控制要求分解成多个部分，这样有利于结构化编程和系统调试。

（2）选择和确定用户 I/O 设备。根据系统的控制要求，确定系统所需的输入设备和输出设备。常用的输入设备有按钮、选择开关、行程开关及各种传感器等；常用的输出设备有继电器、接触器、信号指示灯、电磁阀及其他执行器等。确定了输入设备和输出设备就可以知道PLC的 I/O 类型和点数需求。

（3）PLC的选择。PLC的选择包括对PLC的机型、容量、I/O模块、电源等的选择。

1）机型的选择。应优先选择中小型PLC，并选择主流机型。具体考虑的因素如下：结构合理；功能强；机型统一；是否在线编程；环境适应性。

2）容量的选择。PLC容量包括两个方面：一是 I/O 的点数；二是用户存储容量（字数）。

I/O 点数的估算：输入点与输入信号，输出点与输出控制一一对应，通常 I/O 点数是根据被控对象的输入、输出信号的实际需要，再加上 10%～15% 的裕量来确定。

用户存储器容量的估算：PLC的 I/O 点数很大程度上反映了PLC系统的功能要求，因此可在 I/O 点数确定的基础上，按下式估算存储容量后，再加 20%～30% 的裕量。

存储容量（字数）＝开关量 I/O 点数×10 ＋ 模拟量 I/O 通道数×150

另外，在选择存储容量的同时，还要注意对存储器类型的选择。

3）I/O 模块的选择。PLC的 I/O 模块有开关量 I/O 模块、模拟量 I/O 模块及各种特殊功能模块等。不同 I/O 模块的电路及功能也不同，应当根据实际需要加以选择。

a. 开关量 I/O 模块的选择。开关量输入模块有直流输入、交流输入和交流/直流输入三种类型。选择时主要根据现场输入信号和周围环境因素等。选择直流输入模块时，要注意输入接口的极性要求（PNP 型或 NPN 型）。直流输入模块的延迟时间较短，还可以直接与接近开关、光电开关等电子输入设备连接；交流输入模块可靠性好，适合在有油雾、粉尘的恶劣环境下使用。

开关量输出模块有继电器输出、晶闸管输出和晶体管输出三种方式。继电器输出的价格便宜，用于驱动交流负载和直流负载，而且适用的电压范围较宽、导通压降小，同时承受瞬时过电压和过电流的能力较强，但属于有触点元件，动作速度较慢、寿命较短、可靠性较差，只能适用于不频繁通断的场合。对于频繁通断的负载，应选用晶闸管输出或晶体管输出，晶闸管输出只能用于交流负载，而晶体管输出只能用于直流负载。它们属于无触点元件。

不同类型的 PLC，其输入/输出单元的接线方式也不同。接线方式通常分为汇点式、分组式和隔离式三种接法，如图 3-81 所示。隔离式的各组输出点之间可以采用不同的电压种类和电压等级。

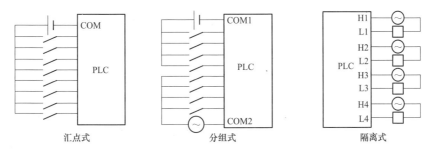

图 3-81　输入/输出单元的接线方式

汇点式是指开关量输入/输出模块所有输入/输出端子只有一个公共端（COM），其输入或输出点共用一个电源；分组式是指输入/输出端子分成若干组，每组的 I/O 电路有一个公共端并共用一个电源，各组之间是隔开的；隔离式是指具有公共端子的各组输入/输出点之间互相隔离，可各自使用独立电源。一般来说，输入/输出模块同时接通的点数不要超过同一公共端输入/输出点数的 60%。

开关量输出模块的输出电流（驱动能力）必须大于 PLC 外接输出设备的额定电流。用户应根据实际输出设备的电流大小来选择输出模块的输出电流。如果实际输出设备的电流较大，输出模块无法直接驱动，可增加中间放大环节。

b. 模拟量 I/O 模块的选择。模拟量 I/O 模块的主要功能是数据转换，并与 PLC 内部总线相连，具有电气隔离功能。模拟量输入（A/D）模块是将现场由传感器检测而产生的连续的模拟量信号转换成 PLC 内部可接受的数字量；模拟量输出（D/A）模块是将 PLC 内部的数字量转换为模拟量信号输出。

典型模拟量 I/O 模块的量程为 -10V～+10V、0～+10V、4～20mA 等，可根据实际需要选用，同时还应考虑其分辨率和转换精度等因素。

一些 PLC 制造厂家还提供特殊模拟量输入模块，可用来直接接收低电平信号（如 RTD、热电偶等信号）。

c. 特殊功能模块的选择。目前，PLC 制造厂家相继推出了一些具有特殊功能的 I/O 模块，有的还推出了自带 CPU 的智能型 I/O 模块，如高速计数器、凸轮模拟器、位置控制模块、PID控制模块、通信模块等。

（4）程序设计。根据系统的控制要求，选择合适的程序设计方法来设计 PLC 程序。程序要以满足系统控制要求为目标，实现要求的控制功能。常用的编程方法有经验法和顺序控制法。

1）经验法。经验法是运用自己的或别人的经验进行 PLC 程序设计的方法。使用经验法的基础是要掌握常用的控制程序段，例如自锁、互锁等，当需要某些环节时，用相应的程序去实现。另外，在多数的工程设计前，先选择与自己工艺要求相近的程序，把这些程序看成是自己的经验。结合工程实际，对经验程序进行修改，使之适合自己的工程要求。

2）顺序控制法。顺序控制法是在指令的配合下设计复杂的控制程序。一般比较复杂的程序都可以分成若干个功能比较简单的程序段，一个程序段可以看成整个控制过程中的一步。从整体角度看，一个复杂系统的控制过程是由若干个步组成的，系统控制的任务实际上可以认为在不同条件下去完成对各个步的控制。

顺序控制是一种编程思想。在编程时，可以用一般的逻辑指令实现顺序控制。西门子 PLC 中提供了专门的步进顺序控制指令，可以利用该指令方便地编写控制程序。

（5）硬件实施。硬件实施方面主要是进行控制柜等硬件的设计及现场施工。主要内容有设计控制柜、操作台等部分的电气布置图及安装接线图、设计系统各部分之间的电气互连图。根据施工图纸进行现场接线。

（6）现场调试。现场调试是整个控制系统完成的重要环节。任何程序的设计都需要经过现场调试。只有通过现场调试才能发现控制回路和控制程序的不足之处，并进行最后的调试，以适应控制系统的要求。全部调试完毕后，交付试运行。

（7）编写技术文档。技术文档包括设计说明书、硬件原理图、安装接线图、电气元件明细表、PLC 程序、使用说明书等。

PLC 控制系统设计及调试的主要步骤如图 3-82 所示。

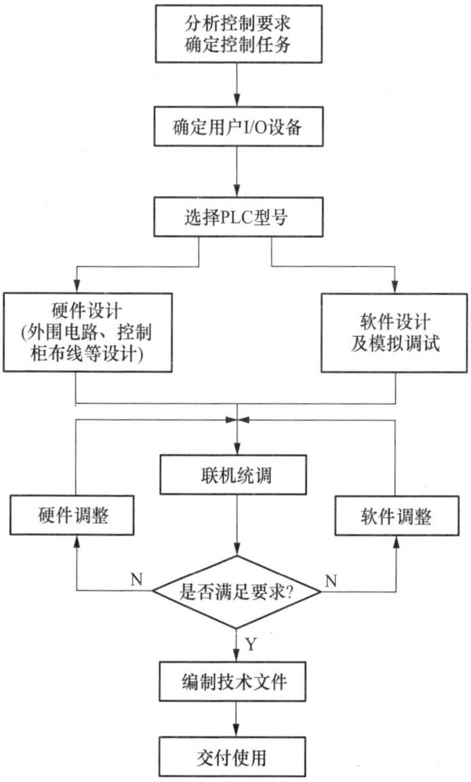

图 3-82　PLC 控制系统设计及调试的主要步骤

3.6.2　PLC 控制系统设计举例

1. 三相异步电动机的正、反转控制

（1）主电路及控制要求。三相笼型异步电动机的正、反转控制主电路如图 3-83（a）所示。控制要求：按下正转按钮，KM1 主触点闭合，电动机正转运行；按下反转按钮，KM2 主触点闭合，电动机反转运行。

在电动机正、反转控制过程中，防止主电路的电源相间短路是首要问题。引起短路的原因如下：一是控制正、反转的两个接触器同时通电动作；二是主触点之间的电弧引起短路，这种情况是因为刚断开的触点其电弧尚未熄灭，使断开的触点仍然处于通电状态，而另一个接触器已接通，其触点闭合造成短路。在 PLC 控制系统中，防止电源相间短路一般应在硬件接线和软件设计中均加以考虑，以确保系统安全可靠。

（2）I/O 编址与 I/O 接线。PLC 的输入端一般连接主令电器，输出端一般驱动接触器和电磁阀等执行元件。对于 PLC 输入端或输出端连接的外部电气元件，应确定其连接到 PLC 端子上的确切位置，即 PLC 的 I/O 编址。

1）输入/输出信号及地址分配。在电动机正、反转控制系统中，输入信号有停止按钮 SB1、正转按钮 SB2、反转按钮 SB3、热继电器触点 FR；输出信号有正转接触器 KM1、反转接触器 KM2。异步电动机正反转 I/O 分配见表 3-23。

表 3-23　　　　　　　　　　　　　异步电动机正反转 I/O 分配

输　　入			输　　出		
名称	符　号	地址编号	名　　称	符　　号	地址编号
停止按钮	SB1	I0.0	正转接触器	KM1	Q0.0
正转按钮	SB2	I0.1	反转接触器	KM2	Q0.1
反转按钮	SB3	I0.2			
热继电器触点	FR	I0.3			

2）PLC 型号选择及外部接线。将输入元件和输出元件按照 I/O 编址连接于 PLC 的相应端子上，即构成 PLC 的输入/输出连接（称 I/O 接线），也称 PLC 的外部接线。

PLC 与输入/输出信号的外部连接如图 3-83（b）所示。图中，全部输入元件均使用其动合触点接入，这样便于输入端连线，不易发生接线错误。同时，可以减少系统功耗，延长设备的使用寿命。在 PLC 输出端，正、反转两个接触器之间采用动断触点构成互锁，称为外部硬互锁。硬互锁作用是防止正、反转两个接触器同时通电动作，防止电弧引起短路，造成主电路短路。

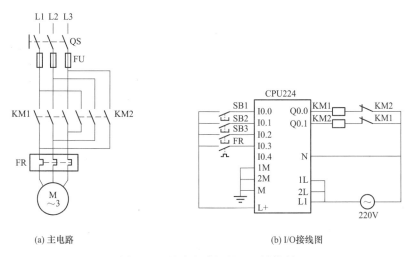

(a) 主电路　　　　　　　　　　　　　　　　(b) I/O 接线图

图 3-83　异步电动机的正反转控制

（3）梯形图设计。在软件设计中，为防止两个接触器同时通电造成短路，可以在软件中采取软互锁；而电弧造成的短路也需要在软件中加以考虑，因为 PLC 内部继电器的动作基本上都是瞬时完成的，因此在程序设计中，应利用 PLC 内部的定时器，强制性地使两个输出继电器的切换有一个小的延时时间，以消除电弧短路。根据 I/O 编址及控制要求，设计 PLC 控制的异步电动机正反转梯形图如图 3-84 所示。

2. 三相异步电动机丫/△降压启动控制

（1）控制要求：按下启动按钮 SB2，KM 和 KM丫 主触点闭合，电动机星形连接启动，经过一定的启动时间后，KM丫 主触点断开，KM△ 主触点闭合，电动机由星形连接改变为三角形连接，启动结束，电机正常运行。主电路如图 3-85（a）所示。

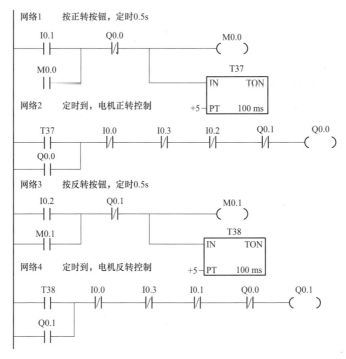

图 3-84 PLC 控制的异步电动机正反转梯形图

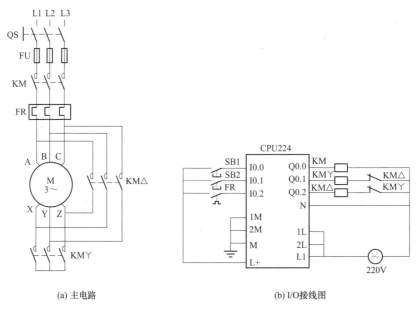

(a) 主电路   (b) I/O接线图

图 3-85 异步电动机丫/△降压启动

（2）I/O 编址与 I/O 接线。

1）输入/输出信号及地址分配。在电动机丫/△降压启动控制中，输入信号有停止按钮 SB1、启动按钮 SB2，热继电器触点 FR，输出信号有主接触器 KM、星形接触器 KM丫、角形接触器 KM△。电动机丫/△降压启动控制 I/O 分配见表 3-24。

表 3-24			电动机Ｙ/△降压启动控制 I/O 分配		
输　　入			输　　出		
名称	符　号	地址编号	名　　称	符　号	地址编号
停止按钮	SB1	I0.0	主接触器	KM	Q0.0
启动按钮	SB2	I0.1	Ｙ形接触器	KMY	Q0.1
热继电器触点	FR	I0.2	△形接触器	KM△	Q0.2

2）PLC 型号选择及外部接线。其外部接线如图 3-85（b）所示。

控制过程如下：

a. 按下启动按钮 SB2，电动机星形启动（KM、KMY 线圈同时得电），并延时 10s。

b. 10s 定时到，断开 KMY 线圈，星形启动结束，同时延时 0.5s。

c. 0.5s 定时到，接通 KM△线圈，电动机角形正常运行（KM、KM△线圈通电）。

d. 按下停止按钮 SB1，KM、KMY、KM△接触器均失电，电动机停止工作。

在图 3-86 所示的梯形图中，定时器 T37 延时 10s，为星形启动所需的时间，定时器 T38 延时 0.5s，防止电弧短路现象发生。在梯形图中还设置了 Q0.1 和 Q0.2 之间的软互锁。

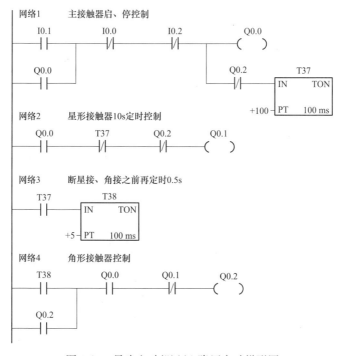

图 3-86　异步电动机Ｙ/△降压启动梯形图

3. 液体混合装置的 PLC 控制

（1）控制要求。图 3-87 所示为液体混合装置工作原理图。

1）系统从初始状态（容器放空）开始工作，按启动按钮 SB1 后，电磁阀 YV1 通电打开，液体 A 流入容器中。

2）当液位高度到达 I 处时，液位传感器 SL2 接通，YV1 阀断电关闭，同时 YV2 通电打开，液体 B 流入容器。

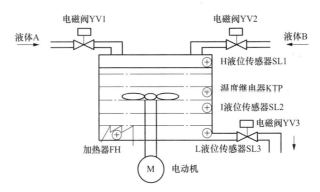

图 3-87　液体混合装置工作原理图

3) 当液位高度到达 H 处时，液位传感器 SL1 接通，YV2 阀断电关闭，停止液体流入。

4) 加热器 FH 开始工作，对液体进行加热，当液体到达指定温度时，温度继电器 KTP 动作，停止加热，同时启动搅拌电机 M 搅拌。

5) 2min 后，电动机 M 停止搅拌，电磁阀 YV3 通电打开，将加热并混合好的液体排出到下一道工序。

6) 当液位高度下降到低于 L 时，再延时 10s，YV3 阀断电关闭。

7) 按下停止按钮 SB2 时，不要立即停止工作，而是将停机信号记忆下来，直到完成一个工作循环后才停止工作，返到初始状态上。

（2）PLC 选型及外部接线。系统输入信号：启动、停止按钮各 1 个，液位传感器 3 个，温度继电器开关 1 个，共 6 个输入点。系统输出信号：电磁阀 3 个，搅拌电机接触器 1 个，加热器接触器 1 个，共 5 个输出点。考虑到留有 15% 的备用点，选用 S7-200 CPU224 可以满足本例的要求。

液体混合装置 I/O 地址分配见表 3-25，液体混合装置 PLC 控制接线图如图 3-88 所示。

表 3-25　　　　　　　　　　　液体混合装置 I/O 地址分配

输　入			输　出		
名称	符　号	地址编号	名　称	符　号	地址编号
启动按钮	SB1	I0.0	电机接触器	KM1	Q0.0
停止按钮	SB2	I0.1	A 液体电磁阀	YV1	Q0.1
H 处液位传感器	SL1	I0.2	B 液体电磁阀	YV2	Q0.2
I 处液位传感器	SL2	I0.3	C 液体电磁阀	YV3	Q0.3
L 处液位传感器	SL3	I0.4	加热器接触器	KM2	Q0.4
温度继电器开关	KTP	I0.5			

（3）PLC 控制程序设计。根据该液体混合装置的控制要求，并考虑到各个执行机构动作的条件，画出液体混合装置控制流程图，如图 3-89 所示。这是一种典型的步进控制，设计液体混合装置步进功能图如图 3-90 所示。根据步进功能图，使用顺序控制指令实现步进控制，其编程见图 3-91。根据控制流程图，也可以用逻辑控制编程，如图 3-92 所示。

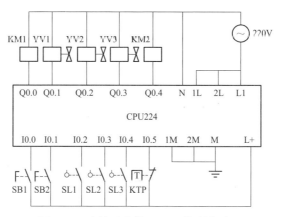

图 3-88　液体混合装置 PLC 控制接线图

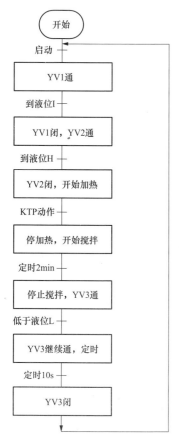

图 3-89　液体混合装置控制流程图

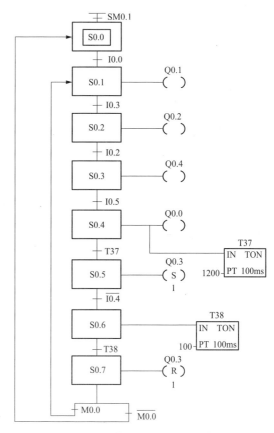

图 3-90　液体混合装置步进功能图

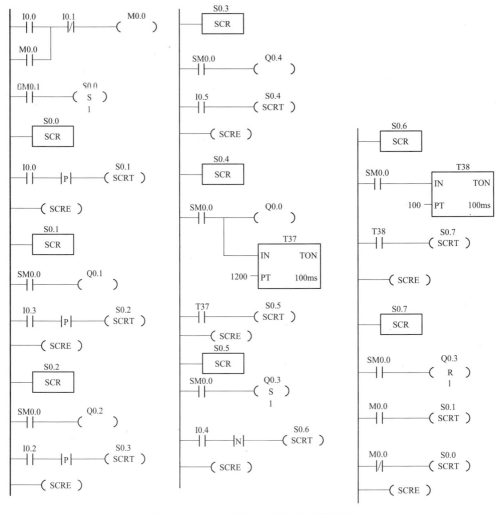

图 3-91　用步进指令编程的控制梯形图

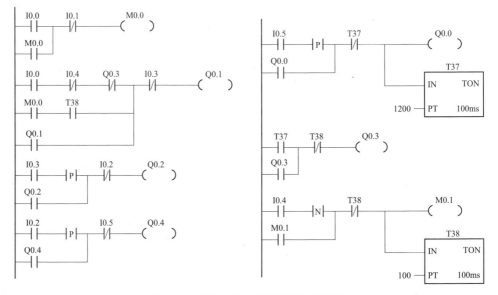

图 3-92　用基本指令编程的控制梯形图

3-1   PLC 与电气控制相比较,有何不同? 主要优点是什么?

3-2   PLC 的硬件由哪几部分组成? 各有什么作用?

3-3   PLC 的软件由哪几部分组成? 各有什么作用?

3-4   PLC 主要的编程语言有哪几种? 各有什么特点?

3-5   什么是 PLC 的扫描周期? 其扫描过程分为哪几个阶段,各阶段完成什么任务?

3-6   PLC 是如何分类的? 各有什么特点?

3-7   画出如图 3-93 所示波形对应的梯形图。

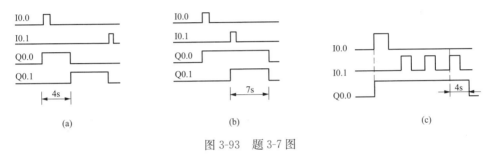

图 3-93   题 3-7 图

3-8   试设计两台电动机 M1、M2 顺序启、停的控制程序。要求:

(1) 启动时,M1、M2 同时启动。

(2) 停止时,只有在 M2 停后,M1 才可停。

3-9   有一台电动机,要求按下启动按钮后,电动机运转 10s,停止 3s,重复 5 次后,电动机自动停止。试设计控制程序。

3-10   用接在 I0.0 输入端子的光电开关检测传送带上通过的产品,有产品通过时 I0.0 为 ON。如果在 10s 内没有产品通过,由输出端子 Q0.0 发出报警信号,用 I0.1 输入端子外接的开关解除报警信号。试设计控制程序。

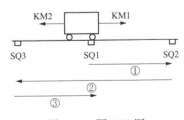

图 3-94   题 3-11 图

3-11   小车在初始位置停在中间,限位开关 SQ1 受压,按下启动按钮 SB,小车按图 3-94 所示顺序运动,最后返回并停在初始位置。试设计控制系统的程序。

3-12   有一个四条皮带运输机的传输系统,分别用四台电动机 M1、M2、M3、M4 带动四条皮带运输机,控制要求如下:

(1) 启动顺序:M4→M3→M2→M1,且每台电动机启动后延时 5s,再启动下一台。

(2) 停车顺序:M1→M2→M3→M4,且每台电动机停后延时 5s,待料运送完再停下一台。

(3) 当某皮带机发生故障时,该皮带机及前面的皮带机立即停止,而该皮带机以后的皮带机待料运送完毕后才停止。

3-13　根据工艺要求，运动部件 A、B 的前进、后退自动循环运行，如图 3-95 所示。要求按动启动按钮后自动循环依次完成如下工作过程：

（1）运动部件 A 从位置 1 运动到位置 2 停止。

（2）运动部件 B 从位置 3 运动到位置 4 停止。

（3）运动部件 B 运动到位置 4 后延时 5s，运动部件 A 和 B 同时回到原位停止。

试设计控制程序。

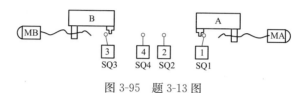

图 3-95　题 3-13 图

第4章 物料输送系统的检测装置

在物料输送系统中，随着自动控制技术水平的不断提高，检测技术和装置成为不可缺少的信息采集手段，传感检测技术水平的高低直接影响其自动化的水平，也影响着物料输送系统自动控制的发展和应用。本章主要介绍几种常用的传感器检测装置。

4.1 拉 绳 开 关

拉绳开关又称拉线开关，俗称紧急停机开关，是输送机发生事故或其他紧急情况时，实现现场紧急事故停机的一种必备的安全保护装置。当紧急事故发生时，在现场沿线任意处拉动拉绳开关均可发出停机信号，实现对人身及设备的保护作用。由于安装方便，开关转换可靠，拉绳开关在物料输送现场得到广泛的应用，应用实例见图4-1。

图4-1 拉绳开关的应用实例

4.1.1 拉绳开关的分类

拉绳开关分为手动复位型（即自锁型）和自动复位型两种，其防护性能需要达到国家标准规定的 IP 等级，有的装置还要采用防水、防尘密封设计。

对于自动复位型拉绳开关，松开钢丝绳后开关将自动复位回到初始位置，可能会造成设备误启动。为了避免在故障下启动，其故障须由 PLC 记忆，并从控制逻辑上防止自动复位后重启设备。

对于手动复位型拉绳开关，动作后有自锁装置能保持在操作位置上，这样可保证输送机在排除故障时，避免设备意外启动或带故障强行启动。当故障排除后，必须手动操作复位手柄，方可使其返回初始位置。

图4-2 所示为拉绳开关外形图。图4-2（a）为自动复位型，触发后自动复位，操作简单。图4-2（b）为手动复位型，触发后需要现场人员扳动复位杆进行开关状态复位，防止检修人员尚未

(a) 自动复位型　　　　　(b) 手动复位型　　　　　(c) 动作显示型

图4-2 双向拉绳开关外形图

离开输送机危险区时，控制室操作员误送电开机造成危害检修人员的事故。图 4-2（c）为动作显示型，带有红色动作指示板，能醒目显示出开关的动作情况；开关动作后指示板会由水平变为竖立，可远距离轻松判断开关状态。

4.1.2　拉绳开关的结构及原理

常用拉绳开关一般由拉绳、杠杆（或转臂）、凸轮机构、开关、复位机构、外壳等组成。

拉绳开关的内部开关形式有机械式微动开关、电子式接近开关。现场多用电子式接近开关，便于维护更换，比较适用于潮湿水多的场合。

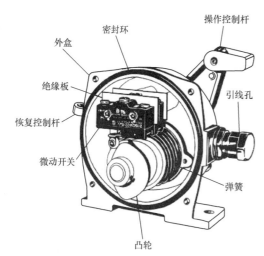

图 4-3　双向拉绳开关结构示意

拉绳开关安装于输送机两侧的机架上，用钢丝绳沿着输送机两侧把开关连接起来。当输送机发生紧急事故时，在现场沿线任意处拉动钢丝绳，钢丝绳牵动驱动转臂旋转（或拉杆拉出），通过传动轴带动扭力弹簧使精密凸轮发生位移，驱动微动开关，使其动合/动断接点动作，发出停机信号（至 PLC），切断控制线路，使得输送机停止运行。

双向拉绳开关结构示意如图 4-3 所示，其出线口带有电缆，具有 1 对动合和 1 对动断独立接点。

4.1.3　安装调试

拉绳开关应安装在输送机两边具有检修通道的地方，安装位置应确保检修人员在紧急情况下操作方便。拉绳开关安装示意如图 4-4 所示。

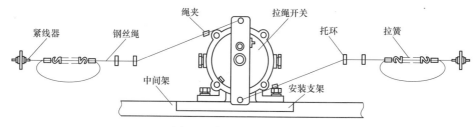

图 4-4　拉绳开关安装示意

（1）拉绳操作高度一般距地面 0.7～1.2m，以确保操作人员在紧急情况下操作方便。

（2）将拉绳开关固定在机架上。托环应焊在机架上，且所有钢丝绳放在托环上。托环要求尽量光滑，间距不宜太长（一般应选择 2～3m）。

（3）拉绳开关间的距离最大不应超过 35m，以防拉绳过长，其自重过重、阻力过大，影响开关的复位。为减小钢丝绳自重对开关启动的影响，每隔 3m 在机架上装一个托环，以支撑钢丝绳。

（4）一侧的两台拉绳开关之间距离为 50～60m，每侧绳长不超过 25～30m，每条拉绳只能控制一台开关，相邻开关不能共用一条拉绳。

（5）钢丝绳连接后松紧适度，应保证能可靠复位，但也不能过紧，防止轻微触碰引起开关误动。拉绳松紧度以侧向拉开 15～25cm 的距离时触发拉绳开关动作为宜。

（6）通常一条输送机所有拉绳开关的常闭接点串联后接入控制回路；对于很长的输送机，有时采用将沿线拉绳开关分段分组接入的方式。

（7）钢丝绳的另一端系在拉簧上（用绳扣固定），在不影响正常使用下用紧线器将两侧拉绳张紧，并确保两侧张力均衡。

注意：对于爬坡段输送机，应尽量缩短开关间距及拉绳长度。

4.2 跑 偏 开 关

由于带式输送机较长，在输送机运行过程中，有时输送带会往一面倾斜，输送带的这种倾斜现象称为跑偏。

跑偏开关又称防偏开关，是用于检测带式输送机输送带跑偏量，对于输送带在出现跑偏的情况下起到自动报警和连锁停机的一种安全保护装置。它是输送机自动化控制不可缺少的传感元件，由于安装方便、开关性能可靠，在带式输送机中得到广泛应用。输送带跑偏检测实例如图4-5 所示。

图 4-5　输送带跑偏检测实例

4.2.1　跑偏开关的结构和工作原理

1. 基本结构

跑偏开关实际上是一个行程开关，它通过一定的机械结构作用于微动开关或接近开关来发出信号。其结构多采用立辊式双凸轮测偏结构，由立辊、复位手柄、凸轮、行程开关等组成，利用输送带跑偏时产生的横向位移使立辊偏转，以立辊的偏转角确定输送带的跑偏量。

输送带在工作中不可避免地会发生跑偏，但是关键在于跑偏程度是否在正常工作的允许范围内。一般采用轻跑偏（跑偏量为带宽的5%）和重跑偏（跑偏量为带宽的10%）两种检测形式，因此跑偏开关又称为两级跑偏开关。

两级跑偏开关有两级动作角度，Ⅰ级动作角度用于报警，Ⅱ级动作角度用于自动停机。两级跑偏开关是分两个位置检测输送带的跑偏程度和扭曲程度，根据输送带的跑偏程度和扭曲程度，实现跑偏自动报警和停机，避免昂贵的输送带损坏，以及因输送带扭曲造成的物料洒落等生产事故。跑偏开关的外形和基本结构示意如图4-6所示。

2. 工作原理

当带式输送机在运行中输送带出现跑偏时，输送带边缘触碰开关立辊，使立辊偏转。若跑偏量继续加大，则挤压立辊发生偏移。当立辊偏转角度大于Ⅰ级动作角度时，开关输出一组信号，发出报警；当输送带跑偏严重，立辊继续偏转大于Ⅱ级动作角度时，则触动另一组触点，开关输出另一组信号（停机），实现输送带跑偏故障自动停机。当跑偏故障排除后，输送带离开立辊正常运转时，开关立辊可自动复位，回到初始状态。对于手动复位型跑偏开关，动作后则自锁，并

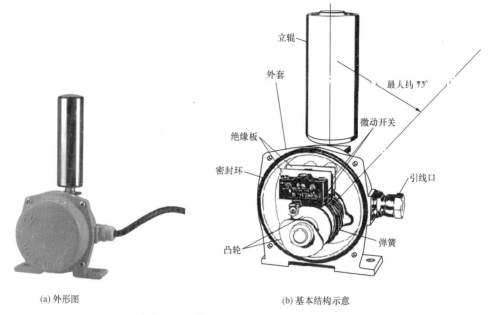

(a) 外形图　　　　　　　　　　　(b) 基本结构示意

图 4-6　跑偏开关的外形和基本结构示意

有警示牌显示，可方便现场人员对输送带进行调偏，调偏结束后需手动复位；否则，输送机无法启动。

HFKPT1 系列两级跑偏开关特性参数见表 4-1。

表 4-1　　　　　　　　　　　　　HFKPT1 系列两级跑偏开关特性参数

型号	作用力（N）	触点数量		开关动作角度（°）			质量（kg）	防护
		动合	动断	Ⅰ级	Ⅱ级	极限级		
HFKPT1-12-30	20～70	2	2	12	30	45	3.5	IP65
HFKPT1-10-45	20～70	2	2	10	45	75	3.5	IP65
HFKPT1-20-35	20～70	2	2	20	30	75	3.5	IP65
触点容量	≤380V，≤5A							
绝缘电压	AC100V 历时 1min							
使用寿命	开关可靠动作 10 万次							

4.2.2　安装和调整

图 4-7 所示为跑偏开关安装示意。跑偏传感器有动合和动断两种无源开关量信号输出，可根据控制系统要求选择合适的输出信号。

跑偏开关安装时，应注意以下事项：

(1) 跑偏开关设在输送带两侧，立辊应与输送带边缘、输送带平面相垂直，并使输送带两边位于立辊高度 1/3 处。跑偏开关立辊与输送带正常位置的间距宜为 50～100mm。

(2) 跑偏开关应成对、对称布置安装在两侧机架上，其数量根据输送机长度、类型及布置情况进行确定。一般应在输送机头部、尾部、凸弧段、凹弧段和在输送机中间位置进行设置。输送机中部的跑偏开关安装间距一般应控制在 50m 之内。当输送机较长时，在输送机中间位置可每隔 30～35m 设 1 对。

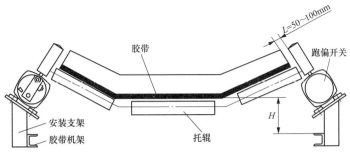

图 4-7　跑偏开关安装示意

（3）输送带跑偏多发生在头尾两端，所以在距离输送机头尾 15m 之内就应该安装跑偏开关，最宜在两端距头部或尾部 0.3～2m 的地方设置 1 对。

（4）跑偏开关应通过安装支架与输送机中间架连接，开关支架应在输送机安装完成后与输送机机架焊接，跑偏开关与跑偏开关支架用螺栓固定。

4.2.3　跑偏开关的分类

跑偏开关有普通型、接线腔型、地址编码型跑偏开关。

（1）普通型跑偏开关就是以上所说的两级跑偏开关。

（2）接线腔型跑偏开关是在普通型跑偏开关的基础上自带一个防水接线腔，现场控制电缆可直接接入接线腔，杜绝电缆接头受潮、虚连造成的故障。

（3）地址编码型跑偏开关是在普通跑偏开关的基础上融合了 XLline 现场总线技术，实现了地址编码功能，适用于较长带式输送机作为远程监测现场设备的运行情况，解决了工人寻找故障点所带来的不便。

4.3　纵向撕裂检测器

纵向撕裂检测器（又称撕裂开关），主要用于检测带式输送机输送带纵向撕裂，当输送带发生纵向撕裂时及时发出停机信号，以防止撕裂事故扩大。

在输送带运输物品的过程中会掺杂尖锐金属、矸石等杂物，会在受料点或托辊边缘处等发生剧烈摩擦，导致输送带纵向撕裂的事故发生。由于整条输送带可能长达数公里，所以撕裂事故所引起的停产、维修等，将会给企业或生产运输部门造成巨大的经济损失，必须及时检测输送带的撕裂并实现报警及保护，防止造成更大的损失。

4.3.1　撕裂的原因

在带式输送机运输过程中，输送带撕裂是一种破坏性很大的损失形式，一般以受料点及导料槽处异物造成撕裂最为严重，影响正常的装卸生产，带来巨大的经济损失。而输送带撕裂以纵向撕裂为主，下面分析输送带纵向撕裂的原因。

1. 输送带跑偏撕裂

输送带运行过程中，输送带单侧偏移较多时，在一侧形成褶皱堆积或折叠，受到不均衡拉力或被夹伤、刮伤等，造成撕裂。这种情况一般不会突然发生，达到撕裂的程度需要有一个过程，且现象比较明显，容易观察。发现输送带跑偏时及时调整，保证跑偏传感器工作正常，即可防止这类撕裂事故发生。

2. 抽芯撕裂

抽芯撕裂只发生于钢绳芯输送带，输送带在剧烈冲击力作用下，有时会造成输送带中的钢丝绳断裂，经过长时间的磨、压、折、拉等外力作用，断裂的钢丝绳会从接头处、粘口处或磨损比较严重处露出的钢丝绳达到一定长度，就可能绞入滚筒、托辊等处，随着输送带的运转，钢丝绳从输送带盖胶中抽出，造成撕伤。还有一种情况就是机头部清扫器刮板夹挂住输送带表面的金属丝或其他杂物，把输送带磨透。

3. 物料卡压堵塞撕裂

这种情况发生在溜槽下部。由于溜槽前沿和输送带面之间距离有限，且输送带下缓冲托辊呈间隔分布，自然承载力强度不均匀。当所运输的物料单侧长度超过这个距离时，在特殊的情况下容易使大块物料卡在溜槽前沿与输送带之间，强力挤压输送带造成撕裂。还有一种情况就是当装载点处给料突然增大，使输送带装料堵塞，经过长时间摩擦，引起输送带撕裂。

4. 异物划伤

(1) 溜槽下部的划伤。溜槽下部的划伤有两种情况：一是长杆状利器压力性划伤，当进入溜槽的异物纵向尺寸大于其通过能力时，异物就会卡在溜槽下部，通过输送带的向前运动增压，从而划伤输送带；二是利器穿透性划伤。根据流程需要，两条输送带的首尾衔接处要达到一定的空间落差，这样就给上部输送带的物料积蓄了一定的势能，当落到下部输送带时自然产生一定的速度。如果物料中意外混入尖锐利器，在接触输送带时由于惯性作用，利器下部直接穿透输送带卡在托辊上，其上部被溜槽前沿挡住，形成利刀，在输送带向前运动的过程中造成撕裂。

(2) 其他划伤。带式输送机辅助设备多，例如，当清扫器、卸料器安装不当或磨损严重而未得到及时修复时，其金属部分就会像刀一样把输送带划开；如果托辊盖未焊好，自由旋转的端盖就像旋转刀片一样把输送带割开。

4.3.2 纵向撕裂的检测

采用可靠的纵向撕裂监测系统具有重要意义。在输送带撕裂可能性大的地方，安装输送带纵向撕裂保护传感器，并与主控制系统连接，当输送带发生撕裂时能够及时检测出来，使输送机停运以缩短输送带的撕裂长度，属于滞后型保护。

当前国内外输送带的防撕裂保护装置主要分为表面检测装置、外部检测装置和内部检测装置三大类。

1. 表面检测装置

表面检测是对输送带外表面凸起的检测。表面检测装置通常是将检测元件安装在靠近输送带的地方，当块状物料刺穿输送带时，该物料与检测装置接触，检测器动作，达到防止输送带撕裂的作用。

(1) 棒型检测器。这种装置是把一根棒或管子弯曲成槽形，安装在槽形输送带下面的缓冲托辊之间。若有刺穿输送带的物料，该物料将拨动槽形棒偏转，迫使限位开关或载荷传感器动作，发出报警信号并使输送机停止运转。

(2) 线型检测器。该装置安装在槽形输送带的下方，顺着输送带的轮廓拉设一根金属丝或尼龙线，在线的一端安装一个弹簧型限位开关。当刺穿输送带的物料绊住此线时，把线拉断或使张力增加，使限位开关动作，发出报警信号并使输送机停止运转。

(3) 摆动托辊检测器。这种检测器是把槽形缓冲托辊安装在一个可以自由转动的托辊架上，其结构与调偏托辊类似。当刺穿输送带的物料推动托辊时，托辊架转动并使限位开关或载荷传感器动作，发出报警信号并使输送机停止运转。

2. 外部检测装置

外部检测是对输送带发生撕裂引起外部形态变化的检测。外部检测是通过输送带发生撕裂后，输送带外部发生的变化来反推出输送带发生了撕裂。当输送带发生撕裂时，有可能在裂缝处物料外漏，或在撕裂处被撕裂的两片发生重叠。

（1）撕裂压力检测器。这种装置通过在托辊上安装相应的传感器来监测输送带在落料口处所受向下压力的大小及变化情况来诊断输送带纵向撕裂事故，发出报警信号或停机。

（2）漏料检测器。这种检测装置设置有压力传感器，通过检测输送带被撕裂后从输送带的裂口泄漏下来的物料，而使限位开关动作，发出报警信号或停机。

（3）带宽检测器。这种检测装置设置有一输送带宽度传感器，当输送带被撕裂后两半边的输送带互相重叠起来时，被宽度传感器检测到，发出报警信号或停机。

3. 内部检测装置

内部检测是通过对输送带撕裂前后其内部物理量的检测，根据撕裂处前后信号的差异检测出撕裂。

（1）超声波检测器。利用超声波在材料内的传播、反射和共振等特点，检测材料内部的异常。这种检测装置在输送带易被撕裂处的托辊之间，安装能够产生超声波的波导管。当输送带发生纵向撕裂时，波导管因弯曲而损坏，这时送波和受波状态发生变化，从而产生输送带纵向撕裂信号，发出报警信号或停机。

（2）X 光透视检测器。X 射线穿透材料时，材料如果有局部性异常存在，则透过该部位射线强度的衰减将出现与周围正常部位相异的值。这种检测装置通过在输送带内织入横向的金属片或金属网，一旦纵向撕裂使这些金属片断裂，X 光透视检测器就会及时发出报警信号或使输送机停机。

（3）振动检测器。这种检测装置是在承载托辊之间输送带的边缘处布置振动器，在输送带的另一边设置振动接收器，当输送带发生纵向撕裂时，振动接收器不再受振动的作用，从而产生输送带纵向撕裂信号，进而发出报警信号并使输送机停止运转。

（4）传感线圈输送带检测器。这种检测装置在输送带中每隔一定距离埋设一个传感线圈，并在输送带两侧设置电磁脉冲发生器和接收器。利用电磁感应原理，接收器通过传感线圈接收发生器产生的电磁脉冲信号，当输送带发生纵向撕裂时，传感线圈被切断，接收器将接收不到电磁脉冲信号，从而产生输送带纵向撕裂信号，进而发出报警信号并使输送机停止运转。

4.3.3 纵向撕裂保护装置的结构和工作原理

纵向撕裂保护装置的结构各不相同，下面分别做简要介绍。

1. 感知式检测纵向撕裂保护装置

（1）结构。感知式检测纵向撕裂保护装置由控制箱和感知器两部分组成。控制箱为户外型，感知器由骨架、橡胶体和密封在橡胶壳内彼此分开的两条弹性导电触片组成。传感器有 B 型和 A 型两种：A 型是条形，安装在落料管的物料出口处；B 型是槽形，安装在槽形辊处。图 4-8（a）所示为 ZL 系列感知式检测纵向撕裂保护装置。

1）ZL-A 型感知器（简称 A 型感知器）。此种感知器呈长条形，外形如图 4-8（b）所示，可安装在平形托辊的带式输送机受料点，用于监测输送带的撕裂事故；也可安装在溜槽底部出料口处，用于监测物料在输送过程中溜槽出料口与输送带之间物料堵塞事故，发出事故信号。此信号输送到控制系统可实现自动停机，从而避免和减少撕裂事故的发生。

2）ZL-B 型感知器（简称 B 型感知器）。如图 4-8（c）所示，此感知器呈槽形结构，适用于槽形带式输送机，安装在输送机承载输送带下面，主要监测因物料穿透输送带所致的撕裂事故，发出事故信号，从而达到防止或减少输送带撕裂。

（2）工作原理。该装置安装在带式输送机的尾部，一般在较长的或关键的带式输送机上，可根据具体情况和需要设置。一台带式输送机的纵向撕裂保护装置由 1 个 A 型感知器和 4～6 个 B

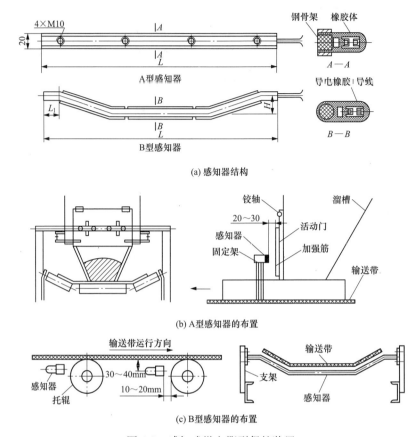

(a) 感知器结构

(b) A 型感知器的布置

(c) B 型感知器的布置

图 4-8　感知式纵向撕裂保护装置

型感知器并联后接到控制箱上。当输送带被异物穿透后，随着输送带运行带动异物使感知器受到挤压时，两片触片导通，并将此开关量信号发送到控制箱，控制箱立即处理此信号，消除干扰信号（如小于 1s 的瞬时碰撞信号），将可能造成输送机纵向撕裂的故障信号发送到运输系统的控制中心，使输送机立即事故停机，以实现自动保护的效果。事故处理完毕后，可人工复位。

（3）特点。

1）安装使用方便，监测灵敏度高。

2）检测元件感知器密封性较强，可在恶劣条件下使用。

3）控制线路具有自锁和延时功能，以免发生错误动作。

4）控制面板上装有自校按钮，输送机在非工作状态下，按下此按钮时，用手压挤感知器可模拟现场撕裂故障，实现撕裂报警功能检验及感知器检查。

5）控制面板上设有复位按钮和报警指示灯。

2. 拦索式检测纵向撕裂保护装置

该保护装置是以机械形式开关为主，多采用拉线开关，如图 4-9 所示。在输送机支架上垂直于输送机中心轴线的方向横拉钢丝绳，绳两端分别连在两侧开关上。当撕裂的输送带撞击到钢丝绳上时，将使钢丝绳带动开关内的微动开关动作而输出撕裂停机信号及报警信号。故障排除后，将开关复位，输送机可重新启动。

该方式的撕裂保护装置结构简单，动作可靠，应用较为广泛。

拦索式防护撕裂保护装置的检查维护：

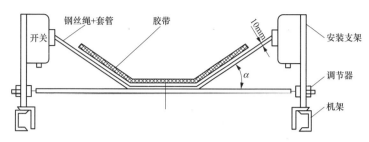

图 4-9　拦索式纵向撕裂保护装置

（1）保护拉绳与输送带距离为 10mm，拉绳应无破损情况。

（2）调节器可用来控制拉绳受力大小，调整后应使动作力满足技术要求，并将调整螺母锁紧。

（3）拦索应安装在受料段输送带下缓冲托辊之间，绳缆必须距输送带下部表面足够近的距离，能够检测中间至边缘部位，同时保证输送带波动时不致引起开关误动。

（4）为预防意外事故的发生需经常自检。自检时应在输送机非工作状态下，用手拉绳索检查是否有信号输出。

（5）自检撕裂开关动作是否正常，用手缓缓加力拉线缆，直至撕裂开关动作，测量数据是否满足技术要求。

3. 活门式输送带纵向防划破保护装置

输送带的划破大多是因落料管中有长的或大的异物落下，并卡在落料管出口而造成。采用活门式纵向撕裂输送带传感器同样可以起到较好的效果，该保护装置的原理如图 4-10 所示。当输送带被落入落料管的异性物体卡住时，活门被异性物体带动，打开并使开关动作发出报警信号。通常将落料管做成扩散型，将出口上部做成活动型，并能自动开启。当有大型异物进入落料管并卡住时，活门即被顶开。

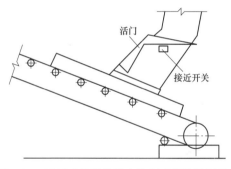

图 4-10　活门式输送带纵向防划破保护装置示意

4.4　输送带速度的检测与打滑保护

物料输送系统中需要采用速度检测装置对带式输送机输送带的实际运行速度进行检测，以便实现输送机的连锁启停，同时判断输送带是否打滑。

在带式输送机工作过程中，由于某种原因使得传动滚筒的速度与输送带速度不同步时，两者之间便产生相对滑动产生打滑现象。打滑会造成物料堆积挤压输送带及堵塞落料管的现象；会使滚筒表面温度急剧升高，严重时会烧坏输送带；会造成输送带磨损、输送带松边受到紧边拉力的冲击，容易疲劳断裂等不良后果，甚至发生恶性事故。因此，确保带式输送机安全可靠运行，准确、及时检测到输送带打滑故障至关重要。

4.4.1　输送带打滑的原因

输送带打滑有低速打滑和高速打滑两种。低速打滑的原因是滚筒的摩擦牵引力降低、超载、输送带被卡住或者拉紧力不足等，此种情况比较常见；高速打滑一般出现在下运带式输送机电动机发电工况下，带式输送机超速运转，此种情况较少见。分析起来主要有以下几方面：

（1）由于装载货物过多、输送带跑偏严重、运输巷道变形、托辊不转（损坏或杂物缠绕）、物料埋压等原因，使得输送带阻力过大，甚至有可能比正常增加几倍，最终造成输送带打滑。

（2）带式输送机运行时，由于张紧装置失灵或输送带因变形而伸长，造成输送带张紧力减小，从而导致输送带打滑。

（3）当输送带滚筒的接触面浸泥水、煤泥及滚筒表面铸胶损坏变成光面，输送带与滚筒之间摩擦系数减小使输送带打滑。

4.4.2　打滑检测装置

1. 打滑保护系统的工作原理

打滑保护系统的工作原理是通过速度传感器检测输送带的速度变化，与传动滚筒速度进行比较分析，正常运转时两者无差值，如发生打滑，两者之间出现差值。当超过允许差值（带速值低于设定值）时即发出打滑报警信号，此时用户可在控制网络实现停机，这样可防止由于输送带打滑而造成的生产事故，又可避免不必要的频繁制动。

打滑检测装置可以根据设定分别输出一级警告、二级警告和停机信号，而停机信号可根据现场实际需要调整保护延时输出。

2. 打滑检测保护装置的结构

打滑检测装置由速度传感器和控制器两部分组成。根据测量方法可分为接触式和非接触式；按照测量方法转速传感器可分为干簧管式、磁阻式（如电感式）、磁电式（如霍尔式）、光电式、电容式等；按照信号形式转速传感器可分为模拟式和数字式。

（1）接触式速度检测。接触式速度检测就是速度传感器通过机械传动方式，与输送带接触进行测速。干簧管式速度传感器由触轮、金属齿盘、永磁体、干簧管接近开关等组成；光电式或电感式速度传感器由触轮、脉冲盘、光电开关或电感式接近开关等组成，如图 4-11 所示。

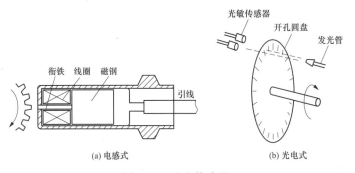

图 4-11　速度传感器

接触式速度传感器的安装方法有托辊型、滚轮型等，如图 4-12 所示。托辊型速度检测装置一般安装在靠近传动滚筒处的输送带处。其传感头安装在带式输送机的输送带上分支和下分支之间，其触轮与上分支的非工作面压紧接触，通过输送带与触轮的摩擦力带动触轮旋转，同时使触轮带动其腔内的遮光板同步旋转，遮光板上开有一定数量的槽，遮光板每转过一个槽，就发出一个脉冲信号，此脉冲信号通过电缆发送到控制箱，经过数据处理后，与预设值进行比较。如带式输送机运行速度正常，那么两数据相吻合，发出运转正常信号；当脉冲信号大于或小于设定值时，则分别发出带式输送机超速或打滑的报警信号，并让带式输送机停止运转。

（2）非接触式速度检测。非接触式速度检测方法有单传感器型和双传感器型两种，其安装方法如图 4-13 所示。由于该形式的检测器不与输送带直接接触，避免了检测器损伤和接触不良而造成的误差。

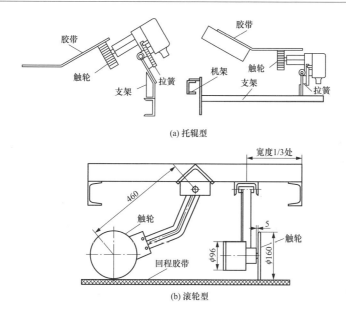

(a) 托辊型

(b) 滚轮型

图 4-12　接触式速度传感器安装示意

1) 单传感器型。其测速原理如图 4-14 所示,为非比较式打滑检测,适用于短输送带、小运量,且必须与驱动电动机同步供电、断电,以额定带速为基准来判断是否打滑。

当磁栓(或钢柱)随着改向滚筒旋转时,磁栓每旋转一周就会与传感器相遇一次,传感器就输出一个脉冲信号,该脉冲信号的间隔时间 t_g(即滚筒旋转一周所需的时间)送入控制箱内,由单片机根据 t_g 和改向滚筒周长 l 计算出实际运行带速(实测带速),即

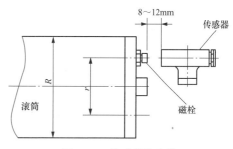

图 4-13　传感器的安装

$$v_g = l/t_g$$

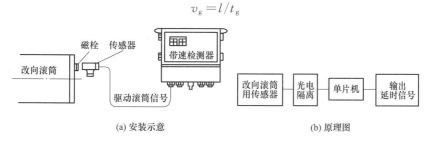

(a) 安装示意　　　　　　　　(b) 原理图

图 4-14　单传感器型测速装置

将 v_g 与已设定的轻打滑报警的带速 v_1、重打滑停机的带速 v_2 进行数据比较,根据比较结果输出所运行的不同状态信号,见表 4-2。

表 4-2　　　　　　　　　　　　单传感器检测带速比较结果

比较结果	$v_g > v_1$	$v_2 < v_g < v_1$	$v_g < v_2$
输出信号	正常	轻打滑报警	重打滑停机

2）双传感器型。其测速原理如图 4-15 所示，采用比较式打滑检测，适用于长距离带式输送机或对输送带打滑要求严格的场合。以现场的驱动滚筒和改向滚筒之间转速（以驱动滚筒的转速为基准）的差值来判断输送带是否打滑。

当磁栓随着传动滚筒和改向滚筒旋转时，磁栓每旋转一周，传感器就输出一个脉冲信号，分别将两个传感器脉冲信号的间隔时间 t_q（传动滚筒旋转一周所需时间）和 t_g（改向滚筒旋转一周所需时间）送入控制箱内，由单片机根据 t_q 和传动滚筒周长 l、t_g 和改向滚筒周长 l，分别计算出额定带速 v_q、实际带速 v_g，即

$$v_q = l/t_q, \quad v_g = l/t_g$$

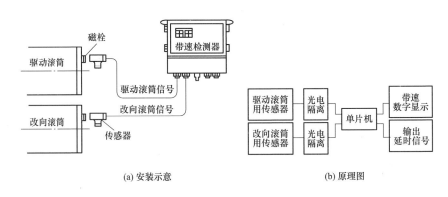

(a) 安装示意   (b) 原理图

图 4-15　双传感器型测速装置

将 v_q、v_g 与已设定的轻打滑报警的带速 v_1、重打滑停机的带速 v_2 进行数据比较，根据比较结果输出所运行的不同状态信号，见表 4-3。

表 4-3　　　　　　　　　　　　　双传感器检测带速比较结果

比较结果	$v_q = v_g$	$v_2 < v_g < v_1$	$v_g < v_2$
输出信号	正常	轻打滑报警	重打滑停机

3. 输送带速度检测器的检修安装

（1）非接触式速度检测器调试要求。

1）在保证不刮碰的情况下，传感器与感应块（磁钢或钢柱）应尽量靠近，以保证有效地接收信号。

2）当传感器接近感应块时，传感器的指示灯亮。

3）传感器调试工作完成后，应将传感器和感应块紧固，保证输送机运转时不松动。

4）传感器和感应块的位置在条件允许时尽量靠近滚筒轴。

（2）接触式速度检测器安装及调试。

1）传感器应保证触轮轴线和输送带平行，且运动方向同输送带运行方向，传感器支架轴线应与输送带平面垂直。

2）保证触轮和输送带紧密接触，且安装位置保证振动最小和输送带抖动最小。

3）触轮距回程输送带边缘 200～300mm。

4）当采用检测器输出轴和从动滚筒同轴连接检测输送带实际速度的方法时，应采用柔性联轴器以保证工作正常。

4.5　料流检测装置

带式输送机在运行的过程中会存在空载、满载等情况，料流检测装置是作为带式输送机输送物料时检测物料瞬时状态的一种装置，如空载、有载、满载、超载等。料流检测器也称料流检测器、料流开关、煤流检测器、煤流开关。

4.5.1　料流检测装置的作用

料流检测装置主要用于带式输送机运行过程中有效载荷的检测。为了保证输送带正常运行，尽量避免输送机出现跑空现象，每条输送机上设有料流信号检测装置。

料流检测装置一般安装在靠近带式输送机头部处，当输送机运行时，料流检测装置内的微动开关发出信号，可将其接到控制室，由指示灯来观察送料状态，了解物料到达哪一条带式输送机，同时还可以确定输送带是空载、轻载、满载、超载等情况。根据信号来调整上、下游带式输送机的启停状态，也可以将料流检测装置的开关信号通过控制系统与洒水装置的电磁阀连锁，实现有料洒水功能。在事故停机时，出事故的带式输送机前方所有连锁设备都同时停机，其后方的带式输送机继续运行，待物料运输完毕后依次停机。料流检测器检测到带式输送机无物料时，该装置发出信号，使控制室发出该带式输送机停机指令。

4.5.2　料流检测装置的结构和工作原理

常用的料流检测装置有两种形式，一种采用门架式结构，另外一种采用承压式（负荷式）检测。

1. 门架式料流检测装置

门架式料流检测装置如图 4-16 所示，带有触板，一般安装在带式输送机溜槽出口附近。当带式输送机空载运行时，触板处于静止状态，并垂直于输送机带面，当带式输送机有载运行时（包括逆向），输送带上的物料随着物料输送带向前运行，便推动触板向前摆动，根据触板摆动角度的大小，检测器行程开关发出不同信号，分别输出轻载、满载、超载信号。当触板摆动至 $10°\sim25°$ 时，输出轻载信号；摆动至 $25°\sim40°$ 时，输出满载信号；摆动至 $40°\sim60°$ 时，输出超载信号。采用金属球作为检测体的工作原理与此相同，当偏转角度大于 $20°$ 时，行程开关输出一组开关信号。

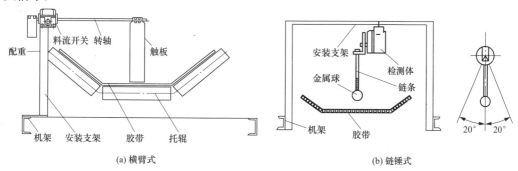

图 4-16　门架式料流检测装置

2. 承压式（压辊式）料流检测装置

承压式料流检测装置如图 4-17 所示，它采用负荷式检测，带有触轮，安装在输送带下面。当输送带上无物料时，触轮与输送带下面接触。当输送带上有物料时，由于物料重力的作用使输送带相应的下沉，输送带下沉时把检测器的触轮下压，通过装置内部传动机构使行程开关动作输出信号，实现检测功能。最好将其安装在托辊中间，不要安装在溜槽附近的输送带下面，尽量远离机头。

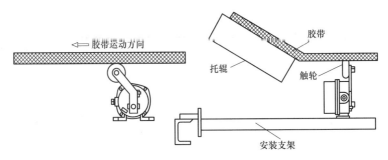

图 4-17　承压式料流检测装置

4.5.3　料流检测装置的安装

门架式料流检测装置应安装在带式输送机溜槽出口附近，靠近输送机的头部。应使检测器位于输送带宽度的中心位置，对于倾斜向上的输送机，应调整摆杆在静止状态（零位）时垂直于输送带，并将其固定在横梁上，同时应限制摆杆在零位反向旋转。

安装承压式料流检测装置时，应注意检测器安装在输送带下面，无物料时触轮应与输送带的下面接触；安装检测器时，应选择有物料时输送带下沉量最大的位置，输送带有物料运行时，须有 5～10mm 的下沉量，最好安装在托辊中部，不要安装在溜槽附近输送带下面，尽量远离机头安装。安装后应调整检测器极限动作行程，避免损坏。

4.6　落料管堵塞保护装置

料流检测装置的作用是检测带式输送机系统中的转运落料管内的堵料情况。当落料管内形成堵塞时，该装置立即发出报警、停机信号至运煤系统的控制中心。

4.6.1　落料管堵塞的原因

落料管是物料输送系统两台输送机间连接的通道，它通常由物料斗、三通挡板、斜通管、锁气器等组成。造成落料管堵塞的主要部位在三通挡板和斜通管的结合部，尤其是斜通管的上部。造成落料管堵塞的主要原因如下：

（1）由于输送通道使用的斜通管大多由普通碳钢制作，管道内壁易锈蚀、表面粗糙，造成粉状物料在其表面附集，尤其是煤的湿度在 10%～15% 时，更容易在管壁上黏结，进而使输送阻力增大，流量稍大时会产生瞬间的附集就产生了堵塞。

（2）现有的落料管道在结构和形状的设计上存在问题。斜通管和三通挡板的倾角过小，致使粉状物料不易下滑，容易堵塞，斜通管的四角是死角容易挂料，长期结团减小了输送管道的有效空间，产生瓶颈卡口，流量一大就容易造成堵塞。

4.6.2　落料管堵塞保护装置的结构和工作原理

落料管堵塞保护装置用于检测带式输送机系统中的转运落料管内的堵料情况，当落料管内形成堵塞时，该装置立即发出报警、停机信号至控制中心，立即事故停机。

堵料检测器形式较多，常用的有侧压型、电极型、螺旋桨型和超声波型等。

1. 侧压型落料管堵塞保护装置

该装置结构如图 4-18 所示，采用门式结构，由活动门、接近开关、压簧（或其他形式的复位装置）组成。该装置一般安装在不受物料冲击的落料管侧壁，可在溜槽上安装两组：一组安装在溜槽底部向上 1/3 处，作为轻度堵塞检测；另外一组安装在溜槽底部向上 2/3 处，作为重度堵塞检测。安装时要在溜槽侧壁适当位置开一个 260mm×260mm 的方口，然后在方口上方 100～200mm 处溜槽内壁焊接一块挡板，以防止大块物料落下，直接打击活动门而发生误动作，在开孔处用橡胶板封闭覆盖后，把堵塞检测装置固定在溜槽外侧壁即可。

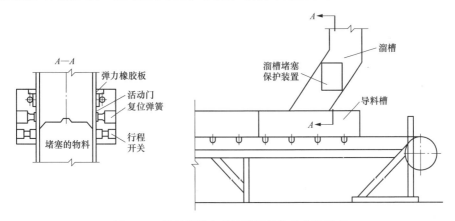

图 4-18　落料管堵塞保护装置结构及安装示意

该保护装置的工作原理如下：当物料在溜槽内形成堵塞时，堆积的物料对溜槽的侧壁产生压力，从而使该装置的活动门向外推移，当活动门角度等于或大于受控角度时，使行程开关动作从而发出报警或停机信号。当检测到轻度堵塞时，可输出信号至振打器，进行振打破堵而不停机，当溜槽堵塞故障排除后，活动门在压簧作用下自动复位。如果检测到重度堵塞，输出停机信号。为避免物料流冲击和振动造成开关误动作，可调整动作延时。

2. 电极式落料管堵塞保护装置

该装置与电极式料位信号装置的原理相同，将电极安装在落料管的适当位置，正常运行时料流碰不到电极；当落料管发生堵塞时，物料在落料管内与电极相接触，继电器动作发出报警信号。图 4-19 所示为电极式堵煤保护装置安装示意。

3. 阻旋式堵料开关

阻旋式堵料开关是另一种落料管堵塞检测器，它同时也可用于料位高度检测，其结构原理见旋阻式料位计。其检测原理如下：在未接触物料时，电机带动外部连接的叶片旋转正常运转；当带式输送机落料管落料不畅，发生落料堵塞情况时，叶片接触物料造成电机停止转动，同时内部微动开关输出一接点信号，表明发生堵料。

该检测器通常安装在立式封闭或半封闭落料管或溜槽的侧壁上，法兰连接。安装位置应保证正常工作时不与物料相接触，在叶片的上方应安装护板。图 4-20 所示为旋阻式堵料开关安装示意。

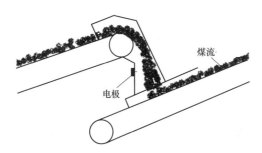

图 4-19　电极式堵煤保护装置安装示意

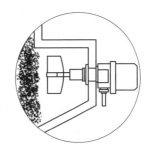

图 4-20　旋阻式堵料开关安装示意

4.7　料位检测装置

在工业生产过程中，经常会遇到大量的液体物料和固体物料，需要对其表面位置和堆积高度进行测量，如火电厂的灰库、石灰石粉仓、原煤仓、渣仓等料位。因现场工况粉尘大，介电常数低，易粘料挂料等特点，使得料位测量困难。而由于料位失真导致设备停运、系统停运、机组减负荷等情况的发生，严重危及生产安全运行。因此必须采用可靠、准确的料位检测装置，保证生产安全运行。

料位测量传感器分为两大类：一类是测量料位连续变化的传感器；另一类是测量以状态为目标的开关式传感器（即料位开关）。前者主要用于连续控制的料仓等，有时也可用于多点报警系统；后者主要用于高低料位控制和报警等。下面介绍几种常用的料位检测装置。

4.7.1　水银开关料位计

水银开关料位计主要用于检测料仓高料位，以防止料仓溢出，达到控制料位和自动停机的目的，还可用于堆取料机来控制料场堆料。

工作原理：传感器内装有一水银开关，当传感器处于垂直状态时水银开关导通，当料场或料仓物料堆积到传感器所处高度时，物料与传感器触碰使之倾斜且倾斜角大于30°时水银开关断开，水银开关将通断信号送至 PLC 并发出高料位信号，因此又称倾斜开关。

4.7.2　重锤式料位计

重锤式料位计检测装置属于机械接触式测量，测量原理是利用现场的传感器（探头）控制重锤快速下降至物料表面，感应锤一旦触及被测料面便立即收回，返回待测位置。传感器内部编码器发出与重锤位移相应的脉冲信号。由嵌入式处理器进行运算处理后，输出与料位对应的标准信号。

重锤式料位计结构示意如图 4-21 所示。工作时，电动执行机构将重锤探头放出，通过编码器产生的脉冲计算出重锤下落的高度，当重锤到达物料表面时产生失重，微处理器探测到缆绳的松弛信号后触发电动机反转，将重锤收回并得到测量结果。

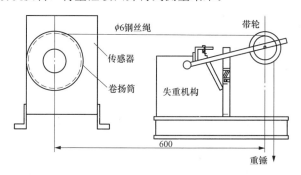

图 4-21　重锤式料位计结构示意

重锤式料位计的传感器一般由可逆电动机、蜗轮、蜗杆、丝杠、齿轮轴、卷扬筒、灵敏杠杆等组成。当传感器接到控制探测命令时电机正转，经蜗轮蜗杆减速后带动齿轮轴和卷扬筒转动，使钢丝绳下放，带动重锤由仓顶下降，当重锤降至料面时被料面托起而失重，钢丝绳松弛，灵敏杠杆动作使微动开关接触。二次仪表控制器得到该信号后立即发出电机反转命令，重锤上升返回，直至卷扬筒碰到上顶开关，电动机停转，重锤回到仓顶原始位置，完成一次探测过程。

重锤式料位计的优点是测量准确不受煤仓粉尘、水汽及料堆形状的影响。其缺点是：长期在粉尘环境中，粉尘易通过钢丝绳及滑轮组进入到传感器内部，影响电气元器件的寿命，传动部分频繁转动容易卡涩，钢丝绳及滑轮容易磨损，在重锤收回到顶部的瞬间，有较大的冲击力，易使重锤脱落，维护工作量大。

4.7.3 称重式料位测量装置

一定容积的容器内物料重量与料位高度应当是成正比的，因此可用称重式传感器或测力传感器测算出料位高度。其工作原理如下：在料仓的金属支撑体上安装称重式传感器，当料仓内的料位变化时，料仓金属支撑体上的受力也随之变化，称重传感器感受到重量后，应力传感器变形，其电阻（电压、电容）值发生变化，通过信号处理来实现料位测量。

该测量装置的优点是维护工作量小，但由于安装方式的特殊性，也带来了使用的局限性。另外，因其料位的测量是通过重量测量来转化的，因而不同的物料种类和粒度组成，以及水分变化造成的物料密度变化，都会影响料位测量的准确度，特别是料仓出现起拱、严重挂料时，其准确度大为降低，从而使料仓要么不够满，要么溢料，所以其校核时的物料密度，对称重系统至关重要。另外，某些情况下多个料仓安装的钢结构是相互连接的，仓与仓之间产生相互影响，而且邻仓的空与满对传感器的影响也是不确定的，致使传感器零位频繁漂移，增加了维护工作量。由于传感器安装在料仓的底部更换探头相当困难。

4.7.4 音叉式料位计

音叉式料位计（振动式料位开关）由音叉、压电元件及电子线路等组成，其测量原理如图 4-22（a）所示。振动管和内置的振动棒构成高频率音叉共振探头，音叉由压电元件激振，以一定频率振动。当料位上升触及音叉时，音叉振幅及频率急剧衰减，甚至停振，由此转化为电信号使继电器进行开关动作。这种料位计灵敏度高，从密度很小的微小粉体到颗粒体都能测量，但不适于测量高黏度和有长纤维的物质；采用圆形光滑棒式探头，能有效防止夹料和黏料；安装后无需调整，该装置同样也适用于堵料检测。其安装示意如图 4-22（b）所示。

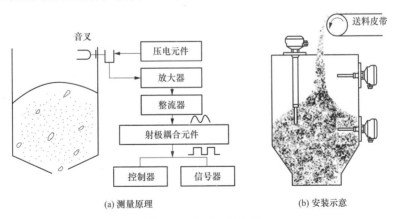

(a) 测量原理   (b) 安装示意

图 4-22 音叉式料位计

料位计在安装和维护时要注意以下几点：应避开入料口处安装；对物料直径大于 15mm 或距离入口 7m 以下安装时，应加探头护盖；测量黏度较大的粉体时，应从料仓上部向下垂直或从侧壁斜向下安装；探头使用温度超过 120℃时，应定期检测开关动作是否正常。

4.7.5 电极式料位开关

电极型料位开关有电容型和电阻型之分，因为电容型受挂料影响，所以电极式多指电阻型。信号发生器由信号继电器和料位电极组成，料位电极一般悬挂在仓顶部，根据不同料位的要求，其电极长度也不同，电极一般采用钢丝绳制作，钢丝绳底部应加一小重锤（圆柱形）以拉直钢丝绳。

电阻型料位变送器信号发生器是利用电极与物料接触前后电阻值的改变来检测料位的。当料仓料位上升到与电极接触时，由于电阻值（物料电阻）的变化而引起变送器内信号继电器的动作，发出高料位信号。当料位下降离开电极时，继电器断开发出低料位信号。同样，电极式位料开关也可以用于堵料检测。

通常使用的料位电极及其布置形式如图 4-23 所示，安装时应注意不能迎着落料的方向，以防止电极局部堆积而误发信号。

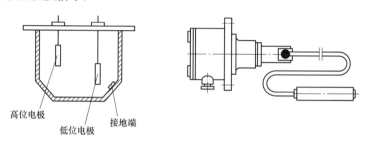

图 4-23　电极式料位计

物料电阻的阻值与物料的种类、存放时间、水分等有一定关系，因此该料位计同样存在测量误差。

4.7.6　阻旋式料位计

阻旋式料位计由电动机、减速机构、微动开关、传动轴、旋转叶片、外壳等组成，其结构如图 4-24 所示。工作中若无物料与之接触，电动机带动旋转叶片正常旋转，微动开关无动作。当物料上升至叶片位置时，叶片旋转受阻，该阻力通过传动轴传递到检测装置，检测装置驱动微动开关动作，发出有料的信号，随后另一个微动开关动作，并切断电动机电源使叶片停止转动。

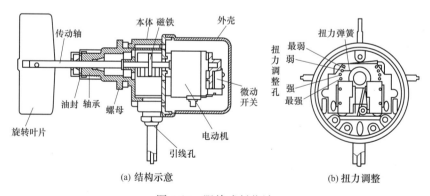

(a) 结构示意　　　　　　　　　　　(b) 扭力调整

图 4-24　阻旋式料位计

当物料下降时，叶片阻力消失，检测装置便依靠弹簧的拉力恢复到原始状态。首先一个微动开关动作，接通电机电源使其旋转，随后另一个微动开关动作发出无料信号。只要没有物料阻挡检测叶片的转动，此种状态将一直保持下去。

扭力弹簧是用来调整转轴的输出扭力，当被测物料比重大时，可将弹簧扭力调至强的位置，此时叶片的灵敏度较差；当被测物料的比重小时，可将弹簧调至弱的位置，叶片的灵敏度较高。扭力弹簧的弹力调整好后请勿随意变动，以免造成误动作。

阻旋式料位计的特点如下：扭力稳定可靠，且扭力大小可以调整；叶片承受过重的负荷，电机回转机构会自动打滑，保护不受损坏；不必从料槽上整组拆除，即可轻易地检查维修内部组件；属于点位控制，不能用于对连续料位的动态检测，对大型料仓的料位检测有一定的局限性，根据实际情况进行合理的选用。

图 4-25 所示为阻旋式料位计外形和安装位置。旋阻式料位计在安装时应注意：物料必须能自由地流向旋翼和转轴；应防止加料时使旋翼和转轴受到块状物料的冲击，必要时应加保护罩，或使安装位置偏离物料。

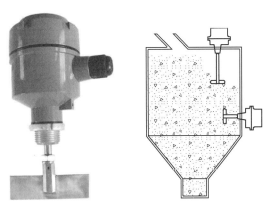

图 4-25　阻旋式料位计外形和安装位置

4.7.7　超声波料位计

（1）超声波料位计的结构。超声波料位计主要由主控箱、超声波探测器（探头）及显示箱组成。超声波探头是实现声、电转换的装置，能发射超声波和接收超声回波，并转换成相应的电信号。超声波探头按其作用原理可分为压电式、电磁式等，其中以压电式最为常用。压电式传感器主要由压电晶片、吸收块（阻尼块）、保护膜组成。

图 4-26 所示为压电式料位计测量原理及探头结构示意。压电晶片为圆形板，其两面镀有银层作为导电的极板。阻尼块的作用是降低晶片的品质因数，吸收声能量。压电式传感器是利用压电材料的压电效应来工作的。逆压电效应将高频电振动转换成机械振荡而产生超声波，而正压电效应将接收的超声振动转换成电信号，由于压电效应的可逆性，所以超声波传感器可以发送和接收兼用。

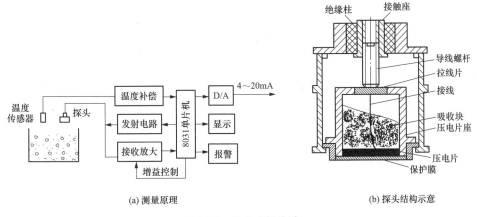

(a) 测量原理　　　　　　　　　　　(b) 探头结构示意

图 4-26　压电式料位计

（2）超声波料位计的工作原理。图 4-27 所示为脉冲回波超声波检测工作原理。超声波料位计是运用回波测距法的原理，依靠安装在料仓顶部的探测器不断发射固定频率的超声波，对料仓内的物料进行非接触式的连续测量。经被测物料表面漫反射，其可测定的回波部分被探测器接收，根据超声波往返的时间，即可换算出发射物表面与探测器之间的距离，进而计算出实际料位高度。显然料仓料位为

$$H = L - ct/2 \tag{4-1}$$

式中：H 为料位高度，m；L 为料仓高度，m；c 为空气中的声速，m/s；t 为超声波往返时间，s。

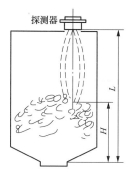

图 4-27 脉冲回波超
声波检测工作原理

因为超声波也是一种声波,其声速 c 与温度有关,所以在超声波探头内部装有一体化的温度传感器,它将所测量到的环境温度信号送到控制器,对声速进行补偿。在使用时,如果温度变化不大,则可认为声速是基本不变的。如果测距精度要求很高,则应通过温度补偿的方法加以校正。

超声波料位检测系统可对仓群中的每个仓进行实时料位检测显示、高、低位报警,过高、过低位跳闸,并可与其他计算机系统进行联网数据通信。国内许多火力发电厂选用超声波料位计作为原煤仓料位的连续测量装置。

(3) 安装及注意事项。超声波发射的波束一般呈 12°~20° 的波束角,当超声波传感器与物料表面很近时,容易造成较大的误差,其误差较大的这段距离内的空间称为盲区,不同的传感器盲区不同。因此探测器发射面要对正料面,发射面和可能出现的最高料位之间的距离应大于盲区,最高储料表面不得超过盲区,否则将无法准确测量。

测量器一般安装在煤仓的正上方,应尽可能远离噪声干扰源,避开高速气流,且不要安装在振动剧烈的基础上,如无法避免应加装橡胶垫。

发射的超声波声柱要避开进料口的料流和料仓内的固定构件(如仓里的横梁等),安装位置不能太靠近仓壁;由于探测器发射波束角的存在,所以探测器应避开加料口,以免加料时料流阻断波束,影响检测;同样原因,探测器的安装位置应离开仓壁一定距离,尤其应完全避开不光滑的仓壁。超声波料位计的安装示意如图 4-28 所示。

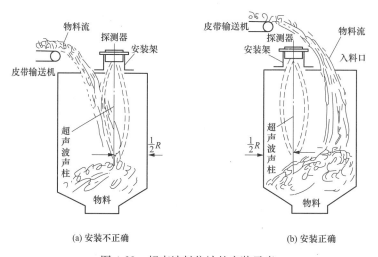

(a) 安装不正确   (b) 安装正确

图 4-28 超声波料位计的安装示意

4.7.8 雷达料位计

雷达式料位计主要由发射和接收装置、信号处理器、天线、操作面板、显示、故障报警等部分组成。基本原理是发射—反射—接收,雷达传感器的天线以波束的形式发射雷达信号,反射回来的信号仍由天线接收,雷达脉冲信号从发射到接收的运行时间与传感器到介质表面的距离及料位成比例,即

$$h = H - vt/2 \tag{4-2}$$

式中:h 为料位;H 为仓高;v 为雷达波速度;t 为雷达发射到接收的时间间隔。

雷达料位计利用了电磁波的特殊性能来进行料位检测。雷达料位测量装置按所发射的信号可分为调频连续波式和脉冲式。以调频连续波式雷达料位计为例，该料位计使用发射频率随一定时间间隔（扫描频率）线性增加的线性调频高频信号，因该信号的发射频率与接收到的反射频率的差值，与天线到被测界面的距离成正比，即距离越大差值越大，反之亦然，进而可计算出料位高度。

雷达测量料位的优点是：发射与接收天线均不与介质接触；高频电磁波信号易于长距离传送，可测大量程；测量不受料位上部空间气候条件变化的影响。但由于雷达发射的信号受传播介质的影响，当所测对象粉尘较大时，测量会受干扰，从而引起测量误差增大甚至不稳定。

雷达料位计安装应注意以下问题：

（1）当测量固态物料时，由于固体介质会有一个堆角，传感器要倾斜一定的角度。

（2）尽量避免在发射角内有造成假反射的装置，特别要避免在距离天线最近的 1/3 锥形发射区内有障碍装置。

（3）要避开进料口，以免产生虚假反射。

（4）传感器不要安装在拱形仓的中心处，也不能距离仓壁很近安装，最佳安装位置在容器半径的 1/2 处。

（5）若传感器安装在接管上，天线必须从接管伸出来。喇叭口天线伸出接管至少 10mm，棒式天线接管长度最大 100mm 或 250mm，接管直径最小 250mm。可以采用加大接管直径的方法，以减少由于接管产生的干扰回波。

4.7.9　射频/导纳料位计

射频/导纳料位检测是从电容式物位检测技术上发展起来的，可同时测量阻抗和容抗，而不受挂料的影响。

在测量料位时，射频/导纳技术检测被测介质的两种基本特性：一个是介电常数 K，另一个是电导率 G。当被测介质电导率较大时，电容式产品会由于被测介质黏附在传感器上而产生误差，但是导纳式产品通过同时检测阻抗和容抗可以消除这种误差，提高了测量的可靠性和精度，而且不受附着层、传感器结垢现象、温度、密度变化的影响。

导纳的物理意义是阻抗的倒数，由于实际过程中很少有电感，因而导纳实际上就是指电容与电阻。

（1）电容式料位器的工作原理。电容是指电路中的一个断点，断点两边是具有一定对应面积的导体，以便聚集有效电荷。对于平行的板状导体，电容的表达式为

$$C = KeA/d \tag{4-3}$$

式中：C 为电容，F；K 为导体间介质的相对介电常数；e 为真空的绝对介电常数；A 为平行板的面积，cm^2；d 为导体间距离，mm。

电容式料位测量系统就是在容器中建立一个电容，此电容一端是浸没在容器中的长形探头，另一端为接地板（通常为容器壁），如图 4-29（a）所示。如果被测介质为导体，则需在探头上加一层绝缘套，这时绝缘套与导电介质接触的外壁即为地，如图 4-29（b）所示。

料位变化时，被测介质对探头的浸没高度即发生变化，从而使电容发生变化，并由料位变送器测出其变化。电容、介电常数和料位的关系为

$$h = (C - 1)/(K - 1) \tag{4-4}$$

由此可知，测量电路的电容与料位成线性比例关系，式（4-4）为电容式料位计的理论基础。

电容式测量料位存在一个严重弱点，就是料位升高淹没传感器又落下时，传感器可能会留有附着物，即挂料。电容式料位计仅仅对水状液体或不在探头上留下导电黏附层的介质进行测

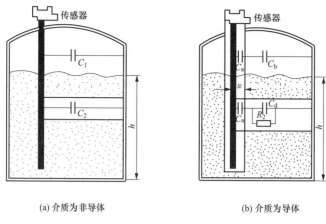

(a) 介质为非导体   (b) 介质为导体

图 4-29　电容式料位测量

量时能正常工作。对探头发生黏附的导电液、浆料、颗粒等，纯电容料位计就不能进行满意的测量。

（2）传感器上导电黏附层的影响。图 4-30（a）所示为一个充满高电导率介质的容器。由于被测介质导电，地就是浸在介质中的传感器绝缘层的外表，就像一个纯电容。在这种情况下，电容式或射频/导纳式的变送器都能进行料位测量。

当容器内的介质排出一部分之后，情况将发生变化，如图 4-30（b）所示。以前的纯电容电路就变为由电容和电阻组成的复合阻抗。因为黏附层的电阻远大于容器中介质的电阻，当电阻进入传感器电路，黏附层的电阻将消耗能量并使振荡器的振荡电压下降，从而使振幅衰减，导致输出误差产生。由于黏附层的存在，探头上接地的总面积并没有改变，而对于电容式仪表，其输出所显示的料位仍留在探头黏附层的顶部附近，但该料位显然是虚假的。

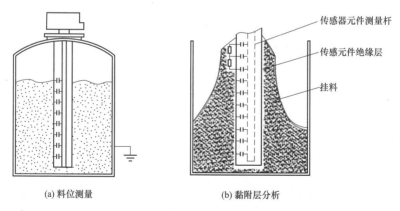

(a) 料位测量   (b) 黏附层分析

图 4-30　高电导率介质料位测量及黏附层分析

（3）导纳式料位计的工作原理。导纳式料位计的电子线路中包含振荡缓冲器和斩波器两个关键电路，如图 4-31（a）所示。振荡缓冲器补充黏附层电阻所损耗的能量，使之不会降低加在传感器（探头）的振荡电压，从而保持振荡器的振幅不变。传感器上的黏附层相当于一条由无数个无穷小的电容和电阻元件组成的传输线，从理论上讲，只要黏附层足够长，黏附层的阻性和容性部分就具有相同的阻抗，如图 4-31（b）所示。斩波驱动器和斩波器用来检测电容和电阻：检测到的电容为料位电容（C_w）与黏附层电容（C_g）之和（$C_w + C_g$），而电阻即为黏附层电阻

（R_2）。最后将检测到的容抗与阻抗相减（$C_w + C_g - R_2$），由于黏附层的容抗与阻抗相等 $X_g = R_2$，最后得到的是只与真实料位有关的电容（C_w），从而消除了黏附层的影响，提高测量精度。

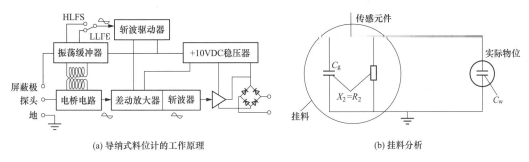

(a) 导纳式料位计的工作原理　　(b) 挂料分析

图 4-31　导纳式料位计的工作原理及挂料分析

（4）射频/导纳料位计的主要特点。射频/导纳料位开关在火力发电厂运煤系统中用于测量落煤管（溜槽）堵煤和原煤仓高料位，属于点位检测。其结构由电路单元、外壳、传感元件三部分组成，其中传感元件（传感器、探头）为五层铜芯结构，五层从头至尾，分别是中心探杆、绝缘层、屏蔽层、绝缘层、地层，如图 4-32 所示。

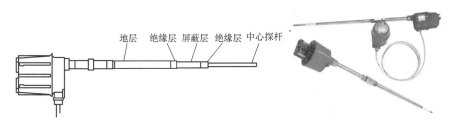

图 4-32　射频导纳物位计

电路单元为中心杆和绝缘层输送等电位、同相位、同频率（高频）、互相隔离的电平，地层与料仓连接；在电路单元中，中心杆和料仓构成一个回路。当有物料接触到中心杆，则回路接通，电路单元检测到该回路导纳变化，引起触点闭合，输出到位报警信号。

射频/导纳料位计的特点：①通用性强，可测量液位及料位，可满足不同温度、压力、介质的测量要求，可应用于腐蚀、冲击等恶劣场合；②防挂料，独特的电路设计和传感器结构，使其测量可以不受传感器挂料影响，无需定期清洁，避免误测量；③避免维护，测量过程无可动部件，不存在机械部件损坏问题，无需维护；④抗干扰，接触式测量，抗干扰能力强，可克服蒸汽、泡沫及搅拌对测量的影响；⑤准确可靠，测量多样化，使测量更加准确，测量不受环境变化影响，稳定性高，使用寿命长。

（5）安装位置。射频导纳料位计的安装位置应根据实际要求由现场实测而定，既可垂直安装又可水平安装，如图 4-33 所示。安装时必须保证传感器的中心探杆和屏蔽层与仓壁互不接触，绝缘良好，安装螺纹与容器连接牢固，电器接触良好，并且探头的地层要进入容器内部。水平安装的仪表进线口一定要向下，在满足实际工艺要求的情况下，要使传感器避开料流，特别是块状物料的冲击，同时要考虑方便检修或维护。采用顶装时，应保证料位计的插入深度要在 2m 以上；对于深度大的料仓可采用绳式电极。当物料接触到钢索后，引起电容的变化，控制器测量到此变化便发出报警信号。

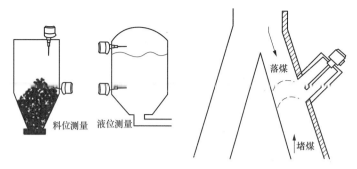

图 4-33　射频/导纳料位计的安装位置

4.8　光 电 编 码 器

光电编码器是一种通过光电转换将输出轴上的机械几何位移量转换成脉冲或数字量的传感器，具有体积小、高精度、高分辨率、高可靠性、接口数字化等优点，广泛应用于各种线位移和角位移的测量，例如数控机床、回转台、伺服传动、机器人、雷达、军事目标测定等装置和设备中。在火力发电厂运煤系统中的斗轮堆取料机的控制中，经常采用绝对式光电旋转编码器检测回转机构、变幅机构的角度，而大车行走位置检测则采用增量式光电旋转编码器。

光电编码器是由光栅盘和光电检测装置组成。光栅盘是在一定直径的圆板上等分地开通若干个长方形孔。由于光电码盘与电动机同轴，电动机旋转时，光栅盘与电动机同速旋转，经发光二极管等电子元件组成的检测装置检测输出若干脉冲信号；通过计算每秒光电编码器输出脉冲的个数就能反映当前电动机的转速。此外，为判断旋转方向，码盘还可提供相位相差 90°的两路脉冲信号。

编码器按结构形式分为直线式和旋转式编码器。旋转式编码器按信号性质主要分为增量式、绝对式。光电旋转编码器的外形图如图 4-34 所示。

图 4-34　光电旋转编码器的外形图

4.8.1　增量式编码器

增量式光电编码器主要由光源、码盘、检测光栅、光电检测器件和转换电路组成，如图 4-35（a）所示。码盘上刻有节距相等的辐射状透光缝隙，相邻两个透光缝隙之间代表一个增量周期；检测光栅上刻有 A、B 两组与码盘相对应的透光缝隙，用以通过或阻挡光源和光电检测器件之间的光线。它们的节距和码盘上的节距相等，并且两组透光缝隙错开 1/4 节距，使得光电检测器件输出的信号在相位上相差 90°电度角。当码盘随着被测转轴转动时，检测光栅不动，光线透过码盘和检测光栅上的透过缝隙照射到光电检测器件上，光电检测器件就输出两组相位相差 90°电度角的近似于正弦波的电信号，电信号经过转换电路的信号处理，可以得到被测轴的转角或速度信息。同时还有用作参考零位的 Z 相标志（指示）脉冲信号，码盘每旋转一周，只发出一个标志信号。标志脉冲通常用来指示机械位置或对积累量清零。

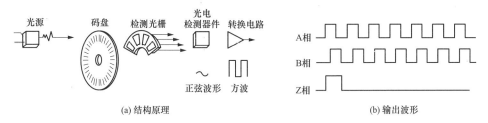

(a) 结构原理　　　　　　　　　　　　　　　　(b) 输出波形

图 4-35　增量式光电编码器结构原理与输出波形

　　增量式光电编码器的优点：原理构造简单，易于实现；机械平均寿命长，可达到几万小时以上；分辨率高；抗干扰能力较强，信号传输距离较长，可靠性较高。其缺点是无法直接读出转动轴的绝对位置信息。增量式光电编码器输出信号波形如图 4-35（b）所示。

4.8.2　绝对式编码器

　　绝对式编码器是直接输出数字量的传感器，图 4-36 所示为其结构示意。在它的圆形码盘上沿径向有若干同心码道，每条道上由透光和不透光的扇形区相间组成，相邻码道的扇区数目是双倍关系，码盘上的码道数就是它的二进制数码的位数，在码盘的一侧是光源，另一侧对应每一码道有一光敏元件；当码盘处于不同位置时，各光敏元件根据受光照与否转换出相应的电平信号，形成二进制数。这种编码器的特点是不要计数器，在转轴的任意位置都可读出一个固定的与位置相对应的数字码。显然，码道越多，分辨率就越高，对于一个具有 N 位二进制分辨率的编码器，其码盘必须有 N 条码道。

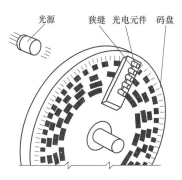

图 4-36　绝对式编码器结构示意

　　绝对式编码器是利用自然二进制或循环二进制（格雷码）方式进行光电转换的。绝对式编码器与增量式编码器的不同之处在于圆盘上透光、不透光的线条图形，绝对编码器可有若干编码，根据读出码盘上的编码，检测绝对位置。编码的设计可采用二进制码、循环码、二进制补码等。图 4-37 所示为四位二进制码盘示意。

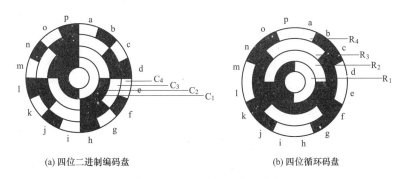

(a) 四位二进制编码盘　　　　　　　　　　　(b) 四位循环码盘

图 4-37　四位二进制码盘示意

　　绝对式编码器的特点：①可以直接读出角度坐标的绝对值；②没有累积误差；③电源切除后位置信息不会丢失。但是分辨率是由二进制的位数来决定的，也就是说精度取决于位数，目前有 10 位、11 位、12 位、13 位、14 位、16 位或更高位等多种产品。

习　题

4-1　简述拉绳开关的结构和工作原理，安装时应注意哪些问题。

4-2　跑偏开关的作用是什么？简述其结构和工作原理，安装时应注意哪些问题。

4-3　哪些原因造成皮带撕裂？如何检测皮带撕裂？

4-4　造成带式输送机输送带打滑的原因有哪些？如何检测输送带的速度？

4-5　在物料输送系统中，有哪些料流检测装置？简述其结构和工作原理。

4-6　落料管堵塞的原因有哪些？采用哪些保护装置可以防止落料管堵塞？

4-7　常用的料位检测装置有哪些？简述其工作原理，安装时应注意哪些问题。

4-8　简述光电编码器的结构和工作原理，说明其应用于哪些方面。

第5章 翻车机卸车系统的控制

5.1 翻车机卸车系统及卸车过程

翻车机卸车系统是一种大型、高效率的机械化卸车设备，适用于火力发电厂、冶金厂、烧结厂、化工厂、洗煤厂、水泥厂、港口等大中型企业，翻卸铁路敞车所装载的煤炭、矿石、粮食等散状物料。它具有卸车能力大、设备简单、维修方便、工作可靠、节约能源、对车辆损伤小、劳动强度低等优点，为实现卸车机械化和自动化提供了条件。

5.1.1 翻车机卸车系统的特点

翻车机卸车系统是以翻车机为主体，由其辅助设备如重车调车机、摘钩平台、迁车台、空车调车机、夹轮器等组成。由于各企业所处的地理条件不同，卸车线的布置形式和所用的设备不同，有的纵向布置在机房与料场之间，有的横向布置在机房与料场的端部，因而翻车机卸车系统的形式也不同，可分为贯通式和折返式两种。与传统的溜放作业相比，翻车机卸车系统有以下优点：

（1）占地少，不受地形限制。

（2）可避免溜放作业车辆撞击的损坏，保证操作人员的安全。

（3）不用机车推送，节省投资和维修费用。

（4）减少定员，同时也减轻了操作人员的劳动强度。

（5）由于各项设备的工作时间互相重合，缩短了辅助工作时间，从而提高了翻车机的卸车能力。

5.1.2 贯通式翻车机卸车系统及卸车过程

贯通式翻车机卸车系统一般在翻车机出口后场地宽广、距离较长的环境使用，空车车辆可不经折返而直接返回到空车铁路专用线。

1．贯通式翻车机卸车系统

图5-1所示为C型和侧倾式翻车机贯通式翻车机卸车系统。由翻车机、夹轮器、摘钩平台、重车调车机（拨车机）、逆止器等设备组成。当满载燃煤的列车在翻车机前就位停稳，机车摘钩返回，运行人员做好解风管、排余风、缓解重车制动闸瓦等准备工作后，翻车机卸车系统开始工作。

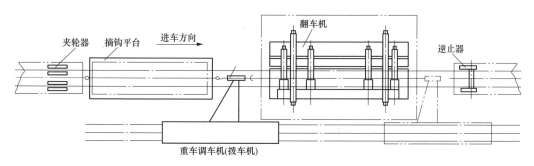

图5-1 C型和侧倾式翻车机贯通式卸车系统

2. 贯通式翻车机卸车系统的工作过程

（1）重车调车机启动驶向重列车，其大臂上的车钩与重列车联挂，重车调车机牵引列车向翻车机前进，当第一辆车进入摘钩平台后停止。

（2）夹轮器将第二节车辆的前轮夹紧。

（3）摘钩平台将第一辆车与第二辆车之间的车钩摘开。

（4）重车调车机再次启动牵引第一节车辆进入翻车机，到达预定位置后停止、制动并摘钩。如果翻车机内有空车将其推出翻车机。

（5）重车调车机抬臂返回，再次牵引重列车。

卸车线中逆止器的作用是防止被推出的空车退回到翻车机内。

5.1.3　折返式翻车机卸车系统及卸车过程

折返式翻车机卸车系统一般在厂区平面布置受限制时采用。它与贯通式的不同之处在于增加了迁车台。大多数火力发电厂采用折返式翻车机卸车系统。

图 5-2 所示为 C 型翻车机折返式卸车系统。其运行过程与贯通式卸车系统基本相同，区别是在翻车机之后布置有迁车台和空车调车机。即从翻车机中推出的空车先停在迁车台上，然后迁车台将空车从重车线移到空车线，待迁车台上的铁轨与空车线铁轨对中后，空车调车机再将空车推出迁车台。

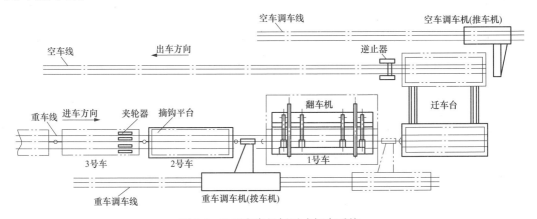

图 5-2　C 型翻车机折返式卸车系统

折返式翻车机卸车系统可以不设摘钩平台，而是采用人工摘钩。

假定停放在翻车机车体内的空车为 1 号车，待翻卸的重车为 2 号车（停车夹轮器处），与 2 号车联挂的重车为 3 号车。翻车机系统的一般运行流程如下：

（1）重车调车机牵引重车前进，使 2、3 号车之间的车钩位于翻车机前摘钩处停止，同时重车调车机与 1 号车联挂。

（2）夹轮器将 3 号车车轮夹紧。

（3）人工将 2、3 号车联挂车钩摘开。

（4）重车调车机牵引 2 号车在翻车机内定位。

（5）重车调车机与 2 号车联挂重车钩打开，同时翻车机开始压紧、靠车。

（6）重车调车机推送 1 号车在迁车台内定位。

（7）重车调车机与 1 号车联挂空车钩打开，同时迁车台涨轮器涨紧 1 号车后，对位销退位。

（8）重车调车机后退至抬臂返回位。

（9）重车调车机大臂抬起时，翻车机开始倾翻，迁车台开始迁车。

（10）当重车调车机大臂抬至 90°时，重车调车机高速返回。

（11）翻车机倾翻结束后返回零位，压紧、靠车装置返回原位。

（12）迁车台向空车线移动，轨道对准后对位销对位、涨轮器松开。

（13）空车调车机将 1 号车推出迁车台，到位后空车调车机返回原位。

（14）迁车台退位后返回重车线，轨道对准后对位销对位。

（15）重车调车机大臂下降，然后接车，与 3 号车联挂，夹轮器松开。

至此一个工作循环结束。

5.1.4　翻车机卸车系统的运行方式及连锁关系

下面以一种 C 型转子式翻车机折返式卸车系统为例，进行分析说明。

1．翻车机卸车控制系统构成及运行方式

（1）控制系统构成。翻车机卸车系统由 5 个单机设备组成，翻车机、迁车台、重车调车机（以下简称重调机，又称拨车机）、空车调车机（以下简称空调机，又称推车机），均采用变频调速控制，可以实现启动、制动的平稳性，以及回零、对轨的准确性，夹轮器采用液压系统控制，且为了提高翻卸质量，还在翻车机上设有 4 台振动电机和喷水装置。

控制系统采用 PLC 作为控制主机，可实现单机、系统手动和自动运行，具有多重连锁和安全保护措施。系统采用多点控制方法，即设有 1 个主操作台和 5 个机旁控制箱。其中，主操作台设有上位机，用来实现软操作，完成自动、集中手动操作；而每个单机在机旁均设有控制箱，每个控制箱内设有就地/程控转换开关，在系统故障时可进行单机启动。系统的每个单机可分为就地（机旁）手动操作、上位机手动（集中手动）操作、上位机自动操作三种控制方式。翻车机系统采用自动运行方式，就地手动和上位机手动运行方式不作为翻车机系统的正常运行方式，只在设备试运、故障处理时使用。

系统具有多重连锁和安全保护措施，且该系统具有故障显示、位置显示、状态显示等功能，它们均通过 PLC 实现控制。控制系统示意如图 5-3 所示。

根据现场情况，PLC 控制系统主要采用开关量 I/O 模块和模拟量输入模块。开关量输

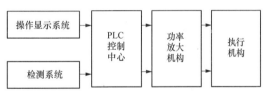

图 5-3　控制系统示意

入模块用来接受现场的传感器检测及运行监测信号；输出模块用来接受 PLC 控制指令，完成现场设备的驱动控制。对于物料输送系统，现场情况复杂，为了防止外部信号干扰，保证 PLC 安全可靠运行，提高负载能力，将现场传感器信号经过中间继电器隔离后接入输入模块，输出模块采用中间继电器隔离，用继电器触点与现场电机及控制设备的控制回路相连，这样既可靠又便于处理故障。中间继电器的隔离线路如图 5-4 所示。

系统运行时，因 PLC 控制有问题需要就地操作时，可随时将转换开关打至"就地"，而不影响控制状态和设备的运行状态；反之，就地启动完成，同样可将转换开关打至"程控"，而对控制状态和正在运行的设备状态不产生影响。

（2）运行方式。

1）就地手动操作。就地手动操作时，其翻车机的操作在翻车机就地操作箱上进行，重调机的操作在重调机车体操作箱上进行，迁车台、空调机的操作则在迁空就地操作箱上操作。所以这种操作方式又称机旁就地操作。这种操作方式的优点是：在机旁操作，对现场的情况比较了解，运行过程中能够正确操作，出现异常情况能够及时处理。操作过程只要按下启动按钮，到位后动作自动停止，运行过程中的速度切换由 PLC 控制，自动运行，使操作过程简单易行，同时各

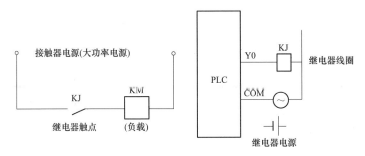

图 5-4 中间继电器的隔离线路

设备内部动作顺序及设备之间的连锁关系均由 PLC 控制，以防止误操作。

2）上位机手动操作。这种操作方式与就地手动操作方式的区别就是在翻车机系统操作室的上位机上进行。在监控系统上用鼠标单击软按钮开关，进行翻车机全系统的集中控制，操作及运行步骤与就地手动完全相同，也称集中手动操作，同样，各设备内部动作顺序及设备之间的连锁关系由 PLC 程序系统实现。

3）上位机自动操作。这种操作方式是经过一段时间手动运行，且在输入/输出信号正常、车辆状态良好的情况下，采用的一种翻车机系统全联机自动运行方式。各设备只要满足启动条件，按下自动启动按钮，系统将全部自动运行。操作人员只起监控作用，翻卸完最后一节车则系统自动停止运行。

这几种控制方式均可根据实际需要进行搭配组合，既可全部采用手动方式，也可全部采用自动方式，还可一部分采用手动、另一部分采用自动方式。

2. 翻车机卸车系统的连锁与保护

（1）翻车机系统连锁关系。为保证翻车机卸车系统的安全可靠运行，翻车机系统各设备之间必须具备连锁保护关系。例如，夹轮器与重调机之间、翻车机与重调机之间、迁车台与翻车机之间、迁车台与重调机之间、空调机与迁车台之间设有电气连锁保护及安全限位连锁保护。翻车机系统连锁条件如下：

1）重调机牵整列车条件：制动器缓解；夹轮器松开；摘钩台落下，双向止挡器落下到位。

2）重调机牵一节车进入翻车机条件：翻车机 0°；翻车机压车梁、靠板回到原位；迁车台重车线对准（原位）；迁车台无车皮检测信号；大臂 0°；重调机重钩舌闭。

3）重调机返回及接车条件：大臂 90°（返回时）；空钩舌开；重钩舌开；制动器缓解。

4）重调机大臂下降条件：火车采样机连锁解除；重调机摘钩处光电开关导通；重调机处于原位或抬臂返回位。

5）重调机大臂上升条件：重调机处于原位或抬臂返回位；重调机空、重舌钩开。

6）翻车机倾翻条件：压紧梁压紧到位；靠板靠车到位；翻车机无车皮跨接信号；无倾翻到位信号；重调机大臂 90°或大臂 0°时不在翻车机区域内；补偿油缸处于补偿开关对应位置。

7）翻车机返回条件：无翻车机零位信号。

8）迁车台迁车条件：对位销退位；有车皮检测信号且涨轮器涨紧；无车皮跨接信号；空调机原位；重调机在抬臂返回位且开始抬臂。

9）迁车台返回条件：对位销退位；夹轮器松开；空调机出迁车台区域；手动方式运行时空调机推至极限位。

10）空调机推车条件（迁车台上有车时）：迁车台空车线对准，对位销对位；迁车台涨轮器松开；空调机钩销落、钩舌开。

11）空调机返回条件：迁车台无车皮检测信号；空调机钩舌开。

12）油泵启动条件：无油温过高或过低报警；无滤油器堵报警。

13）喷淋水泵启动条件：无低水位报警。

（2）保护措施和要求。翻车机系统设置了多个限位保护开关，以保证翻卸系统及各设备的正常运行和作为动作的连锁关系。翻车机系统限位分布示意如图 5-5 所示。

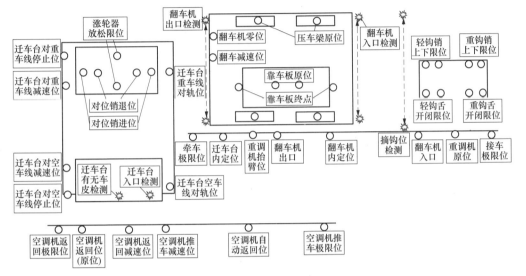

图 5-5　翻车机系统限位分布示意

翻车机系统保护措施和要求如下：

1）翻车机在翻卸作业时，能保证启动、靠车、压车、停机过程运行平稳，工作可靠；其制动装置保证当驱动装置发生故障时，转子能可靠停留在任何位置上，并能手动回零；设有最大翻转角度的限位装置；能使空、重载翻车机在任何位置定位，当制动发生故障时，翻车机不能启动（具有保护性自锁功能）。

2）空、重车调车机设有最大行程的限位装置；具有超载保护功能，以防突然过载损坏，并设有安全可靠的制动装置，当驱动装置发生故障或失电时，调车机能可靠制动；具有位置检测和声光报警装置，可实现设备的可靠定位。

3）迁车台调速方式为变频调速，使用销齿传动方式；进车端设置安全止挡器，在出车端设置单向止挡器；设有定位缓冲设施、防止车辆移位的装置，装有电控的对轨连锁装置；有可靠的机械制动装置，当驱动装置发生故障或失电时，迁车台能可靠地进行制动。

4）夹轮器设有最大张开状态的限位装置，与其前后配合的设备装有机械或电控的安全连锁装置；单向止挡器、安全止挡器应制动及复位灵活，不得有卡阻现象。

5）各设备装有机械或电控的连锁装置，控制系统中各设备间有连锁；车辆在翻车机平台上定位加设护轨，翻车机平台与基础轨道对准和车辆在平台上就位及车辆离开翻车机要有安全措施。

6）当变频调速设备发生故障时，保证设备在不调速状态下能进行工作。

7）对于控制系统，在任何一种运行方式中，各设备的操作都有相应的动作状态指示，当出现运行范围超限、电流过大等异常情况、按紧急停机按钮等异常情况时，都能迅速切断电源，保护人员和设备的安全。系统内设有欠压、缺相、过载、过流和短路保护。

系统设有多个急停按钮，在翻车机上位机画面也有一个软急停按钮。当系统出现异常情况需做紧急停止时，系统中任一处急停按钮均可使控制回路断电。当要工作时，须操作主控台急停复位，再送上控制回路电源控制回路；电源送上后，必须操作该处的紧急复位，方可进行该处的操作。

3. 翻车机系统工艺流程过程

翻车机系统工艺流程如图 5-6 所示。注意，重调机、空调机、迁车台在停车前先减速低速运行，再停止；重调机推空车前，低速运行；最后一节车，重调机直接推空车到抬臂位，抬臂后停止；空调机钩闭前低速运行，挂钩后高速推单车，到推整列前降到中速。

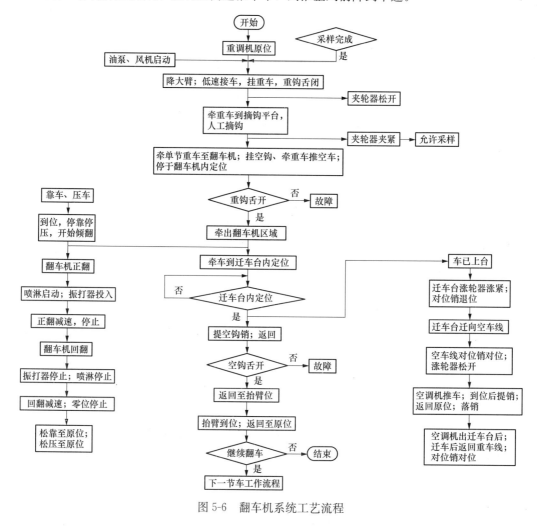

图 5-6　翻车机系统工艺流程

5.2　翻车机的运行及其控制

5.2.1　翻车机的分类

翻车机的种类很多，主要从翻卸方式、压车机构（压车装置）和一次翻卸敞车的数量区分。按翻卸方式可将翻车机分为转子式和侧倾式两类。转子式翻车机的回转中心与车辆中心基本重合，车辆翻车机一起回转175°，将物料卸于下面的料斗中；侧倾式翻车机的回转中心位于车辆的侧面，不与车辆中心重合，翻卸时将物料卸到翻车机另一侧的料斗内。

　　按压车机构（压车装置）将翻车机分成机械压车和液压压车式两类。机械压车又分为四连杆式、重力式和锁钩式三种形式。

　　按一次翻卸车辆的数量可将翻车机分为单车、双车和三车、四车翻车机。

　　翻车机的具体分类如下：

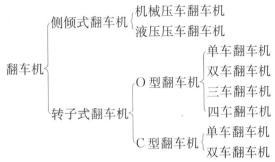

　　目前，大量使用的是单车和双车翻车机。三车和四车翻车机往往要与采用回转车钩的敞车配合，翻卸时可以不摘钩才能充分发挥其卸车能力大的特点。采用回转车钩的车辆必须固定编组，不能混编。由于铁路使用回转车钩的车辆很少，虽然三车和四车翻车机的卸车能力大，但普遍应用受到限制。

5.2.2　C型转子式翻车机的结构和工作过程

1. C型转子式翻车机的结构

图 5-7 所示为 C 型转子式翻车机外形，其组成结构如图 5-8 所示，包括转子、靠板、振动器、压车装置、传动装置、托辊装置、挡料板、液压系统、除尘装置等。

　　（1）转子。转子主要由两个 C 型端环、前梁、后梁、平台等组成，其结构如图 5-8 所示。前梁、后梁、平台与两端环用高强度螺栓连接。端环外缘装有滚圈和齿圈，齿圈与传动装置小齿轮啮合，转子借助滚圈在托辊支承下旋转。

　　1）平台。平台位于转子的下部采用箱型梁结构，其两端与端环连接。端部装有复位滚轮，通过基础上的挡铁使转子定位。平台上装有轨道和护轨，使车辆进入翻车机，并防止车辆在翻卸过程中脱轨。

图 5-7　C 型转子式翻车机外形

　　2）后梁（托车梁）。后梁位于转子倾翻侧，为箱型结构。两端与端环相连，后梁上装有靠板和压车装置。

　　3）前梁。前梁位于 C 型端环缺口上方，为箱型结构。两端与端环相连，其上装有压车装置。

　　4）端环。端环的外缘装有滚圈和齿圈，齿圈与传动装置的小齿轮啮合，转子借助滚圈在托辊支承下旋转。由于 C 型端环有一缺口，使重调机的大臂能通过翻车机。端环和前梁均装有适当配重，以平衡偏载，减少不平衡力矩，从而降低驱动功率。

　　（2）压车装置。压车装置主要由压车架、液压系统组成。压车装置由上向下压紧车辆，在翻车机翻卸过程中支承车辆并避免冲击。压车装置共两套，一套与后梁铰接，另一套与前梁铰接。

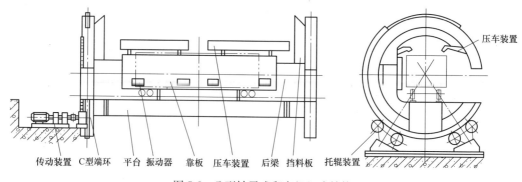

传动装置　C型端环　平台　振动器　靠板　压车装置　后梁　挡料板　托辊装置

图 5-8　C 型转子式翻车机组成结构

每套压车装置由两个液压缸驱动，压车架和绕铰接点做上下摆动。压车架压在车帮上达到一定压力后自动停止，既保证翻卸过程的安全，又保证车辆不受损坏。

（3）靠板和振动器。靠板主要由靠板体、驱动液压缸（共 8 个）组成。靠板的作用是在车辆进入翻车机中停稳后，在液压缸的推动下靠向车厢的侧面，与压车装置一起将车辆固定在翻车机内，在翻卸过程中，防止车辆在翻车机内移动，保证车辆和机器的安全。

振动器由振动电动机、缓冲器、橡胶减振支架和导向轮等组成。振动器的作用是在车厢内的物料翻卸完后使车厢振动，将黏附在车厢内壁的物料振落下来，以减少损失。

（4）传动装置。传动装置主要由电动机、联轴器、制动器、减速机、小齿轮和轴承座组成。传动装置共两套，分别安装在转子的两端，传动装置的小齿轮与端环上的齿圈啮合，通过齿轮齿圈驱动转子做回转运动。

（5）托辊装置。托辊装置主要由托辊、均衡梁和底座等组成。托辊装置的作用是通过端环上滚圈承载翻车机转子和被翻卸车辆的重量，并使转子在翻卸过程中保持正确的位置。托辊装置共四套分别安装在转子端环的下方。每个端环由两套托辊装置支承。每套托辊装置有两个托辊，通过均衡梁安装在铰支座上，由于均衡梁可以绕铰支座自由摆动，从而保证两个托辊能同时均匀地与滚圈接触。翻车机进车端的托辊设有轮缘，用来限制转子的轴向窜动。

（6）液压系统。液压系统由液压站、管道、液压缸组成。液压站安装在后梁下，随转子转动。液压系统用液压缸驱动靠车和压车装置，实现靠车和压车。当靠车液压缸伸出到位后，压下限位开关，以此作为翻车机翻转的连锁信号。压车动作完成后，利用液控单向阀互锁，压车力由压力继电器检测，压力信号也作为翻车机翻转的连锁信号。

2. C 型翻车机的工作原理

以图 5-2 所示为例说明其工作原理。首先启动液压系统的电动机，使压车臂向上升到最高位置，然后由重调机将一节重车牵入，并准确定位于翻车机的托车梁上；靠板振动装置在液压缸的推动下靠向车帮，压车臂下落压住敞车两侧的车帮，当靠板靠上和压车臂压住、插销拔出、重车调车机已经驶出翻车机区域后，翻车机启动开始正常速度翻卸。70°时翻车机上的抑尘装置开始喷水。在翻卸过程中，车辆弹簧的释放是通过不关闭液压缸上的液压锁来吸收弹簧释放能量的，当翻卸到 100°（90°～110°可调）时，关闭液压锁，将被卸车辆锁住，以防止车辆掉道，翻车机继续翻转。接近 160°左右时减速，靠板振打器投入工作。至终点 165°时限位动作，倾翻停止，停留 3s 后，振动停止，翻车机开始以正常速度返回，回翻至 45°时喷水停止，离零位 30°时压车臂开始抬起，快到零位时减速并对轨停机。停机后，靠板后退离开车帮，当压车臂上升到最高位，靠板后退到位时，重调机牵引下一节重车进入翻车机，同时推出已翻卸完的空车，翻车机就完成了一个工作循环。

5.2.3　C 型翻车机本体控制

1. 翻车机液压系统

翻车机液压系统的作用是控制翻卸过程中压车机构和靠车机构的动作，下面以 FZ15-100 翻车机的液压系统为例进行分析。

（1）液压系统技术参数。

系统压力：5MPa（压车梁压力），3.5MPa（靠车板压力），5MPa（控制回路压力）。

油泵排量：85mL/r（大泵），56mL/r（次级泵），16mL/r（小泵）。

电动机：Y180L-4W，22kW，1470r/min。

油箱容积：850L。

液压油：L-HM46。

（2）液压系统原理及动作。C 型单车翻车机液压系统如图 5-9 所示。翻车机在翻卸过程中，一般都有压车和靠车两个工作过程，其动作顺序如下：

1）启动电动机，空转几分钟，达到系统内循环平衡。

2）重车在翻车机上定位后，1DT、3DT 得电，压车梁开始压车。1XK 发信号，压车梁压紧到位，1DT、3DT 失电。

3）4DT、9DT 得电，靠板开始靠车，4XK 发信号，靠板靠紧到位，4DT、9DT 失电。

4）翻卸开始，5DT、6DT 得电，释放弹簧的弹性势能，待翻车机转到 110°或平衡油缸有杆腔缩回，碰限位开关 5XK 动作，5DT、6DT 同时失电。压车油缸旁液控单向阀立即闭锁。

5）翻车机回转到零位，4DT、8DT、5DT、7DT 得电，靠板开始松开，3XK 发信号，靠板松靠到位，4DT、8DT、5DT、7DT 失电。

6）2DT、3DT、5DT、6DT 得电，压车梁开始松压，2XK 发信号，压车梁松压到位，2DT、3DT、5DT、6DT 失电。同时压力油进入平衡油缸，有杆腔伸出，碰限位开关 6XK 发信号（此信号为翻车机翻转连锁信号）。

7）重调机推空车，进入下一循环。

下面仅对该翻车机压车机构的液压系统进行简单分析。转子式单车翻车机压车液压缸为双作用缸单杆活塞式液压缸，其原理如图 5-9 所示。1DT 通电，压车梁压车，2DT 通电，压车梁松压；翻车机在零位时，电液换向阀处中位，液控单向阀封闭（即液压锁），可防止压车梁升起后下滑。对于重车，车皮承载弹簧呈压缩状态。压车完毕后，车帮只受压车压力；重车在翻卸过程中，由于弹力的释放，弹簧的反作用力加上压车压力将超过车帮的正常受力，对车皮会产生不利影响。为抵消这一反作用，翻车机在翻卸 0°～100°范围内，压车缸上的液控单向阀开启（控制口×供给压力），压车缸有杆腔液压油通过单向顺序阀进入平衡油缸有杆腔，平衡油缸活塞杆缩回；同时，平衡油缸无杆腔液压油补充到压车缸无杆腔中，压车缸活塞杆伸出，压车梁松压，松压距离由单向顺序阀压力设定。翻车机在继续翻卸或回翻时，压车缸上的液控单向阀关闭，压车缸被锁紧，压车梁也处于不动状态；翻车机在零位时，压车梁松压，压车缸活塞杆伸出，同时平衡油缸活塞杆伸出进行复位。

C 型转子式单车翻车机压车机构液压系统能同时完成多缸动作，采用液控单向阀锁紧回路，用顺序阀、液压缸组成平衡回路。

翻卸过程中，弹簧的释放由 5XK 控制。

2. 翻车机本体的电气设备及控制

（1）主要电气设备。翻车机的主要电气设备有 2 台变频电机驱动转子、2 台风机、2 台油泵

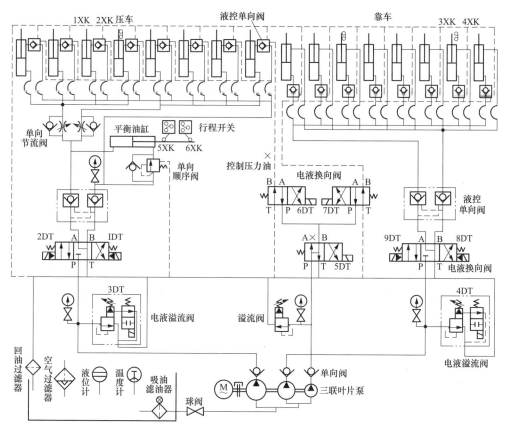

图 5-9　C 型单车翻车机液压系统

电机、4 套振动装置、一台除尘水泵电机、2 个加热器，液压控制设备，主令控制器、限位开关等元件，电气控制柜、操作箱、集控台等。

（2）翻车机本体电气连锁。

1）重车就位，调车机退出、清篦破碎工作后回位，翻车机方可启动。

2）压车、靠车机构动作到位，0°开始翻转，翻转到 90°关闭液压锁，锁住被卸车辆。

3）当翻到 70°时，除尘装置开始喷水，回转到 45°时停止喷水。

4）当翻车到 150°时减速，振动器投入工作，至 165°停止翻卸，停留 3s 后，翻车机开始快速返回。返回至 130°时停止振动。

5）翻车机返回 10°时减速，0°时停机。

6）翻车机返回零位后、迁车台排空后与翻车机轨道对位，重调机方可启动排空车。

（3）翻车机的控制。

1）操作方式选择。操作集控室控制柜上的转换开关，可选择自动、集中手动（在集控室控制）、就地手动（在就地操作箱操作）。操作集控台上转换开关，使其闭合则翻车机工作在调试方式；使其断开则翻车机工作在运行方式。

2）翻车机的控制电路。翻车机翻卸控制主电路如图 5-10 所示，油泵、水泵、风机、振动电机的主电路如图 5-11 所示。

a. 启动油泵：在翻车机工作前要先启动液压系统的油泵。在集控台和就地操作箱上均设有控制油泵启/停的转换开关，通过 PLC 输出控制油泵启动接触器 KM4。操作加热器投切的转换开关，当油温在 25℃时，加热器投入，当温度达到 35℃时加热器切除，PLC 输出控制加热器接触器 KM5 通断。

b. 水泵喷水：当翻车机正翻转到 70°时开始喷水，回翻到 45°时停止喷水。通过 PLC 输出接口控制中间继电器，由这些继电器分别控制相应接触器 KM6（水泵）和电磁阀 YV1（喷水）、YV2（卸荷）。

c. 冷却风机控制：根据运行状况由集控台或就地操作箱的转换开关控制冷却风机的启停，PLC 的输出接口的接触器 KM3（风机）。

d. 振动电机：翻车机翻卸燃料时，正翻到 150°左右时振动器开始振打，由接触器 KM7 控制，使车皮内的物料卸空。

油泵、风机、水泵、振动电机均用热继电器进行过载保护，其热继电器的动合接点也进入 PLC 的输入接口。运行状态通过接于 PLC 输出接口的相应灯来显示。

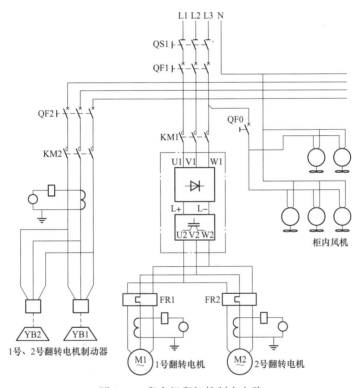

图 5-10　翻车机翻卸控制主电路

3）翻车机的 PLC 控制。翻车机的 PLC 控制包括手动操作的控制和自动操作的控制。当翻车机工作在手动操作状态下，PLC 自动工作程序段不被执行。手动操作输入接口控制按钮或开关，PLC 运行程序，使输出接口对应的中间继电器或电磁阀动作，驱动与之功能相应的电器动作，使翻车机完成压车、松车、靠车、松靠、振动器工作、转子启动、正翻、回翻等动作的手动操作控制。当翻车机自动操作时，PLC 中的手动操作程序段不被执行。重车调车机将一节重车牵至翻车机内就位，满足其允许翻车连锁条件时，翻车机进行自动翻车作业。

4）翻车机 PLC 控制过程。下面结合翻车机的工作过程，按照动作顺序及连锁关系要求，进行 PLC 控制设计。由于现场实际情况及要求非常复杂，翻车机系统的输入输出接口及备用接口的接点共计几百点。本章设计程序时没有涉及全部现场信号，只考虑必要的信号及连锁关系，按

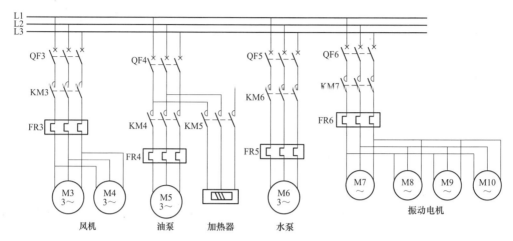

图 5-11　油泵、水泵、风机、振动电机的主电路

照逻辑关系编写翻车机工作过程的控制程序并进行调试。

翻车机控制输入信号和输出信号的分配地址见表 5-1 和表 5-2。

表 5-1　　　　　　　　　　　　　翻车机控制输入信号

I0.0	I0.1	I0.2	I0.3	I0.4	I0.5	I0.6	I0.7	I1.0	I1.1	I1.2	I1.3	I1.4	I1.5	I1.6	I1.7	I2.0	I2.1	I2.2	I2.3
停靠车	靠车	松靠	靠车到位	松靠到位				停压车	压车	松压	压车到位	松压到位	液压缸限位 5XK	液压缸限位 6XK		停翻车机	正翻	回翻	70°喷水

I2.4	I2.5	I2.6	I2.7	I3.0	I3.1	I3.2	I3.3	I3.4	I3.5	I3.6	3.7	I4.0	I4.1	I4.2	I4.3	I4.4	I4.5	I4.6	I4.7
90°压力检测	145°振打	150°减速	165°停翻	回翻至0°	回翻至10°	回翻至45°	回翻至130°	175°限位	插销插入限位			空钩销上位	空钩销下位	重钩销上位	重钩销下位				

表 5-2　　　　　　　　　　　　　翻车机控制输出信号

Q0.0	Q0.1	Q0.2	Q0.3	Q0.4	Q0.5	Q0.6	Q0.7
9DT	正翻	回翻	低速	高速	喷水	振打	制动
Q1.0	Q1.1	Q1.2	Q1.3	Q1.4	Q1.5	Q1.6	Q1.7
8DT	1DT	2DT	3DT	4DT	5DT	6DT	7DT

翻车机工作过程中翻卸和返回的 PLC 控制程序见图 5-12。

3. 翻车机的运行

（1）手动操作。

1）将手柄切换至"手动位"。按"音响试验"提醒与工作无关的人员离开，然后复位"音响试验"。

2）启动油泵、主电动机、除尘水泵。

3）按"压车梁夹紧"按钮，使压车梁压紧重车。

4）按"靠车启动"按钮，靠车板靠车。

5）按"倾翻启动"按钮，翻车机翻转。

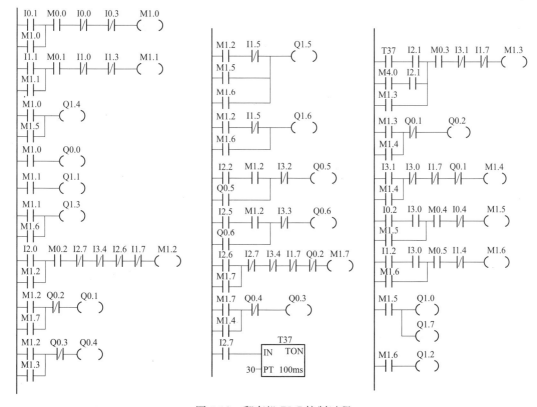

图 5-12　翻车机 PLC 控制过程

6）翻转至 70°后打开"喷水雾除尘启动"。压力监测装置开始监测，110°时压力监测开始卸荷。

7）翻转至 145°后按"振打器启动"按钮，至 150°返回减速，翻至 165°停止倾翻。

8）在停止位停留 3s 后，按"返回启动"按钮开始回翻。

9）返回至 130°振打器停止，返回至 45°后喷水雾除尘器停止。

10）至 10°慢速返回；至 0°翻车机零位停机，翻车机对轨。

11）翻车机回零位后按"放松启动"和"靠返启动"按钮，靠板和压车梁回原位。

至此完成一个工作循环。当翻卸完毕，平台回零位，迁车台返回重车线，重调机牵下一单节重车入翻车机平台停稳就位，可重复步骤 3）～11），直至整列重车翻卸完毕。

（2）手动操作运行中检查与注意事项。

1）运行中应注意翻车机各动作所对应的信号灯，信号灯亮后才表示该动作正常，执行完毕。应注意和重调机配合好。

2）只有等重车在翻车机平台上停稳，重调机调车臂离开翻车机后才能翻车。

3）随时注意设备的运转是否平稳。翻车时车厢尺寸超过范围（或车帮损坏及异型车）不得翻卸。当因冻结或黏结，翻至 90°时煤还不下落，应立即停止翻卸并通知集控值班员或班长处理。

4）因故停机或进行清理、检修工作时，各操作手柄必须位于零位。

5）经常保持翻车机夹紧装置灵活可靠地动作，及时清理压车梁上的杂物，煤箄上杂物较多影响翻车时，应清理干净后进行翻卸，清理时应将各转换开关打至"零位"，重调机大臂下落。

6）液压系统压力不超出额定范围，有泄漏应立即停机，查明原因处理后才能继续运行。

7）翻卸每一节重车时，注意监视工业电视，浏览整个翻卸过程中各动作情况，操作盘上各表针指示，若与规定值不符时查明原因，情况严重时，可按"紧急停机"处理。

8) 正翻过程中，超过规定角度仍未停机可按"紧急停机"，切断动力电源。

9) 正翻过程中，翻车机出现异常情况，可按"停翻"，检查处理后再次决定"正翻"或"回翻"。

（3）自动翻卸的操作。

1) 自动控制操作前各部分应按手动操作所规定的范围进行检查。

2) 自动控制时，每班的第一列重车的第一节车皮必须进行手动翻卸，确认各部分在带负荷后能正常运行，方可进行自动翻卸作业。

3) 将重调机、翻车机、迁车台、空调机各处的选择开关置于"自动位"上，接通动力电源和操作电源，确认系统各控制指示灯亮，各系统故障报警指示灯灭后，才可启动系统进行自动翻卸作业。

4) 运行中只有一处为手动，即重调机牵引重车至摘钩平台处，由人工摘钩并发出信号。

（4）自动翻卸运行中的检查与注意事项。

1) 各部位的检查与注意事项与手动操作相同。

2) 卸车时应注意操作台上的信号灯是否与系统所完成的动作协调一致。

3) 运行中翻车机系统任何一部位出现异常现象均应紧急停车，查明原因处理后才能继续工作。

5.3　重车调车机的运行及其控制

图 5-13　重调机的外形

重车调车机是翻车机系统的主要设备之一，安装于翻车机的进车端，行走在与重车线平行的两根钢轨上。它将整列重车牵引到翻车机附近，并与夹轮器、摘钩平台配合将整列重车解散成单节重车，然后分别送入翻车机本体中。重车调车机既可作翻车系统的调车设备，也可单独在平直的铁道线上作调车设备使用。重调机的外形如图 5-13 所示。

5.3.1　重车调车机的结构和工作过程

1. 重车调车机的结构

齿轮传动重车调车机主要由车体、行走车轮、导向轮、调车臂、行走传动装置、缓冲器、液压系统、润滑系统、电气系统、位置检测装置、电缆支架等组成，其结构示意如图 5-14 所示。

（1）车体。齿轮传动重调机的车体是一个有足够强度与刚度的大型钢结构焊件、外形似一箱体。其上有足够的空间能够安装下传动机构、行走机构、臂架、液压系统等。

（2）行走车轮。重调机共装有四个行走车轮，车轮不带轮缘，车轮由铁路车辆专用的轴承支承在心轴上。其中，三个为固定行走轮，一个为弹性行走轮，弹性行走轮的轮压可通过弹簧上的螺栓调整。这样，可减少振动，确保传动小齿轮与地面齿条正确啮合，使车体保持水平，稳定运行；同时四个行走车轮均与轨道接触且载荷相对均匀。

（3）导向轮。重调机共有四个导向轮。由于重调机与车辆平行布置，当调车机牵引车辆时，必然产生一个很大的转矩，使重调机有转动趋势。导向轮可借助于地面导轨的反作用力克服牵

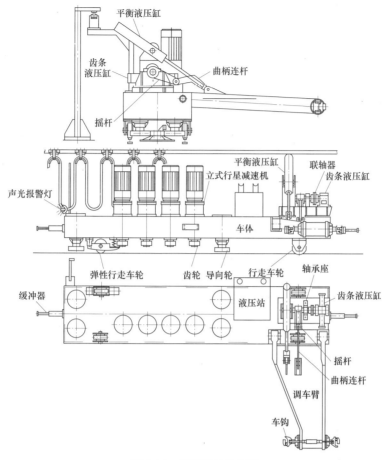

图 5-14　重调机结构示意

引车辆时所产生的转矩，并保证调车机在运行时不发生偏转掉道，正常行驶。

（4）调车臂。调车臂又称拨车臂或大臂，是调车机完成调车作业的关键部件，是一个焊接结构件。调车臂上还装有液压装置、接车信号发生器等。大臂的抬落采用齿条液压缸带动曲柄连杆机构完成，具有配重和平衡缸两种机构。车臂头部前后两端装有车钩，用来牵引或推送车辆，车钩头内装有橡胶缓冲器，与车辆联挂时起减振和缓冲作用。车钩头部还装有提销装置，车钩的摘钩动作是由摘钩液压缸完成的。同时车钩上还有提销检测、钩舌检测装置，用于检测销是否提起和钩舌的开闭位置。

（5）行走传动装置。行走传动装置由电动机、摩擦限矩安全联轴器、液压制动器、立式行星减速机、传动轴及传动轴上的小齿轮组成。行走传动装置共有四台，其中一台出故障时可整体拆下检修，换上另一套备用的传动装置。传动装置的输出轴上装有齿轮，重调机的牵引力是由传动装置的 4 个齿轮与地面上齿条啮合获得的。

制动器是一种弹簧制动液压释放式摩擦片式制动器，减速机不工作时，制动器摩擦片受弹簧力作用处于常闭状态；减速机工作时，压力油推动活塞克服簧弹力使摩擦片放松，解除制动状态。这种制动器反应快、平稳、可靠、操作简便。

（6）缓冲器。调车机车体的两端各装有一个强大缓冲容量的液压缓冲器，以防控制系统故障或误操作而使调车机行驶到调车线终点而未能停止时，缓冲器便撞到地面止挡上，在撞击过程中，缓冲器可吸收一部分冲击能量，从而减轻对调车机的冲击，使调车机能较平稳地停下来。

（7）液压系统。该系统用来提供大臂俯仰、提销动力和制动器制动动能。

（8）位置检测装置。该装置由光电编码器和传动部分组成，安装在驱动电动机前部的金属壳内。由盘状齿轮与齿条啮合，通过驱动轴驱动编码器，实现位置控制；同时采用限位开关对其进行限位保护。

2. 工作过程

调车机在不同布置方案中，运行方式不同。基本工作过程如下：

（1）调车机启动并与重列车挂钩，牵引重车，使第二节车厢前转向架上的四个车轮停在夹轮器上停止，夹轮器夹紧。

（2）人工或摘钩平台摘开第一节车厢和第二节车厢间的车钩。重调机再次启动将第一节车厢向前牵引到 C 型转子式翻车机或侧倾式翻车机的平台上停止并摘钩。重调机向前驶出并停止，同时发出可卸信号，抬臂并返回到重车线的另一端与重列车再一次挂钩。

（3）夹轮器松开，重调机牵引重列车向前行进一个车厢长度的距离后停止，此时第三节车厢的前四个车轮恰好停在夹轮器位置，夹轮器夹紧，再次重复上述的过程。

（4）翻车机接到翻卸信号后，将停在平台上的车厢翻卸完并回到零位。当重调机牵引第二节车厢进入翻车机平台的同时，将平台上的空车推出翻车机，再摘钩，驶出翻车机，如此循环往复，直至将整列车卸完。

5.3.2　重车调车机的液压系统

重车调车机液压系统主要完成抬落臂、摘钩、制动三个任务，其中，根据大臂俯仰机构的不同，其抬落臂液压系统有所差异，但摘钩、制动则相同。下面以平衡缸式大臂俯仰机构为例介绍重车调车机液压系统动作原理。

1. 液压系统主要性能参数

系统的额定压力为 16MPa；系统流量为 57L/min（大泵），18L/min（小泵）；起落臂工作压力为 10～12MPa，制动工作压力为 4MPa；摘钩工作压力为 2MPa；充氮压力为 4.5MPa；电机功率为 15kW；电机转速为 1460r/min；落臂时间为 10s；落臂时间为 8s；摘钩时间小于 2s；制动时间小于 1s；有效容积为 605L；液压液为 L-HM46。

2. 液压系统工作原理

该液压系统主要由电动机、双联叶片泵、换向阀、执行机构、油箱、蓄能器等装置组成，其液压系统原理如图 5-15 所示。

双联泵通过弹性联轴器从电动机得到机械能后，经滤油器从油箱吸油，然后从泵的两个出口分别输出压力油 p_1、p_2。p_1、p_2 的压力分别由卸荷阀 1 和 2 调定。压力油 p_1 经卸荷阀 1 分两路：一路至齿条液压缸；另一路经减压阀至平衡液压缸，摆动油缸、平衡液压缸联动，完成大臂抬落。压力油 p_2 经卸荷阀 2 分两路，分别完成提销和制动。

在齿条液压缸回路中，液控单向阀用于保证调车臂在系统断电情况下，停留在任意角度，起自锁作用；单向节流阀为调速阀，用于调整抬落臂的速度；溢流阀为安全阀，当负载突然增大时，起卸荷作用。

在平衡液压缸回路中，溢流阀用于调整蓄能器液压油的最高压力值；在车臂下落时，车臂的重力势能通过平衡液压缸在蓄能器储存起来；在抬臂时，蓄能器通过平衡液压缸将该能量释放出来，起辅助动力源作用。在抬臂时，当蓄能器内油压低于设定值时，压力继电器会发出报警信号，并同时让卸荷阀 1、6DT 通电，然后压力油 p_1 经过本回路减压阀、单向阀进入蓄能器，进行充油升压。达到压力后，压力继电器发出信号，卸荷阀 1、6DT 断电。

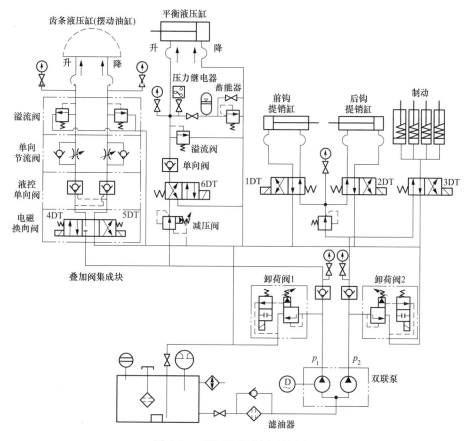

图 5-15　重调机的液压系统原理

3. 液压控制的动作过程

（1）重调机行走、摘钩。

1）启动电动机，卸荷阀 2、3DT 通电制动器打开，重调机行走。卸荷阀 2、3DT 失电，制动器制动。

2）卸荷阀 2、2DT 通电，提后钩销；卸荷阀 2、1DT 失电，提前钩销。

（2）大臂动作过程。

1）抬臂：卸荷阀 1、4DT 得电，压力油经电磁阀换向、液控单向阀、单向节流阀进入齿条液压缸的左腔，实现抬臂；同时，平衡液压缸的活塞杆在蓄能器压力油的作用下，逐渐缩回，给抬臂提供辅助动力，随着平衡液压缸有杆腔容量的扩大，蓄能器压力慢慢降低，其提供的辅助力越来越小，当抬臂到位时达到最小。

2）落臂：卸荷阀 1、5DT 得电，压力油经过电磁换向阀、液控单向阀、单向节流阀进入齿条液压缸的右腔，实现落臂。平衡液压缸的活塞杆在大臂自重的带动下，逐渐伸出，给大臂的落臂提供背压，在一定程度上平衡了大臂自重，避免了齿条液压缸产生负压。随着平衡液压缸有杆腔容量的缩小，蓄能器压力逐渐增高，其提供的背压越来越高，当落臂到位时达到最大值。

5.3.3　重车调车机的运行

手动操作过程如下：

（1）启动重调机，按"油泵""传动系统启动"按钮。

（2）按"落大臂"至水平位。

（3）按"松开夹轮器"。

（4）将手柄切换至"接车方向"接车，在快接近重车时回"零位"，靠惯性挂钩。

（5）将手柄切换至"牵车方向"牵车，当第二节重车皮前轮进入夹轮器后切换手柄至"零位"，并按"夹紧启动"夹紧重列车。

（6）人工摘钩或按"摘钩平台升"摘开2号与3号车辆，并发出"摘钩完毕"信号。

（7）牵引单节重车在到达翻车机平台定位装置后，切换手柄至"零位"。

（8）按"提重车钩销"按钮，手柄至"牵车方向"。将1号车推入迁车台平台，按"落重车钩销"，并按"开空车钩"摘开钩，后退一段距离，按"抬起大臂"，到位自停。然后重调机回原位，与此同时翻车机翻卸重车。

至此第一节车翻卸完毕，翻车机平台回零位，且迁车台已返回重车线，重复步骤（2）～（8），直至整列车翻卸完毕。

翻卸完毕后，重调机回到初始位置，抬起大臂。关闭所有按钮，转换开关全部打至零位。

5.3.4　重车调车机的控制

1. 重调机的电气连锁

（1）重调机牵车条件：制动器缓解，夹轮器松开、翻车机零位、翻车机夹紧及靠板原位。迁车台原位、迁车台无车皮检测信号，大臂0°、重调机重钩舌闭。

（2）重调机返回接车条件：大臂90°（返回时）、空钩舌开、重钩舌开、制动器缓解。

（3）重调机大臂下降条件：火车采样机连锁解锁、重调机摘钩处光电开关导通、重调机处于原位或抬臂返回位。

（4）重调机大臂上升条件：重调机处于原位或抬臂返回位、重调机空重钩舌开。

2. 重调机的电气控制

重调机控制输入信号和输出信号的分配地址见表5-3和表5-4。

表 5-3　重调机控制输入信号

I0.0	I0.1	I0.2	I0.3	I0.4	I0.5	I0.6	I0.7	I1.0	I1.1	I1.2	I1.3	I1.4	I1.5	I1.6	I1.7
行走停	落臂	落臂到位	抬臂	抬臂到位	接车	牵车	摘钩完毕	空钩舌开	空钩舌闭	提空钩销		重钩舌开	重钩舌闭	提重钩销	

I2.0	I2.1	I2.2	I2.3	I2.4	I2.5	I2.6	I2.7	I3.0	I3.1	I3.2	I3.3	I3.4	I3.5	I3.6	3.7
重调机在原位	接车限位	摘钩平台位	翻车机入口	翻车机内定位	抬臂位	迁车台内定位	牵车极限位	迁车台在原位	夹轨器夹紧	夹轨器松开	夹轨器夹紧位	夹轨器松开位	翻车机出口		

I4.0	I4.1	I4.2	I4.3	I4.4	I4.5	I4.6	I4.7
空钩销上位	空钩销下位	重钩销上位	重钩销下位				

表 5-4　重调机控制输出信号

Q0.0	Q0.1	Q0.2	Q0.3	Q0.4	Q0.5	Q0.6	Q0.7
夹轨器松开	牵车方向	接车方向	高速	低速	中速	插销插入	插销退出

Q1.0	Q1.1	Q1.2	Q1.3	Q1.4	Q1.5	Q1.6	Q1.7
夹紧夹轨器	1DT 提空钩	2DT 提重钩	3DT 制动	4DT 抬臂	5DT 落臂	卸荷阀1	卸荷阀2

图 5-16 所示为重调机工作过程的 PLC 控制程序。M0.1 和 M0.0 分别为落臂和抬臂的连锁条件，M0.2 和 M0.3 分别为接车和牵车的连锁条件。

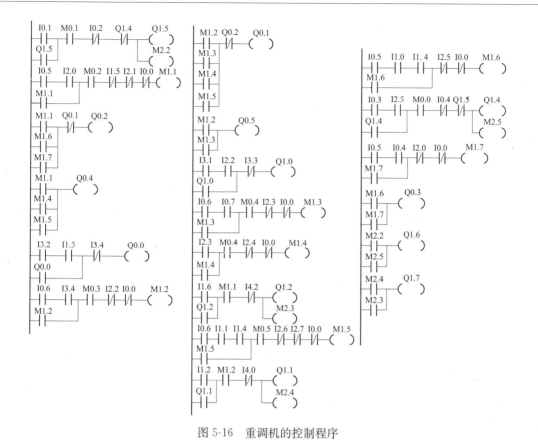

图 5-16　重调机的控制程序

5.4　迁车台的运行及其控制

5.4.1　迁车台的结构和工作过程

1. 迁车台的结构

迁车台位于翻车机的后方，是将翻车机翻卸完的车辆从重车线平移到空车线的调车设备，适用于折返式翻车机卸车系统，室内外均可布置。室外布置的迁车台如图 5-17 所示。

迁车台主要由车架、驱动装置、行走装置、夹轮装置、对位装置、端部滚动止挡、缓冲装置、插销装置、电缆支架、液压系统等组成。图 5-18 所示为迁车台结构示意。

（1）车架。车架由板材及型钢焊接而成的。它是迁车台的主体，其上铺有钢轨供车辆进入、停止及推出之用，并承受车辆的全部负荷。

（2）行走传动装置。行走传动装置主要由电动机、圆柱齿轮减速机、联轴器、传动轴、齿轮（两个）等组成。电动机采用变频调速，保证准确到对位，停机时平稳。

图 5-17　室外布置的迁车台

（3）行走轮。齿轮齿条传动的迁车台行走轮共四个，与其他类型迁车台行走轮的不同点在于它们只有支承行走的作用，不担负驱动任务。其结构由车轮、角型轴承座、轴、滚动轴承等组成。

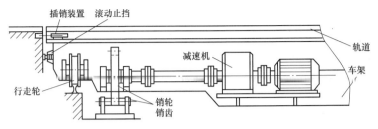

图 5-18　迁车台结构示意

(4) 夹轮装置。该装置是防止车皮在迁车台上前后窜动，起到安全保护的作用，多采用涨轮器形式。工作时液压缸活塞杆伸出，推动左、右两侧的夹轮板压紧车轮，依靠其摩擦力将空车固定在迁车台上。当迁车台停止在空车线上时，涨轮器松开，空车在空车调车机的推送下顺利通过。

(5) 缓冲装置。为了减小迁车台在停止或控制系统故障时的冲击，在车架两侧装有缓冲装置，每侧两组。所用缓冲装置的形式为聚氨酯缓冲器。

(6) 插销装置。为使迁车台上的钢轨和基础上的钢轨准确对位和防止空车移动时振动，在迁车台的两端，装有插销装置。插销装置主要由液压缸、插销、插销座等组成，插销座位于基础上。

(7) 电缆支架。电缆支架由电缆小车和高架工字钢轨道组成。电缆小车可在工字钢轨道上滑行。

(8) 液压系统。液压系统主要是由油箱、阀组、油泵液压缸、管子、附件等组成。其功能如下：完成插销装置中插销的插入和拔出，以实现准确对位；完成涨轮器的夹紧和松开。

2. 迁车台的工作过程

翻卸后的车辆完全进入迁车台后，由定位装置缓冲停止。空车的四个轮对均在迁车台上，有两轮对被涨轮器夹紧定位，然后拔出插销；迁车台由重车线向空车线行驶。当迁车台的轨道与空车线轨道对位准确后，插销插入空车线侧的插销座内，涨轮器松开，由空调机将空车推出。待空车推走后，再拔出插销，使迁车台返回重车线，直至对准翻车机轨道。然后，插销插入重车线侧的插销座内。

5.4.2　迁车台的液压系统

迁车台液压系统由夹轮器控制回路和插销控制回路两部分组成，下面以 QK14 迁车台要系统为例进行分析。

1. 主要技术参数

主系统压力 4MPa，油泵排量 16.5mL/r，电动机型号 Y132S-6W，功率 3kW，转速 1000r/min，液压油代号 L-HM46。

2. 液压系统原理及动作说明

迁车台的液压系统原理如图 5-19 所示，动作过程如下：

(1) 启动电动机。

(2) 3DT 得电，插销油缸动作，插销伸出，1XK 发信号，3DT 失电。

(3) 1DT 得电，涨轮器油缸动作，车轮被夹紧，3XK 发信号，1DT 失电。

(4) 4DT 得电，插销油缸动作，插销缩回到位，2XK 发信号，4DT 失电。

(5) 迁车台迁向空车线。

(6) 重复动作（2）。

(7) 2DT 得电，涨轮器油缸动作，涨轮器松开到位，4XK 发信号，2DT 失电，空车调车机

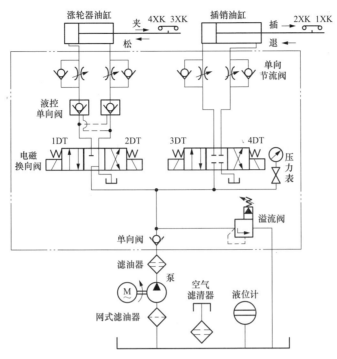

图 5-19　迁车台的液压系统原理

推车。

（8）重复动作（4）。

（9）迁车台迁向重车线，做下一轮工作循环。

5.4.3　迁车台的运行

1. 人工手动操作

（1）将操作手柄置"手动"位置。

（2）启动"油泵"按钮。

（3）待空车皮停稳，按"涨轮器夹紧"按钮，固定车皮。

（4）按"对位销退回"按钮。

（5）按"移向空车线"按钮。

（6）待迁车台到达空车线后，按"对位销对位"按钮。

（7）按"松开涨轮器"按钮。

（8）待空车皮推出后，按"对位装置退回"按钮。

（9）按"迁车台复位"按钮，并对准翻车机轨道。

（10）按"对位销对位"按钮，准备下一轮工作。

2. 运行中的检查与注意事项

（1）迁车台运行平稳，无异常声响，无异常振动。

（2）减速机内无异常声音，机内温度不得超过规定值。

（3）电动机外壳温度不得超过 80℃，电动机振动不超过规定值。

（4）只有对位准确，才允许将空车推上迁车台和推出迁车台。

（5）只有在涨轮器夹住车轮后，才可将迁车台移向空车线。

（6）必须在空车最后一对车轮进入迁车台后，迁车台才可移向空车线，必须在空车最后一对车轮过了逆止器，迁车台方可从空车线移向重车线。

（7）液压系统压力不得超过额定范围。

（8）出现紧急情况应立即停车，查明原因处理后方可运行。

5.4.4 迁车台的控制

1. 迁车台的电气连锁

（1）迁车台迁车条件：对位销退位、有车皮检测信号且涨轮器涨紧、无车皮跨接信号、空调机原位、重调机在抬臂位且开始抬臂返回。

（2）迁车台返回条件：对位销退回、涨轮器松开、空调机出迁车台区域、手动方式运行时空调机推至极限位。

2. 迁车台的电气控制

迁车台 PLC 控制的输入信号和输出信号的分配地址见表 5-5 和表 5-6。

表 5-5　　　　　　　　　　　　　　　迁车台控制输入信号

I0.0	I0.1	I0.2	I0.3	I0.4	I0.5	I0.6	I0.7	I1.0	I1.1	I1.2	I1.3
涨轮器夹紧	对位插销插入	对位插销退出	对位销插入位	对位销退出位	涨轮器夹紧位	涨轮器松开位	涨轮器松开		重车线停止位	重车线减速位	重车线对轨

I1.4	I1.5	I1.6	I1.7	I2.0	I2.1	I2.2	I2.3	I2.4	I2.5	I2.6	I2.7
空车线减速位	空车线停止位	空车线对轨		停机	迁车	返回					

表 5-6　　　　　　　　　　　　　　　迁车台控制输出信号

Q0.0	Q0.1	Q0.2	Q0.3	Q0.4	Q0.5	Q0.6	Q0.7
迁车	返回	高速	低速	涨轮器夹紧	涨轮器松开	插销插入	插销退出

图 5-20 所示为迁车台工作过程的 PLC 控制梯形图。M0.1 和 M0.2 分别为迁车、返回的连锁条件。

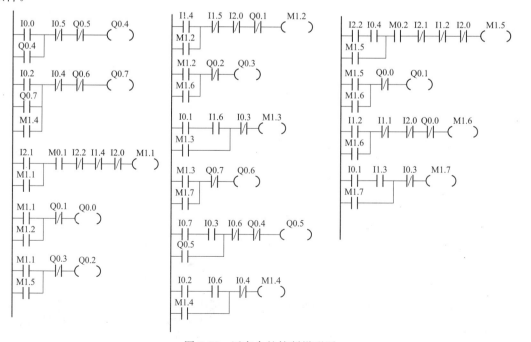

图 5-20　迁车台的控制梯形图

5.5　空车调车机的运行及其控制

空车调车机简称空调机，是折返式翻车机卸车系统中调车设备之一，用来与迁车台配合作业，将迁车台上空车推到空车线上，并在空车线上集结成列。

5.5.1　空车调车机的结构和工作过程

1. 空调机结构

空调机的室外布置如图 5-21 所示。

图 5-21　空调机的室外布置

空调机的结构与重调机的不同之处在于，空调机大臂为固定式（不能升降），只有一个车钩（常开式），因此，减少了大臂升降机构及提销的驱动检测、钩舌检测装置等。驱动和导向方式与重车调车机相同，充分保证了可靠性。

空调机结构示意如图 5-22 所示，主要由车体、行走传动装置、行走轮、导向轮、推车臂、液压系统、电缆支架等组成。采用立式行星减速机与地面齿条驱动，液压块式制动器制动。

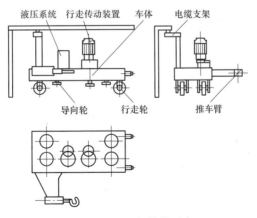

图 5-22　空调机结构示意

2. 工作过程

由迁车台迁送翻车机卸空的车辆对准空车线，空调机启动与空车联挂，将空车推送至空车线上，迁车台离去；空调机至推车减速位限位动作，空调机减速；空车被推过止挡器，空调机至推车停止限位动时作停止，自动提车钩返回；当返回至减速位限位动作，自动减速，至推车返回停止位限位（原始位置）动作时自动停机。至此，一个工作过程结束。当迁车台送第二节空车时，空调机又推送车辆，进行下一个循环工作。

5.5.2　空车调车机的运行

1. 人工手动操作

（1）将操作手柄置于"手动位置"。

（2）按"启动油泵"按钮。

（3）按"推车"按钮，使空调机推车前进。

（4）空车到达指定位置后，按"提空车钩销"按钮。

（5）按"返回"按钮，使空调机返回。

2. 运行中的检查注意事项

（1）空调机行走平稳，无杂音，无异常振动。

（2）电动机、减速机检查同重调机。

（3）齿轮、齿条传动无异常声音，无异常振动、窜动。

（4）液压系统无泄漏，若压力异常，应立即停机处理。

（5）迁车台与空车线对位准确后，将空车皮推入空车线。

（6）只有空车皮最后一对车轮过了逆止器后，空调机才能返回。

5.5.3　空车调车机的控制

1. 空调机的电气连锁

（1）空调机推车条件（迁车台上有车时）：牵车台对位销对位、迁车台涨轮器松开、空调机钩销落钩舌开。

（2）空调机车返回条件：迁车台无车皮检测信号、空调机钩舌开。

2. 空调机的电气控制

空调机的主电路如图 5-23 所示。

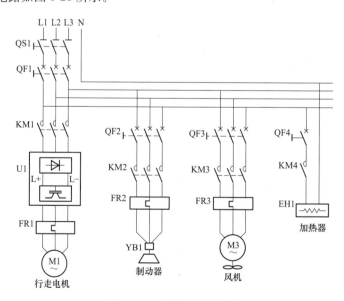

图 5-23　空调机的主电路

空调机控制输入和输出信号见表 5-7 和表 5-8。

表 5-7								空调机控制输入信号							
I0.0	I0.1	I0.2	I0.3	I0.4	I0.5	I0.6	I0.7	I1.0	I1.1	I1.2	I1.3	I1.4	I1.5	I1.6	I1.7
空调机原位	返回减速位	推车减速位	自动返回位	推车极限位	返回极限位	空线插销插入	落钩销下位	停止	推车	返回	提钩销上位	落钩销	钩舌开位	钩舌闭位	提钩销

表 5-8				空调机控制输出信号			
Q0.0	Q0.1	Q0.2	Q0.3	Q0.4	Q0.5	Q0.6	Q0.7
	推车	返回	高速	低速	提钩销	落钩销	

图 5-24 所示为空调机 PLC 控制程序的梯形图。M0.1 和 M0.2 分别为推车和返回的连锁条件。

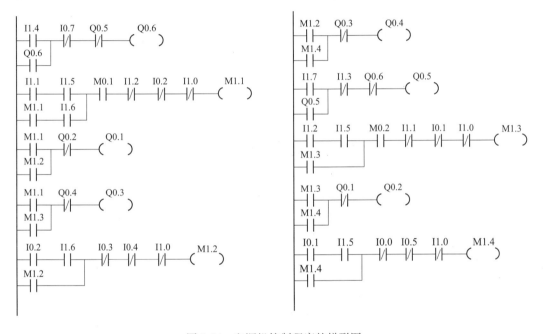

图 5-24　空调机控制程序的梯形图

5.6　夹轮器液压系统

1. 主要技术参数

系统压力 6MPa，油泵排量 16.5mL/r，电动机 Y112M-4B5、5.5kW、1440r/min，油箱容积 370L，液压油型号 YA-N46。

2. 系统原理及动作说明

原理如图 5-25 所示，其动作过程如下：

(1) 1DT、2DT 得电，油缸活塞杆伸出，夹紧车轮，2XK 发信号，2DT 失电。

(2) 1DT、3DT 得电，油缸活塞杆缩回，松开车轮，1XK 发信号，1DT 失电。

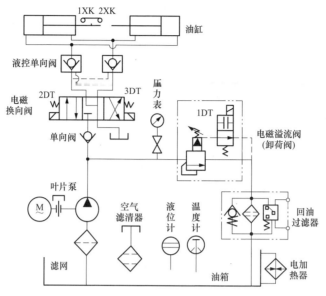

图 5-25　夹轮器液压控制原理图

5-1　简述翻车机卸车系统的组成，并叙述卸车过程。

5-2　翻车机卸车系统有哪些检测信号？如何实现保护？

5-3　简述 C 型转子式翻车机的物料翻卸过程。

5-4　如何实现 C 型转子式翻车机的电气自动控制？

5-5　简述重车调车机运行及其控制。

5-6　简述迁车台和空车调车机的运行及其控制。

第 6 章　斗轮堆取料机的控制

斗轮堆取料机是一种大型高效率连续作业的装卸设备，主要用于专用的散料码头、钢铁企业、大型电站及矿山的散料装卸各种矿石、煤、砂石、焦炭、耐火材料及化工原料等散粒物料。它有连续运转的斗轮，并有回转、俯仰、行走等机构，组成一个完整的工作体系。斗轮堆取料机具有生产率高，取/储能力大、操作简便、结构先进、投资少等优点，因此，广泛应用于电厂储煤场堆取燃煤，是煤场机械的主要形式。

6.1　斗轮堆取料机系统概述

6.1.1　斗轮堆取料机的结构

国内火电厂煤场机械常用的堆取料机有悬臂式斗轮堆取料机、门式滚轮堆取料机和圆形料场斗轮堆取料机。下面重点介绍悬臂式斗轮堆取料机，如图 6-1 所示。

图 6-1　悬臂式斗轮堆取料机

悬臂式斗轮堆取料机结构示意见图 6-2，主要由金属结构、尾车、悬臂带式输送机、行走机构、斗轮机构、俯仰机构、回转机构、尾车、门座、电气系统、液压系统及其他辅助装置等组成。

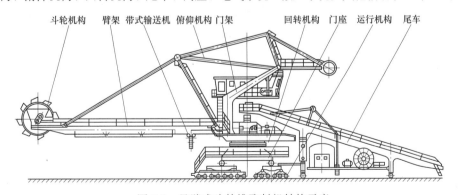

图 6-2　悬臂式斗轮堆取料机结构示意

斗轮堆取料机的主要结构及作用如下：

（1）斗轮堆取料机构。斗轮及传动装置是用来挖取物料的装置，它位于斗轮臂架的前端。斗轮的传动装置主要用来驱动斗轮旋转，实现挖取物料，提升物料到卸料位置。按斗轮驱动方式的不同有液压驱动、机械驱动和机械液压联合驱动三种传动形式。减速机（或液压马达）与斗轮轴采用涨环（或压缩盘）连接。

（2）变幅机构。变幅机构也称俯仰机构，主要用于实现臂架的俯仰运动，调节斗轮的取料高度及堆料时的物料落差。它是斗轮堆取料机构的支撑装置，由前臂架、中拉杆、平衡架及其配重、斜支撑和前拉杆组成，输送物料的带式输送机沿纵向布置在前臂架上。

（3）回转机构。回转机构由回转支承装置和回转驱动装置两部分组成，其作用是支承回转部分，实现堆料和取料时前臂架需要的回转运动。负责带动由斗轮堆取料机构、变幅装置、立柱等在水平面内转动，完成斗轮在水平面内的方位改变。

（4）行走机构。行走机构安装于门座支腿的下面，用来承受整机的各种载荷，并根据作业要求在轨道上行走。它包括行走支承装置和行走驱动装置两部分。台车的驱动机构采用侧置悬挂式，由电动机、联轴器、制动器、减速箱等组成。采用变频电机实现无级调速。

（5）物料输送装置。物料输送装置由悬臂带式输送机、尾车带式输送机、拉紧装置等组成。

（6）尾车。尾车是堆料作业时连接地面带式输送机与主机的桥梁。它与主机配合使用，以满足不同工艺流程的需要。斗轮堆取料机的尾车通过挂钩或连杆与主机联系在一起，工作中与主机同时沿轨道运行。

（7）电缆卷筒装置。电缆卷筒分动力电缆卷筒和控制电缆卷筒，分别位于固定尾车的两侧。

（8）电气设备。电气设备提供动力、照明和电气控制。

6.1.2　斗轮堆取料机的作业方式及操作步骤

斗轮堆取料机的作业方式有堆料作业和取料作业。对于悬臂式斗轮堆取料机，其具体作业流程如下：机上自动或手动方式向料场堆料，机上自动或手动方式从料场取料。

1. 堆料作业方式

斗轮堆取料机堆料作业有以行走为主的、旋转为主的及定点堆料三种方式。行走为主的堆料又有连续行走和间断行走之分；旋转为主的堆料可分为断续旋转加断续行走堆料和连续旋转堆料。

（1）定点堆料。定点堆料方式是将悬臂定于某一角度和高度，大车不走，变幅、回转不动作进行堆料，待堆料堆到一定高度时（料位高度检测装置发出信号），调整前臂上仰。待物料达到要求的高度后，开动行走机构移动一个位置，或者将臂架转动一个角度，再将臂架调整到工作位置，适当调整前臂下俯高度，再继续从下往上堆料。以此类推，直至堆料完毕。这种堆料方式，动作单一，粉尘飞扬少，消耗功率小，操作比较简单，但在堆料时，应注意填满堆料时产生的峰谷，以便提高取料时的效率，此法也称人字堆料法（是推荐的方法），如图6-3所示。

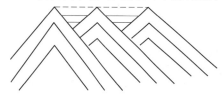

图6-3　定点堆料工艺

（2）回转堆料。回转堆料方式是将主机先固定在某一位置，即大车暂不行走，适当调整臂架高度后变幅不动，操作回转开关为左转（或右转），使前臂按照设定速度回转堆料。回转一定角度后，大车前进或后退一段距离，操作悬臂回转开关使悬臂向相反方向回转至规定的角度。重复以上步骤，堆完一层后，悬臂升高一定的角度，再进行第二层堆料，如此循环，直至堆料完毕，如图6-4所示。

物料按臂架回转半径的轨迹抛出，由低到高逐层进行，其过程是当悬臂架端点由 a 回转到 b 后，斗轮堆取料机向前行走到 c。再回转堆料至 d，再向前行走至 e……堆到需要长度后，再升高一个高度，进行第二层、第三层堆料，直至堆到要求的高度。此种方式优点是物料堆整齐有规则，每层物料相对物理性能基本一致，便于采用全自动程序取料或堆料；但缺点是烦琐，很难抑制煤粉飞扬，消耗功率大，并且注意回转角度，以防止物料堆超出煤场堆积范围。

（3）行走堆料。行走堆料是指斗轮堆取料机前臂固定于某一角度和高度，大车边行走边堆料。待大车行至所需要的距离（完成规定的行走次数），堆完一个条形料堆后，臂架回转一个角度（保持原高度），大车再回行堆料，在原料堆边上堆出第二个条形料堆，如此反复循环，直至达到额定高度。堆完第一层后臂架仰起再堆第二层，如此反复进行直至完成规定的堆料作业，如图 6-5 所示。

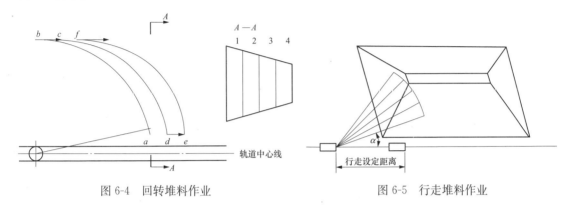

图 6-4　回转堆料作业　　　　　　　　　图 6-5　行走堆料作业

这种方法使得整个煤场堆放很整齐，但缺点是行走电动机始终工作，耗能高，很不经济，一般不推荐使用。

2. 堆料操作步骤

（1）接到集控室堆料通知后，检查尾车或挡板是否符合堆料要求；否则，应首先操作尾车使其处于堆料位置，或将挡板扳至堆料位置。

（2）将"堆料"开关打到启动位置，悬臂带式输送机做堆料运转。

（3）根据实际情况选择堆料方法进行堆料作业。

（4）司机接到集控室停止堆料通知后，待地面带式输送机停止，悬臂带式输送机上无煤后，将机器回转和行走到规定位置。

（5）将各操作手柄扳回零位，按下"总停"按钮，切断设备总电源。

3. 取料作业方式

取料作业的最大特点是旋转的斗轮在悬臂不变幅情况下进行回转取料，为了消除回转取料产生的月牙形取料损失，实现等量取料，悬臂回转机构采用变频调速 $1/\cos\varphi$ 函数关系的回转控制系统，即速度在 $0.03\sim0.126\text{r}/\min$ 范围内变化，并且回转取料范围控制在一定角度内（如 $10°\sim70°$），这样才可实现回转取料均匀，否则斗轮堆取料机在单位时间内取料的能力就会下降。当 VVVF 调频控制端接收到 PLC 输出的变化控制电压信号后，VVVF 就输出按 $1/\cos\varphi$ 函数关系变化的频率，输出到回转变频电机，回转变频电机以 $1/\cos\varphi$ 函数关系变速旋转。

下面介绍两种取料方法。

（1）回转分层取料法（见图 6-6）。大车不行走，前臂架回转某一角度，取料完毕后，大车再前进一段距离，前臂架反方向回转取料，依次取完第一层，然后将大车后退到物料堆头部，使前臂架下降一定高度，再回转取第二层料，如此循环。这种方法作业效率比较高，但臂架有碰及料堆的危险。

（2）斜坡层次取料法（见图 6-7）。这种取料方法大车不行走，斗轮沿料堆的自然堆积角由上至下地分层挖取物料。取料时，将臂架调整到煤堆顶层边，前臂架回转取料一个工作角度后，大车向后退一段距离，前臂架下降一定高度，再向反方向回转取料，依次类推。当作业达到要求的取料深度后，大车再向前进一定距离，同时大臂上升，再进行第二层斜坡取料。如此循环，物料堆呈台阶坡形状。这种间断操作的作业工艺，作业效率较低，在作业过程中斜坡容易塌方，造成斗轮过载。一般仅在需要在料场混料时与回转堆料配合采用这种方法。

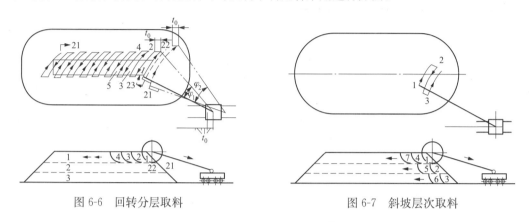

图 6-6　回转分层取料　　　　　　　　图 6-7　斜坡层次取料

4. 取料操作步骤

（1）接到集控室取料通知后，应检查尾车架或挡板是否符合取料要求；否则，应先操作尾车使其处于取料位置，或将挡板扳至取料位置。

（2）尾车调整好后与集控室联系，待集控室启动地面带式输送机后，并观察运转正常后，将堆取料油泵启动，待油压正常后，可进行回转俯仰工作，悬臂带式输送机做取料运转。

（3）根据具体情况选择取料方式，然后通过上升、下降开关和左转、右转按钮，调整位置，将斗轮逐渐切入物料（以切入斗深一半为佳）。

（4）司机接到集控室停止取料的通知后，先将斗轮升起离开取料点，待物料卸空后停斗轮和悬臂带式输送机。将斗轮靠边水平停放，以免阻碍运料汽车通行。

（5）各操作手柄扳至零位。按下总停按钮，切断设备总电源。

6.2　斗轮堆取料机的控制要求和连锁

6.2.1　斗轮堆取料机的控制方式

（1）手动控制。在该方式下，各机构间无连锁关系，各斗轮堆取料机构可独立启动和停止。此方式仅在机构检修和调试时使用，不能作为正常的作业方式。

（2）联动控制。这种方式是 PLC 程序控制的集中手动操作方式，各机构之间以及斗轮堆取料机与输运系统之间，具有严格的连锁关系，包括启停顺序、速度控制、各机构相应的保护等。

（3）半自动程序控制。斗轮堆取料机自动程序控制系统是由 PLC、行走距离检测装置、回转角度检测装置、变幅角度检测装置、行走参数设定、回转参数设定、变幅参数设定、回转变频装置和各种限位等共同构成的。但由于料场条件限制，特别是在取料时受料堆形状及料质的影响，要实现完全自动程序控制相当困难，所以实际中采用半自动操作方式，即先手动调整；然后在进行作业前设定相关参数（对于堆料工况，主要有悬臂回转角度、悬臂俯仰角度、大车后退距离；对于取料工况，主要有悬臂回转角度、大车前进距离）；最后启动半自动堆料作业程序即可进行堆取作业。

斗轮堆取料机在进行半自动作业过程中，当发现异常情况时，应暂停自动程序运行，进行手动干预，调整上述参数，此时变幅、大车、回转三个机构可手动操作。手动干预不影响半自动程序的正常运行,半自动程序将在手动干预后的轨迹上运行。

三种控制方式均设有零位保护和急停拉线保护。在进行控制方式转换时所有操作开关均需在零位。行走、夹轨器机构设有机旁操作箱,可就地实现对它们的控制。

6.2.2 斗轮堆取料机的控制要求

1. 一次线路控制要求

(1) 高压系统应采用箱形柜式高压柜,内装有接地式负荷开关、熔断器、互感器等器件。

(2) 高压柜具应有短路等保护,防护标准为 IP40。

(3) 低压系统应有自动空气开关、接触器、继电器等元件,安装在配电屏、控制屏操作台内,这些屏设置在电气室或操作室内。

2. 二次线路控制要求

(1) 斗轮堆取料机采用机上有人操作方式,具有人工操作和 PLC 半自动程序控制两种方式。

(2) 手动操作和半自动程序控制均通过 PLC 完成。PLC 选用能够带远程站的机型,在司机室设置一个远程站,司机室与电气房之间采用 PLC 通信方式。机上各电机、电器保护器件设有故障报警并通过光示牌或 CRT 显示,可以方便、及时地进行故障处理。

(3) 电气设备正常动作时应有必要的显示装置,如指示灯、电压表、电流表及尾车工况显示等。

(4) 机上的各电机均可单独手动操作。定点下挖取料时均由手动操作,但此时悬臂带式输送机与地面带式输送机之间连锁均投入。检修调试时带式输送机连锁可解除,各电机可单独开动,在司机室可调节分流装置。

(5) PLC 半自动控制程序自动取料主要用于扇形取料工作状态,调整好机器工作状态后,机器就按 PLC 的程序进行工作。

(6) PLC 半自动堆料程序控制时,带式输送机及中心料斗处于堆料状态后,臂架端部处于堆料位置即进入半自动堆料状态,斗轮堆取料机头部设有超声波料位器,以保证低位堆料。

(7) 参与半自动控制的各部分器件为 PLC 的 CPU 模块、通信模块、离散量输入/输出模块、模拟量模块、远程模块等。

(8) 行走地址控制应能准确控制与显示机器位置,数显精度为 100mm。

(9) 变幅角度装置应能显示悬臂俯仰角度,参与控制臂上升或下降的角度,精度为 ±10°。

(10) 回转机构具有 $1/\cos\varphi$ 函数关系的回转控制系统。当 VVVF 调频控制端接收到 PLC 输出的变化控制电压信号后,VVVF 就输出按 $1/\cos\varphi$ 函数关系变化的频率,输出到回转变频电机,回转变频电机就以 $1/\cos\varphi$ 函数关系变速旋转。

6.2.3 斗轮堆取料机的连锁关系

1. 连锁原则

连锁原则是根据工艺流程要求,上一级与下一级设备之间设有连锁关系,即只有当上一级设备启动完毕后,才允许下一级设备启动;反之,当上一级设备故障跳闸时,下一级设备也将连锁跳闸。在 PLC 控制下,其连锁关系由 PLC 程序实现。

2. 各机构连锁条件

(1) 斗轮堆取料机构。

1) 悬臂带式输送机取料方向运行后,斗轮方可启动。停止运行时,斗轮应先行停止(悬臂带式输送机一旦停止运行,斗轮堆取料机构必须停止运行)。非连锁操作时,斗轮可独立启动。

2) 斗轮挖掘过力矩及过流、过热时,斗轮电动机停转,并连锁停止回转电动机;故障排除后需重新启动。

3) 回转过力矩时,斗轮电动机必须停止转动;故障排除后需重新启动。

(2) 回转机构。

1) 回转过力矩时,斗轮电动机停止转动,但可反向转动;故障排除后需重新启动。

2）当悬臂低于某一俯仰角度（现场定），悬臂不能回转进入地面带式输送机范围（此时跨输送带俯仰限位与跨输送带回转限位连锁）。当臂架低于跨输送带俯仰角度回转进入地面带式输送机及基础范围时，此时回转电动机停转，但可反向转动。

3）当臂架防撞装置碰触物料堆时，回转电动机停转，但可反向转动；故障排除后需重新启动。

4）当回转极限限位开关动作时，回转电动机停转，此时电动机只能反转。

（3）变幅机构。

1）当悬臂上仰或下俯极限限位开关动作时，换向阀则复中位停止变幅，此时换向阀只能换向。

2）在行走轨道基础范围内，悬臂不能低于某一俯仰角度，在该角度位置悬臂只能上仰。

3）臂架跨越系统带式输送机防撞保护，当悬臂处于$-15°\sim+10°$回转范围（以轨道中心线为基准），悬臂不能过度下俯。

4）当悬臂防撞装置动作时，悬臂不能下俯。

（4）行走机构。

1）当夹轮器夹紧、锚定装置锚定、电缆卷筒不启动及电缆过拉力时，行走机构不能行走。

2）行走装置与前臂架防撞装置连锁，当前悬臂防撞装置动作时，行走机构不能行走。

3）回转过力矩限位开关动作，行走电动机立即停止。

4）行程终点限位开关动作，行走电动机立即停止，但可反转。

5）当超过7级大风时，自动切断行走回路，夹轨器夹轨。

3. 系统连锁关系

斗轮堆取料机在进行连锁作业时，必须符合下列连锁条件，否则不能运行。

（1）堆料作业时启动条件：中部料斗挡板关闭；悬臂带式输送机头部变位式导料槽抬起；变幅式折返尾车在堆料位（交叉折返式尾车、分流式尾车的落料斗变换至堆料位）；悬臂带式输送机沿堆料方向运行；尾车带式输送机运行；料场带式输送机沿堆料方向运行。

（2）堆料作业停止条件：系统带式输送机停止运行；尾车带式输送机停止运行；悬臂带式输送机停止运行。

（3）取料作业时启动条件：变幅式折返尾车在取料位（交叉折返式尾车、分流式尾车的落料斗变换至取料位）；悬臂带式输送机头部变位式导料槽放下；中部料斗挡板打开（中部料斗挡板抬起到取料位）；料场带式输送机沿取料方向运行；悬臂带式输送机沿取料方向运行；斗轮堆取料机构运行。

（4）取料作业停机条件：斗轮停止，悬臂带式输送机停止运行。

（5）大车高速调车时，悬臂必须处于与轨道平行的状态，悬臂和斗轮的位置必须高于料场带式输送机，悬臂才能跨越轨道。

上述保护连锁信号输入到 PLC，经处理后发信号报警或机器停止。

6.3　斗轮堆取料机的运行及堆取料控制原理

6.3.1　斗轮堆取料机运行操作

1. 作业前的工作

（1）检查各开关位于"零位"，送上控制电源和动力电源。

（2）将锚定装置拔起，夹轨器"松轨"，触摸屏显示"无报警"。

（3）将"控制方式"转换开关打向"手动"位置。

（4）将"堆/取选择"转换开关打向"取料"或"堆料"位置。

（5）根据气候温度操作"尾车油箱加热"及"俯仰油箱加热"，将加热器投入运行，启动俯仰油泵。

2. 调整工作

在作业前大车、斗轮所处位置与作业位置是不同的，首先应对各机构进行调整。

（1）变幅机构的调整。将俯仰开关打到"上升"或"下降"，则该油泵电动机工作延时2s（可调）后，电磁阀得电，变幅机构上升或下降，到适当位置便断开俯仰开关至零位。则电磁阀失电，变幅机构停止变幅，油泵电动机也停止工作，变幅机构调整结束。

（2）回转机构的调整。将回转开关打到"左转"或"右转"，回转机构开始转动，当转到调车位置时，断开回转开关至"零位"，回转机构停止运转。

（3）调整大车到工作位置。开启行走开关为"前行"或"后退"位置，大车就行走，需停下时把行走开关拨至"零位"。

（4）调整尾车变位。将"尾车油泵"转换开关打到"启动"位，将"摘钩"转换开关打到"启动"位，尾车钩销提起脱钩；操作大车前行，尾车定位限位动作后大车停止；将"摘钩"转换开关打到"停止"位置，将"尾车变位"开关打到"取料"或"堆料"位。尾车变位机构动作，直到尾车变幅限位开关极限动作，把"尾车变位"开关打到"零位"；将"尾车油泵"转换开关打到"停止"位；操作大车后退，挂好钩后停车，尾车变位调整结束。

（5）调整中心料斗中的翻板位置。将中心料斗转换开关打到"取料"或"堆料"位，电动推杆带动翻板动作，当翻板回到取料位置碰到限位开关后，再把开关打到"零位"。

（6）变位式导料槽的调整。将变位式导料槽的电动推杆开关打到"堆料"或"取料"位，到位限位开关动作，再把变位式导料槽的电动推杆开关打到"零位"。

（7）根据料场情况，再次调整大车到作业位置，并操作回转开关、俯仰开关，将悬臂调整在适当高度和角度，使悬臂头部处于堆料点上方。

（8）发出"准备好"信号给集控室，至此操作准备工作结束。

3. 连锁手动取料/堆料操作步骤

按照连锁关系，取料时必须待料场带式输送机启动正常后，悬臂带式输送机才能连锁启动起来；堆料时则必须待悬臂带式输送机启动后，料场带式输送机才能连锁启动。

（1）若取料，在确认料场带式输送机启动后，先将悬臂带式输送机开关打向"取料"位，然后将"斗轮"开关打向"启动"位，同时触摸屏显示悬臂带式输送机和斗轮已启动信息。若堆料，只需将"悬臂带式输送机"开关打向"堆料"位即可，然后通知程控系统可以开始给料。

（2）根据不同的堆取料方式，相应地操作"大车行走""回转""俯仰"开关。注意，不可同时操作"回转"与"俯仰"开关，控制地点和高度。

（3）在堆取料作业中，根据粉尘飞扬程度，合上"水泵"开关，投入喷水除尘系统；按"振打"按钮对中心料斗进行振打。

（4）堆料停止。在系统输送带停机且接到程控停止通知后，操作"悬臂带式输送机"开关至"零位"，停止悬臂带式输送机的运行。

（5）取料停止。在接到程控停止取料通知后，将"回转"开关置"零位"，将"斗轮"开关打向"停止"位，待悬臂带式输送机上的物料卸空，"悬臂带式输送机"开关置"零位"。

（6）作业完成后，应根据料场情况，操作斗轮升起或大车后退，将悬臂停到合适位置。

4. 半自动堆取料操作步骤

（1）若为取料，通知集控可以启动料场带式输送机，待地面的料场带式输送机启动正常后，将"悬臂带式输送机"转换开关打到"取料"位，悬臂带式输送机启动并在触摸屏显示；将"斗轮"开关打到"启动"位置，触摸屏显示斗轮工作。若为堆料，接程控开始堆料指令，将"悬臂带式输送机"转换开关打到"堆料"位，悬臂带式输送机启动。

（2）半自动取料。将"控制方式"转换开关打到"半自动"位。按照提示在触摸屏上设定第一反向点角度（25°左右），设定第二反向点的角度（60°左右），设定大车步进距离 Δs。确认后，触摸"半自动取料启动"按钮，大车开始步进一段距离，接着悬臂开始反方向旋转，待回转至第一反向点处停止，大车又步进一段距离，又反向到第二反向点，前进然后反转，再前进……重复工作下去，直至停机。

（3）半自动堆取料系统的功能。

1）由联动直接切换至半自动。在半自动取料投入前，如果料场物料堆形状不规则，可用联动方式清理工作面，使其形状规则，然后直接切换半自动。

2）在触摸屏半自动控制画面，触摸手动干预按钮，接通手动干预，按照提示可在触摸屏上调整第二反向点的角度、大车步进距离，确认后，程序自动按新的参数执行。

3）半自动堆料，将"控制方式"转换开关打到"半自动"位。在触摸屏半自动控制画面设定悬臂起升次数和回转次数，触摸"半自动堆料"启动按钮，开始半自动堆料。

在触摸屏半自动控制画面，触摸手动干预按钮，接通手动干预，按照提示可在触摸屏上调整上升次数、回转次数，确认后，解除手动干预，启动程序并按照新的参数进行半自动堆料作业。

4）接到程控室停止作业通知后，将"控制方式"转换开关打到"手动"位。

5）按连锁手动取料/堆料作业操作步骤（4）～（6）停止堆取料作业。

5. 停机

（1）操作"大车行走""变幅""回转"，将大车调整到停车位，并将各开关恢复"零"位，然后将"夹轨器"开关打到"夹轨"位。

（2）停止"加热""水泵"，将"选择方式"开关恢复"零"位。

（3）按下总停按钮，切断设备总电源，指示灯灭。

（4）将锚定插入锚定座内。

6.3.2　斗轮堆取料机堆取料控制原理

1. 行走位置、俯仰角度、回转角度检测

斗轮堆取料机大车行定位置是以轨道一个端点为零点，以长度单位表示斗轮堆取料机所处轨道位置。在大车上装有增量式光电编码器，将光电编码器发出的脉冲信号输入到 PLC 内，由 PLC 计算出大车行走的距离，计算精度可达到 1cm。PLC 把检测出的斗轮堆取料机行走位置通过 I/O 模块输出，在操作台上显示斗轮堆取料机位置。由于斗轮堆取料机行走过程中可能会产生微小滑动，为了减小检测行走位置的积累误差，在轨道上每隔 40m 或 50m 装有一个基准点。当斗轮堆取料机通过基准点时，由装在大车上的磁感应接近开关检测出信号，输入到 PLC 内，校正可能产生的累积误差，以保证斗轮堆取料机行走位置的精度。

斗轮堆取料机悬臂俯仰角度、回转角度的检测信号是由安装在斗轮堆取料机上的绝对式光电编码器发出。编码器将脉冲信号输入到 PLC 内，经处理后在模拟屏上显示出实际的俯仰角度和回转角度。

2. 动作停止位置精度控制

斗轮堆取料机在自动作业中，行走、俯仰、回转的行程范围是按三种自动作业工艺要求而设定的。在 PLC 的控制下，斗轮堆取料机运行的停止位置精度达到大车行走±5cm、臂架回转±3°、俯仰角度±10°，达到这样的精度是通过合理控制降速点和降速曲线实现的。行走及俯仰机构均采用连续调速且调速性能良好的变速驱动，行走及俯仰降速控制方法相同。回转机构的调速采用变频调速器完成。

3. 行走速度控制

在自动多列连续行走堆料中，物料流量随时都在变化，行走速度影响着堆料列的高度和料堆总高度。由于每列的行走次数已设计成固定量，必须根据物料流量变化响应控制行走速度，才能保证列高及料堆总高度。物料流量大小是通过装在臂架带式输送机上的一台皮带秤检测的，检测出来的模拟信号量经 A/D 变换成数字量输入 PLC 内，PLC 按照输入的物料流量计算出相应的行走速度，经 D/A 变换成模拟量信号输出，由控制电路驱动大车行走电机。

4. 自动均匀取料

自动取料作业中，取料量的多少由行走切入量及臂架旋转速度决定。设定取料切入量为轨道行走方向的行走切入量，而实际的取料切入量 AB 是一个与 α 有关的变量，如图 6-8 所示。

假设 $OO' = J$ 为设定行走切入量，$OA = O'B = L$ 为臂架回转半径，旋转角 α 时实际切入量为 AB。设 $O'A$ 为变量 x，在 $\triangle OO'A$ 中，利用余弦定理，可以求得

$$x = -J\cos\alpha + \sqrt{J^2\cos^2\alpha + L^2 - J^2} \tag{6-1}$$

可以证明 $x(\alpha) > 0$，切入量 AB 是 α 的递增函数。

由于 $AB = L - O'A = L - x(\alpha)$，因此实际切入量 AB 是 α 的递减函数，是与 $\cos\alpha$ 有关的变量。因此，随着 α 的增大需增大臂架旋转速度，才能使斗轮堆取料机的取料量保持均匀、恒定。

旋转速度控制曲线如图 6-9 所示，它是一个近似 $1/\cos\alpha$ 的函数关系曲线。

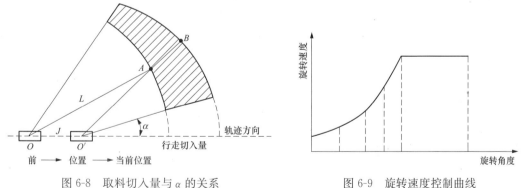

图 6-8 取料切入量与 α 的关系　　　　图 6-9 旋转速度控制曲线

取料时，料堆不可避免会出现塌方现象。若单靠旋转角 α 来控制旋转速度还不能保证定量均匀取料。由于塌方引起取料量增大，导致斗轮堆取料机的电机电流随之增大，用电流互感器取出斗轮堆取料机负荷电流信号，通过 A/D 模块输入到 PLC 内，从而控制臂架旋转速度。当负荷电流增大时，减慢臂架旋转速度，实现均匀取料。因此，旋转角 α 和斗轮堆取料机电机的负荷电流这两个因素最终决定了定量取料时臂架的旋转速度。

取料每层旋转行程范围是按照标准物料堆形状计算出来的，实际取料的料堆由于种种原因可能会比标准物料堆小，在旋转行程范围会使机械空转。为了解决臂架空转问题，可在操作台上设置左、右手动修改参数按钮。当按下参数修改按钮后，PLC 就按当前斗轮堆取料机臂架的旋

转角修正原计算出的旋转行程极限位置角。

6.4 斗轮堆取料机的电气控制系统

斗轮堆取料机的电气控制系统主要包括电源操作系统、悬臂带式输送机的正反转、尾车输送带的启停及升降、悬臂的俯仰及回转、取料斗的运转、分料挡板的方向、大车的走行等。下面结合斗轮堆取料机的自动堆料和取料动作要求，进行说明。

6.4.1 斗轮堆取料机的控制顺序

斗轮堆取料机作为堆取料的大型设备，一定要有严格的控制顺序，就是前边讲述的操作顺序，及斗轮堆取料机与输送系统之间、斗轮堆取料机本身各部分之间的连锁关系。例如，斗轮堆取料机作业时，只有当输送系统输送带已启动后，才能够启动悬臂带式输送机及斗轮，否则悬臂带式输送机斗轮将无法启动；夹轨器未放松则行走控制回路不能启动等。这些连锁关系都是由电气控制系统实现的。斗轮堆取料机的控制顺序如图 6-10 所示。

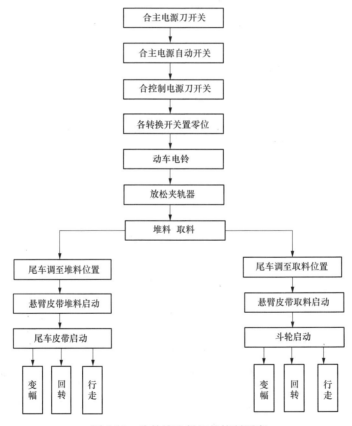

图 6-10 斗轮堆取料机的控制顺序

6.4.2 斗轮堆取料机的电气控制系统

1. 电源控制回路

电源控制回路电路原理图如图 6-11 所示。首先将整机控制回路自动开关 QF 接通，将锚定装置闭合 SQ。为防止各转换开关不在零位挡，而在其他挡位时接通控制电源造成误动作，一般设有零位保护，保证只有在各个转换开关（SA1～SA6）都在零位挡时，接通开关 K，K1 吸合并自锁，控制回路才能得电；否则，控制回路送不上电，则其他任何部分都不能动作。K1 吸合并不是整机控制回路已送电完成，这时应根据作业的实际需要首先调整尾车的位置。将转换开关 SA5 置左一挡时，中间继电器 K9 吸合，使尾车控制系统得电，而其他控制电源无电，保证在尾车变换过程中斗轮堆取料机的其他部分不允许动作。反之，SA5 置右一、二挡时，K10 吸合，各控制电源送电而将尾车变换电源切断，同样在正常堆取料过程中也不允许尾车变换位置，从而建立连锁关系。

转换开关 SA6 控制整机中的悬臂带式输送机、尾车带式输送机及斗轮。在堆料状态下，SA6 置左一挡 K4 吸合，接通悬臂皮带机正转接触器，启动悬臂带式输送机，使其按堆料方向运行，SA6 置左二挡 K5 吸合，尾车带式输送机启动。同样在取料状态下，SA6 置右一挡 K7 吸合，悬臂带式输送机取料运行，SA6 置右二挡时 K8 吸合，斗轮运转。由于斗轮堆取料机有堆、取两种不同的作业状态，所以转换开关 SA6 不仅需要对悬臂带式输送机、尾车带式输送机、斗轮进行控制，而且还有堆、取状态转换和连锁的功能要求；另外还要控制堆取料的喷雾除尘系统（K3、K6）。

故障报警控制中，无论带式输送机、行走机构、回转机构等任何一部分出现故障，都要给出报警信号（K0），同时自动切断故障部位的控制电源；待故障排除后，按动故障复位按钮，才能重新工作。

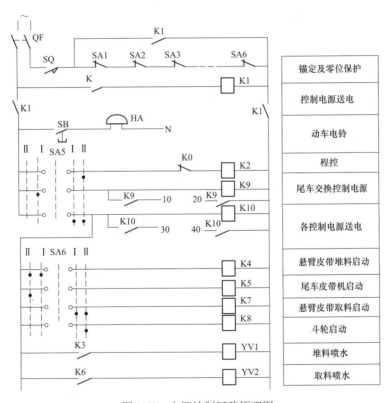

图 6-11　电源控制回路原理图

2. 锚定装置和夹轨器的控制

夹轨器和锚定装置的作用是防止斗轮堆取料机受大风等外力作用时产生滑移。行走机构与锚定装置、夹轨器设有连锁关系，只有夹轨器完全松开、锚定装置的锚定板抬起后，行走驱动装置才能动作。当断电时，夹轨器会自动夹紧。

（1）锚定装置。锚定装置由杠杆臂、连杆和锚定板组成。沿轨道设有若干个锚定座，在堆取料机为非工作状态时，将锚定板插入锚定座，起到固定作用；堆取料机工作时将锚定板抬起到位，并触动行程开关动作，锚定板的抬起和落下均手动操作。为防止斗轮堆取料机在工作状态时被大风刮走，锚定装置的抗风能力为 55m/s。

（2）夹轨器控制系统。夹轨器分手动式和电动式两种，斗轮堆取料机主要采用弹簧式液压夹轨器。夹轨器控制系统由夹紧油缸、夹紧电磁阀、油泵、油泵电动机等组成。夹轨器控制系统工作原理图如图 6-12 所示。夹轨器的夹紧是以弹簧为动力，通过横梁、连杆、夹钳来实现对钢轨的夹紧。夹钳的张开靠其自身的液压系统打开弹簧，松开钢轨。

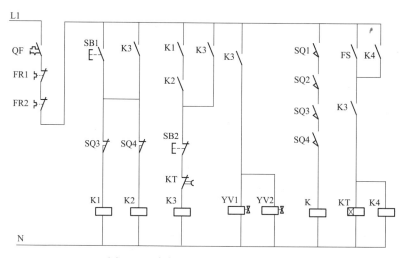

图 6-12　夹轨器控制系统工作原理图

在电源合闸、无过热动作时，可操作松开按钮 SB1，启动松开控制电路，两侧油泵（由 K1、K2 控制）启动，两侧松开电磁阀运行（由 K3 控制 YV1、YV2），依靠液压系统打开夹紧弹簧。当一侧放松到位（SQ3 或 SQ4 闭合）时，本侧油泵（K1 或 K2 失电）停止，电磁阀（YV1、YV2）带电保持系统压力。两侧放松信号（SQ3、SQ4）与锚定限位放松信号（SQ1、SQ2）串联，发出轨道放松信号（K），作为大车行走允许信号。在松开时，当压力内卸或其他原因引起油压下降，松开信号丢失时，油泵自动启动补压作用于弹簧，使松开重新到位。夹紧时，操作夹紧按钮 SB2，电磁阀（YV1、YV2）失电，油压释放，依靠弹簧夹紧轨道。

当料场风速达到七级报警风速时，风速仪自动给出报警及停机信号。

液压夹轨器与操作室电源连锁，当斗轮堆取料机控制电源送电后，夹轨器的夹钳完全张开，斗轮堆取料机其他操作才能进行。当斗轮堆取料机控制电源停电后自动夹轨。在机械露天作业，为防止被风吹动，夹轨器的抗风能力为 20m/s。

当夹紧和放松到位时，对应限位开关动作（动合触点闭合），接通指示灯。

如果出现过热情况，热继电器 FR1、FR2 自动切断控制回路，起到保护作用。

3. 斗轮堆取料机的安全保护

斗轮堆取料机应根据实际情况设置符合国家有关标准的安全保护措施，各机构除了设置有常规保护设施和安全保护装置，还需设置有各种检测装置、限位装置，并且均通过 PLC 进行连锁控制。

（1）行走机构保护装置。

1）超风速报警和保护：机上设有风速仪，当料场风速达到七级时自动报警，风速达到八级时停机。

2）大车行走与夹轨器、锚定装置连锁：只有夹轨器完全松开、锚定装置的锚定板抬起后，行走驱动装置才能动作。

3）设备行走时的声光报警。

4）两级终端限位开关：采用行程开关或接近开关，布置在行走装置的从动台车组上，在行走轨道两端各设一级工作限位和二级极限限位。当大车前进或后退至轨道终点时，限位开关动作，行走电动机断电，行走停止，控制大车安全行走范围。

5）行走距离检测装置：检测采用增量式旋转编码器，与大车行走机构同步运行，该装置安装在行走机构的尾部缓冲器上，也有安装在尾车前支腿或行走车轮上的，对行走机构的行走距离进行检测，完成设备自动堆取料工况的行走距离及对终端的限位功能。

（2）回转机构保护装置。

1）回转限矩联轴器：电动机与减速器之间采用安全型限制联轴器，当回转阻力矩超过安全阻力矩时，限矩联轴器上的行程开关动作，切断回转电源，同时限矩联轴器上的摩擦片打滑，实现机械过载保护。限力矩的大小可用螺母和压紧弹簧调节。

2）回转角度限位及回转变幅限位：采用行程开关或接近开关，用于防止悬臂过地面输送带时与之影响，同时防止悬臂上仰过高时，其后臂架和配重部分与尾车钢结构或料斗发生干涉。当前臂架下俯仰角度小于一定角度时，前臂架只能在轨道一侧做回转而不能跨越地面系统；当前臂俯仰角度大于此角度时，设备可以在设计范围内回转。

3）回转角度检测装置：利用绝对值旋转编码器来控制，该装置安装在回转台下面，通过齿盘与行星减速机输出轴上的小齿轮（或大齿圈）啮合，实现对前臂架的回转角度检测，完成设备自动堆取料工况控制及终端的限位功能。当前臂架每旋转 $0.35°$ 时编码器就发出一个脉冲信号输入到 PLC 处理，并显示出回转角度。

（3）臂架俯仰机构保护装置。

1）当臂架跨越地面带式输送机时，回转机构与俯仰安全高度连锁，正常工作时连锁解除。

2）俯仰角度极限限位：采用行程开关或接近开关，布置在转盘（前臂架）与门座之间（悬臂与平台接近的地方或卷筒的轴端），控制前臂架的俯仰极限范围。当悬臂架变幅角度达到最小和最大时，限位开关动作，切断电源，卷筒和油缸停止工作。

3）俯仰角度检测装置：利用绝对值旋转编码器来控制。该装置安装在支撑铰座上，实现对前臂架的俯仰角度检测，完成设备自动堆取料工况控制及终端的限位功能。前臂架每旋转 $0.1°$ 编码器就发出一个脉冲信号输入到 PLC 处理，并显示其俯仰的实际高度。

（4）斗轮堆取料机构保护装置。斗轮堆取料机在取料作业时，如果挖掘到坚硬的大块物料，或料堆倒塌及其他原因造成的异常负荷，可能使斗轮驱动遭到破坏，甚至引起机体倾覆，因此斗轮堆取料机构的驱动装置要设有机械、电气双重安全和过载保护装置。斗轮驱动过载保护装置通常采用过力矩保护装置，即在斗轮驱动减速器（或液压马达）上装有杠杆式限矩装置，扭力臂通过支座铰接在悬臂架上。当斗轮挖掘力超过设定值的 1.5 倍时，限矩装置中的限位开关动作，自动切断电机电源，斗轮堆取料机构停止工作，实现过载保护。

（5）悬臂带式输送机及主尾车带式输送机保护装置。

1）跑偏开关：一级跑偏（轻跑偏）报警，二级跑偏（重跑偏）停机。

2）双向拉线开关：设备巡视人员在前臂架上（在主尾车带式输送机两侧平台上）如果发现

悬臂带式输送机（主尾车带式输送机）或设备其他地方即将发生或已发生故障时，立即拉下拉线开关，切断控制电源，实现停机。

3）速度检测仪：在带式输送机工作过程中，对带速实时检测，从而判定带式输送机打滑情况。

4）悬臂带式输送机与地面带式输送机连锁，以防堵料。

（6）尾车保护装置。

1）尾车变幅限位：采用行程开关和接近开关，控制尾车的堆、取料位。

2）尾车限位：全趴、半趴折返式尾车是通过移动大车及尾车变幅来完成堆料和取料两种工作状态的切换。

（7）料位高度检测装置。采用倾斜式水银开关或超声波料位计，安装在前臂架的前端，实现对料斗下方料位的检测，完成设备自动堆料工况控制。

（8）臂架防撞装置。采用自动复位拉绳开关，分别布置在前臂架两边，当前臂架在运动过程中，前臂架防撞装置上的钢丝绳碰到物料堆或其他障碍物时，拉绳开关动作并发出信号，同时切断回转电机电源和行走电机电源，防止前臂架与障碍物发生碰撞。

（9）中部料斗保护装置。料斗堵塞检测器可用来检测料斗内的堵塞情况。如果料斗内发生堵塞时，本检测器可发出警报或停机信号。

上述保护的检测装置和控制部分适应料场的工作条件，同时还提供其他必要的电气系统和传动机构的保护和连锁。

4. 斗轮堆取料机的堆取料自动控制设计

斗轮堆取料机的堆料、取料自动控制工艺流程如图6-13和图6-14所示。

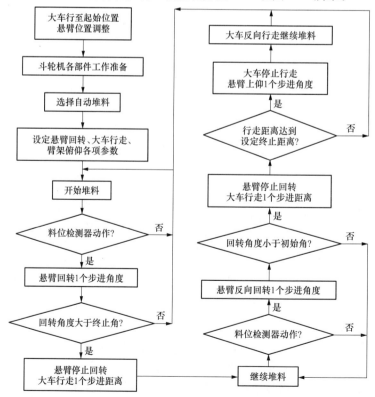

图 6-13　斗轮堆取料机堆料自动控制工艺流程

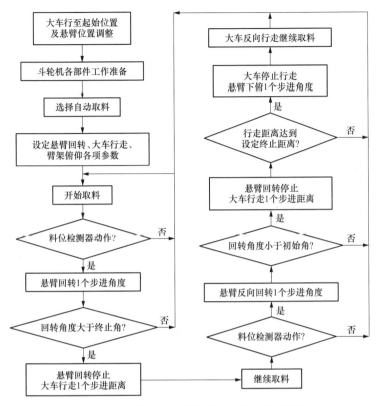

图 6-14　斗轮堆取料机取料自动控制工艺流程

6-1　简述斗轮堆取料机的作业方式及操作步骤。

6-2　斗轮堆取料机有哪些控制方式？各有什么特点？

6-3　斗轮堆取料机有哪些控制要求和连锁关系？

6-4　斗轮堆取料机的电气控制系统主要包括哪些方面？各实现什么功能？

6-5　叙述斗轮堆取料机的堆料、取料自动控制工艺流程。

第7章　辅助设备的控制

7.1　叶轮给料机的运行及控制

7.1.1　叶轮给料机的主要组成

叶轮给料机从料仓的缝隙式排料口向带式输送机给料，它沿料仓纵向轨道行驶。用叶轮的转动将料仓内的物料连续、均匀地拨到带式输送机上，能在行走中给料，也可定点给料。拨料叶轮采用电动机拖动，通过变频器实现无级调速控制。具有就地和远方两种操作方式。因工作环境粉尘较大该机备有除尘装置，除火力发电厂运煤系统外，也可用于煤炭、化工、建材、矿山、冶金等行业实现连续给料。

叶轮给料机主要由机架、行走装置、叶轮、漏斗、控制装置、除尘装置、供电系统等组成，还设有方便检修、运行及保护的装置。图7-1所示为桥式叶轮给料机结构示意。

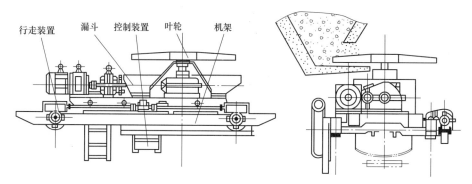

图 7-1　桥式叶轮给料机结构示意

叶轮主传动系统又称拨料机构，由电动机、联轴器、减速机、叶轮等组成；行车传动系统又称行车机构，由行走轮、联轴器、减速器等组成。叶轮给料机多采用分别驱动，机构简捷，方便检修。叶轮主传动原理为电动机→减速机→一级圆锥齿轮减速机→叶轮；行车传动原理为电动机→减速机→车轮。

7.1.2　叶轮给料机工作原理

电气控制箱控制电动机转动，经过减速机，使伸入料仓缝隙式出料口的叶轮在转动时将物料拨出，经落料斗落到下面的带式输送机上。在叶轮给料机的给料过程中，可以原地拨料，也可以进行中拨料。整机的前进或后退是由恒转速电动机的正反转来实现的，当叶轮给料机行至料仓两端或两台叶轮给料机相近时，其行程开关或接近开关动作使叶轮给料机行走自动停止，经延时后反向行走。叶轮的转速由变频器控制，从而实现了叶轮给料机的给料量可调（无级调速）。叶轮给料机的给料量取决于拨料叶轮的工作面积、叶轮直径、叶轮旋转速度和行车速度。

7.1.3　叶轮给料机的特点

（1）叶轮给料机行走速度不变，行走方向由行走电动机的正反转实现。给料机前后行走时，叶轮旋转的方向及出力不变。

（2）拨料机构与行走机构分开驱动，使叶轮可原地拨料，也可行走拨料，同时便于操作和检修。

(3) 叶轮传动与行走传动的电气系统互为连锁设置。当叶轮电动机不转时，行走电动机不允许启动；当叶轮电动机断电时，行走电动机自动同时断电；下级输送机不启动，则叶轮给料机不允许启动；输送机故障急停，则叶轮给料机连锁停机。

(4) 行走机构装有位置行程开关（接近开关），当两机相遇或行至料仓端时，可自动反向行走。当行程开关失灵，给料机上的缓冲器可使两机避免相撞而损坏。

(5) 叶轮拨料可在出力范围（调速范围）内通过变频调速进行无级调整。

(6) 叶轮给料机的控制方式有就地控制和远程控制两种，叶轮电动机分为变频调速运行和工频运行两种方式，供电方式为滑线或拖缆。当变频器故障时能切换到工频状态，保证正常运行。

(7) 在料仓出口装有煤沟挡板，能有效地防止粉尘、物料泄漏。针对不同的主传动系统，还设有过力矩保护装置（过载保护装置）、主轴防缠绕装置、叶轮移出机构。

7.1.4　叶轮给料机控制

1. 叶轮给料机控制方式

叶轮给料机控制方式分为就地手动、连锁手动和程控自动。

(1) 就地手动：将选择开关置于就地位置，由就地值班员在就地操作箱操作给料。

(2) 连锁手动：输送机运行后，按下叶轮转动按钮，叶轮给料机在设定的区域内自动往返行走给料，或远程控制往返行走。

(3) 程控自动：输送机运行后，叶轮自动按设定行走区域和出力，往返行走给料。

就地操作时，程控应设叶轮给料机为连锁状态，只有调试时才允许解锁。程控连锁手动和自动操作时，无论连锁开关处于什么位置，输送机与叶轮给料机都是连锁的。叶轮给料机在就地操作时，程控只监视不控制。当叶轮给料机出现故障或行走故障时，相应的指示灯要闪亮并有相应显示。紧急情况下，可以直接按停机按钮，停止叶轮给料机的运行。

2. 叶轮给料机的运行

(1) 就地操作。给料机正常操作方式为远程控制操作，但遇到特殊情况时，需要就地操作，应按如下要求进行：

1) 先合上电源开关，操作箱盘面上信号灯亮。

2) 将就地控制箱上的控制方式开关置于就地位置，控制器调节旋钮置零位。当带式输送机运行正常后，方可启动叶轮给料机。

3) 按下叶轮启动按钮，然后旋转变频器旋钮，使叶轮旋转并调至最佳负荷。

4) 根据料仓料位情况，按下左行或右行按钮开始行走拨料，按下行走停止按钮进行原地拨料。

5) 叶轮给料机行走至轨道终端时，行程开关触碰挡铁，给料机停止行走，经延时后自动反向行走。也可根据料仓料位按下行走停止按钮，在停车后再按下左行或右行按钮，使给料机改变行走方向。

6) 正常停机时，应先按行走停止按钮停车，操作调频旋钮将给料量调至零，再按总停按钮，最后将电源开关断开，并将控制箱上控制方式开关置于程控位置。

7) 在给料机启、停过程中，应同时启、停除尘系统设备。

(2) 程控操作。

1) 将叶轮给料机"程控/就地"转换开关切换到"程控"位置，并合上总电源。

2) 就地值班员检查完毕后通知程控值班员，可以启动设备，并告知料仓存料及叶轮位置情况。

3）输送带速度正常后，叶轮给料机自动启动。程控员调整叶轮转速及出力，并根据料仓存料及叶轮位置情况，遥控操作叶轮行走方向。

4）运料结束时，程控员单击"程停"后，程序首先自动停止叶轮运行。

3. 叶轮给料机的电气控制

叶轮主电机及行走电机的控制主电路和控制电路如图 7-2 和图 7-3 所示。

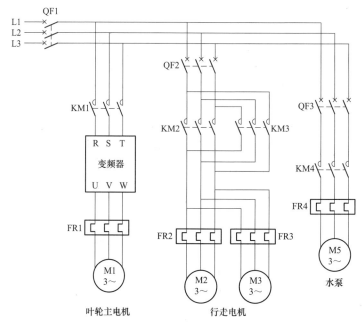

图 7-2　叶轮给料机主电路

合上空气开关 QF1 和 QF2，供给系统电源，叶轮给料机电动机具备启动条件。

通过转换开关 SA 和中间继电器 KA 实现就地控制和程序控制的转换。当转换开关 SA 在右挡时，1-2 接通，中间继电器 KA 得电，KA 动合触点接通，转为就地控制；当转换开关 SA 在左挡时，3-4 接通为程序控制。

叶轮启动：就地控制时，按下按钮 SB1，接触器 KM1 线圈得电，其辅助动合触点闭合自锁、主触点同时闭合，电动机 M1 拖动叶轮转动；程控时，由 PLC 输出信号的 KA1 闭合，使 KM1 线圈得电，控制叶轮运转。

给料机行走与叶轮运转连锁，接触器 KM1 得电，叶轮电动机运行后，方可启动行走机构的控制。按下按钮 SB3 后，左行接触器 KM3 线圈得电、自锁，行走电动机 M2、M3 得电，给料机向左行驶；左行到给料线路终点或两车相遇时，碰撞行程开关 SQ1，其动合触点闭合，这时中间继电器 K1 和时间继电器 KT1 线圈得电，继电器 K1 的动断触点断开，使左行 KM1 线圈失电，左行停止；时间继电器 KT1 定时时间到，其延时动合触点闭合，接通右行接触器 KM2 线圈，主触点改变相序，使叶轮给料机自动返回右行。同样，右行到线路终点，碰撞行程开关 SQ2，其动合触点闭合，这时中间继电器 K2 和时间继电器 KT2 线圈得电，继电器 K2 的动断触点断开，使右行 KM2 线圈失电，右行停止；时间继电器 KT2 定时时间到，其延时动合触点闭合，又接通左行接触器 KM1 线圈，又开始左行。

停止运行：按下按钮 SB4 时，使机体左行或右行接触器 KM3 或 KM2 失电，机体停止运行；当按下按钮 SB2 时，整机停止运行。

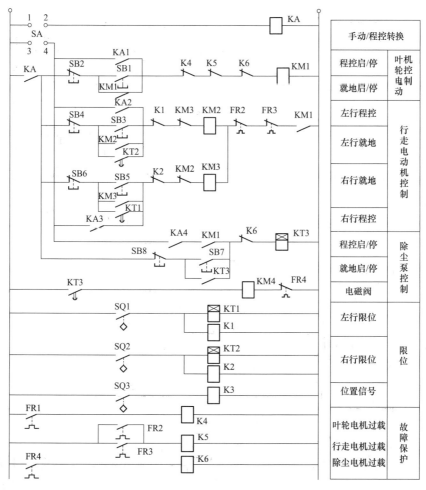

图 7-3　叶轮给料机控制电路

当叶轮驱动电机 M1 和行走电机 M2、M3 产生过载时，使热继电器 FR1 和 FR2、FR3 动作，使给料机的叶轮电机和行走电机失电，实现过载保护。

7.2　除铁器的运行及控制

物料输送系统除了进行物料输送外，在输送过程中还要对物料进行一些必要的处理，以满足后续生产工艺的需求。例如，火电厂运煤系统输送的原煤里常常含有各种形状及尺寸的金属物，如果它们和原煤一起进入燃料运输系统，就会对带式输送机、给料机、破碎机和磨煤机等转动设备造成各种破坏，将给运煤系统造成重大故障，甚至严重事故。因此，在破碎机和磨煤机前必须设置除铁器，除去金属杂物，以保证设备安全可靠运行。

7.2.1　除铁器的结构和工作原理

1. 除铁器的分类

除铁器按磁铁性质的不同可分为永磁除铁器和电磁式除铁器两种。按弃铁方式的不同可分为带式除铁器和盘式除铁器两种。电磁除铁器按冷却方式的不同可分为风冷式除铁器、油冷式除铁器和干式除铁器三种。

　　火力发电厂运煤系统使用的除铁器有带式、盘式和滚筒式三种。目前，大多采用带式电磁除铁器、带式永磁除铁器和盘式电磁除铁器。

　　火力发电厂运煤系统中的除铁器一般在破碎机前后各装一级，破碎机以前的主要起保护破碎机的作用，同时也保护磨煤机，在使用中速磨和风扇磨等要求严格的情况下，运煤系统应装设3或4级除铁器，以保护磨煤机的安全运转。

　　2. 带式电磁除铁器基本结构和工作原理

　　(1) 基本结构。带式电磁除铁器是由励磁系统、传动系统、冷却系统和控制系统组成，其结构如图7-4所示。励磁系统包括励磁线圈、导磁铁芯、磁板及接线盒，其主要功能是形成具有一定磁场强度和磁场强度梯度的磁场；传动系统包括电动机、减速机、主从传动滚筒、托辊和弃铁胶带等，其主要功能是将从物料中分离出来的铁磁性异物通过胶带送到弃铁箱；冷却系统包括散热表面、冷却风机或油泵。

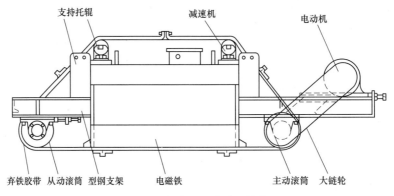

图7-4　带式电磁除铁器结构

　　(2) 工作原理。带式除铁器在输送带上的布置位置有头部和中部，均采用悬吊安装，分为倾斜和水平两种安装方式。图7-5 (a) 所示为倾斜安装，纵向倾斜布置在输送机头部卸料处的斜上方；图7-5 (b) 所示为水平安装，横向水平布置在输送机中部。

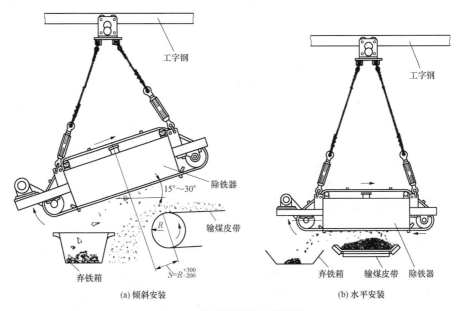

(a) 倾斜安装　　　　　　　　　(b) 水平安装

图7-5　带式除铁器的吊挂图

带式电磁除铁器悬挂在带式输送机的上方,励磁系统在其下方形成可穿透物料层的磁场,当夹杂有铁的物料经过磁场区域时,在磁力的作用下,混杂在物料中的铁磁物质被吸附到除铁器的弃铁胶带上,并随着胶带一起运动。当运动到无磁区时,铁件在重力的作用下随惯性抛出。

除铁器的工作由控制系统管理,控制系统分别设有就地手动和远程控制装置,为实现物料输送系统自动化提供良好的条件。

带式除铁器的结构紧凑、维护方便、输送带可自动纠偏、噪声小,操作简单,吸铁距离大,除铁器效率高,可实现集控和连续吸弃铁,为了保证除铁器的安全运行,其本身的控制系统中有一套连锁保护装置。当电磁铁运行中温度超过设定温度,装在铁芯中的热敏元件动作,自动切断控制回路电源,停止设备运行。当冷却风机或油泵出现故障时,为了保证铁芯不超温,将自动切断强磁回路控制电源。

3. 盘式电磁除铁器

盘式除铁器由电磁铁、悬挂装置、电动行走小车和控制装置等组成,其结构及吊挂示意如图 7-6 所示。布置方式和工作原理与带式除铁器相似,主要区别是弃铁方式不同。盘式除铁器需要采用电动吊挂行车结构,用来定时整体移动弃铁。因为无连续弃铁功能,所以必须依靠两个盘式除铁器交替移动,至弃铁处进行断电弃铁。

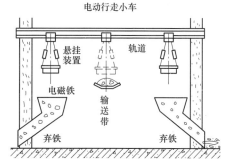

图 7-6　盘式除铁器结构及吊挂示意

盘式电磁除铁器的交替运行方式工作过程如下:当带式输送机运行时,两台除铁器中的一台移到输送带上方吸铁,当规定的切换时间一到,另一台除铁器自动移到输送带上方吸铁,第一台除铁器在第二台除铁器到达之后,返回弃铁位置弃铁。两台除铁器按此程序自动运行。这种运行方式的特点是,在输送机运行期间,总有一台除铁器在输送带上方吸铁,既能消除漏铁现象,又能避免除铁器烧毁。

7.2.2　除铁器的运行及注意事项

除铁器正常运行方式为程序控制,采用连锁启动和停机。但为了保证及时运送物料,有的程序只发出启停指令而不检测其启停状态。同时在输送机故障停机时不联跳,因此在运行时应注意以下几点:

(1)除铁器控制开关置于程控位置,正常状态下,随所处输送机启停而启停,以免铁件漏过。

(2)除铁器与输送机的连锁不得擅自解除。

(3)在输送机运行过程中,不得将除铁器退出运行。

(4)电磁除铁器运行中经常监视励磁电压和电流是否正常,注意铁芯励磁绕组温度不能超过 110℃。

(5)如果两台盘式除铁器运行时,注意检查是否会自动交替,是否位于输送机正上方,对于带式除铁器还应注意有无位移现象。

(6)运行中应注意巡视除铁器有无异常、噪声、摇摆等现象,弃铁输送带有无打滑跑偏和碰挂现象,吸铁、弃铁情况发现异常及时停止除铁器,并移出检查。

(7)运行中如果发现除铁器附着大块危及设备安全等异常情况,应紧急停机处理。

（8）运行中不要携带铁器接近除铁器。不得靠近弃铁输送带的前方，不得处于盘式除铁器的行走方位，以防止发生事故。

（9）除铁器运行时不可进行维护工作。

7.2.3 除铁器的控制

图 7-7 所示为盘式除铁器的控制原理图。图中，接触器 KMF 和 KMR 分别控制盘式除铁器吸铁进入和弃铁退出，SQ1 和 SQ2 为进退到位的限位开关，接触器 KM 控制电磁铁励磁。转换开关 SA 转至程控挡，1-2 接通，来自 PLC 的输出信号 KA 控制除铁器的启停；转换开关 SA 转至就地挡，3-4 接通，就地手动控制除铁器的启停。

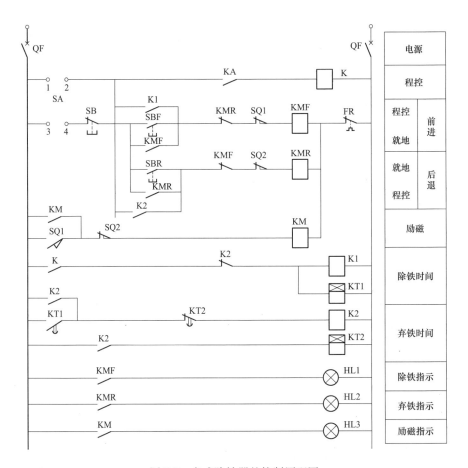

图 7-7　盘式除铁器的控制原理图

闭合 QF，接通除铁器电源。就地控制时，按下按钮 SBF，KMF 线圈得电，除铁器进入，到位压下 SQ1，KMF 线圈失电，KM 线圈得电，开始励磁吸铁。按下按钮 SBR，KMR 线圈得电，除铁器退出，到位压下 SQ2，KMF 线圈失电，KM 线圈断电去磁弃铁。

程序控制时，PLC 的输出信号 KA 闭合，中间继电器 K 线圈得电，控制除铁器自动完成定时除铁和弃铁的动作过程。时间继电器 KT1 和 KT2 分别控制吸铁和弃铁时间。

HL1、HL2、HL3 分别指示吸铁、弃铁、励磁状态。

注意：除铁器必须与输送带联动，即输送带启动后除铁器进入，输送带停止后除铁器退出。除铁器的励磁和去磁同进入和退出联动，即进入后励磁，退出后去磁。

7.3　犁式卸料器的控制

犁式卸料器安装在带式输送机的中间架上，通过其犁体的抬落将输送带上的物料均匀、连续地卸入料仓中。它具有结构简单、操作方便、不磨损输送带、易实现远方及自动控制等优点，是火力发电厂运煤系统采用的主要配煤设备。

7.3.1　犁式卸料器的结构和工作原理

犁式卸料器有固定式和可移式。按犁式卸料器托辊的槽角是否可变分为固定和可变两种，目前电厂主要是可变槽角式犁式卸料器；按物料被卸下时相对带式输送机的位置可分为单侧和双侧，单侧又可分为左侧和右侧，双侧犁式卸料器可将煤卸到带式输送机的两侧。

图 7-8 所示为可变槽角可变电动犁式卸料器，主要由托架、可变槽角托辊组、平形托辊组、托辊架、犁刀、调节装置、拨叉、电动推杆、支架、滑动框架等组成。

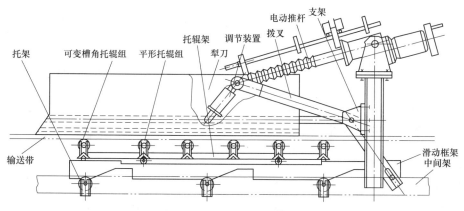

图 7-8　可变槽角犁式卸料器

该犁式卸料器以电动推杆为动力源，通过推杆的往复运动，带动犁式卸料器及边辊上下移动，使犁式卸料器在卸煤时与托辊呈平形，不卸煤时呈槽形。当电动推杆推出时，由于犁刀重力加上电动推杆推力，犁刀处于落下位置，与输送带垂直接触，处于工作位置。当输送带载料运动到犁式卸料器前时，物料就会沿着犁刀向两侧卸下。当电动推杆返回时，将犁刀拉起，处于非工作位置，物料从犁式卸料器的犁板下方通过并运向前方。通过控制电动推杆的工作行程，从而调节犁板的提升高度及犁板对输送带面的压力，适用于各种形式输送带式输送机。

7.3.2　犁式卸料器的运行

1. 犁式卸料器的启停操作

犁式卸料器设有就地、程控两种控制方式。正常操作为程控方式，根据实际情况，可对犁式卸料器进行解锁手动（手动卸料）、连锁自动（程序卸料）操作；就地手动控制方式只作为备用。操作前应根据料仓料位情况，预先设置尾仓犁，防止尾仓堆煤，并根据锅炉系统运行及料仓料位情况，预置卸料（配料）方案。

注意，输送机启动运行正常后方可操作犁式卸料器落犁按钮；待犁到位后，操作停止按钮；当配料结束时，输送带上的残留物料应安排合理的分配方案。

（1）就地操作。

1）将就地控制开关打至"就地"位置，操作抬或落按钮。

2）抬或落到位后，限位开关动作使抬、落自动停止。

3）操作停止按钮，无论限位开关好坏（是否动作），到位后一定要按停止按钮。

4）就地操作完毕后，应将控制转换开关切换到程控位置。

（2）程控操作。

1）手动卸（配）料：将就地控制转换开关打至"程控"位置，程控员在上位机配料方式界面选择"手配"方式，根据控制现场反馈信号，通过鼠标操作监控画面中的犁式卸料器，完成犁式卸料器的抬落。

2）程序卸（配）料：根据料位计发出的高低信号，自动完成犁式卸料器的抬落，完成向料仓的卸料。

2. 犁式卸料器运行的注意事项

（1）正常运行中，犁式卸料器应由集控室操作；没有集控允许或安全情况发生时，不得在就地随便操作。

（2）程控手动时应加强与现场值班员的联系，应根据输送量、料仓容量及料位信号进行操作。

（3）注意监视料仓料位，发现高料位时要及时抬起犁式卸料器，防止溢料；当抬不起时，应紧急停机。

（4）犁式卸料器的抬落应根据料仓料位情况按配料原则进行，配料中应准确判断料仓料位情况，防止假满仓。

（5）运行中应按照"先落后抬"的原则，即先落下后面待配料仓上的犁式卸料器，后抬起前面落煤仓上的犁式卸料器，禁止随意抬落犁式卸料器。

（6）运行中一条输送带上至多落下两台犁式卸料器，即加仓犁和尾犁。禁止多台犁式卸料器在输送带上同时落下。

（7）输送机停止运行后，各犁式卸料器均应在抬起位置，人为设置的尾犁除外。

（8）犁式卸料器抬落时不得完全依赖行程开关自停，应监视限位开关是否正常动作，保证抬落必须到位。

（9）犁式卸料器抬落应平稳，若发现推杆伸缩卡阻、抬落不到位和电动机异常，应立即停止操作，检查处理。

（10）加强对犁式卸料器的监视，犁后面应无严重漏料、落料管无堵塞现象，发现落料管堵塞，应立即抬起犁式卸料器。如果发现异常情况，需抬起犁式卸料器，又因操作机构失灵而无法起升时，应立即停止带式输送机运行；如果发现跑偏、扦插或磨损等严重现象，应按规定及时消除，防止犁刀划破输送带。

（11）当犁故障无法抬起时，若该犁前方有未满料仓，可落下前面仓上的犁，暂维持运行，联系切断料源；若犁前方无未满料仓，应立即停止输送带再做处理。

（12）严禁在输送带运行中对犁式卸料器进行维护和故障处理。

7.3.3 犁式卸料器的控制

犁式卸料器控制电路如图7-9所示。图中，转换开关SA控制犁式卸料器的程控和就地操作，接触器KMF和KMR分别控制犁式卸料器的抬起和落下，KA1和KA2分别是程控PLC输出的犁式卸料器抬落的控制信号，SQ1和SQ2为抬落犁到位的限位开关。当抬（或落）到位后，对应的SQ1（或SQ2）动合触点闭合，接通继电器K1（或K2），其动断触点断开，使接触器KMF（或KMR）失电，抬（或落）停止。如果检测到堵煤，SQ3动合触点闭合接通继电器K3，K3的动合触点闭合使升犁接触器KMF得电，自动抬犁。

转换开关SA转至程控挡，1-2接通，来自PLC的输出信号KA1和KA2控制犁式卸料器的抬起和落下；转换开关 SA 转至就地挡，3-4 接通，就地手动操作犁式卸料器的抬落。

　　HL、HL1、HL2、HL3 分别指示电源、升犁到位、落犁到位、堵料状态。

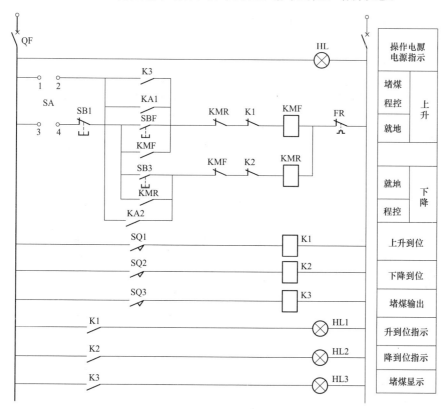

图 7-9　犁式卸料器控制电路图

7.4　三通挡板的控制

　　三通挡板是进行物料输送路线切换和分流的一种装置。该设备在火力发电厂运煤系统中，将燃煤由卸煤系统分流到煤场与运煤系统，实现输煤线路的切换与分流。

7.4.1　三通挡板的结构和工作原理

　　三通挡板主要由三通管、挡板、转动臂、挡板转轴、滚动轴承、推杆及支座、限位开关等组成，其驱动部分有电动、液压、气动等形式。图 7-10 所示为电动三通挡板结构示意。该三通挡板以电动推杆为动力源，驱动转动臂、转轴带动挡板翻转，实现物料通道的切换。挡板到位后，由箱外两侧的限位开关切断电源，推杆停止运动。它配有电气控制和显示装置，既可就地操作，也可实现远距离集控操作。其工作原理与犁式卸料器相似。通过电动推杆的伸缩移动，带动挡板在外边的拨杆转动，使内部挡板做定向移动，覆盖不运行侧的落料管，移动到两侧限位停止。

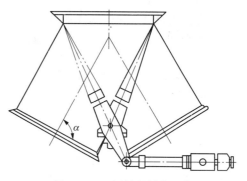

图 7-10　三通挡板结构示意

7.4.2　三通挡板的运行和控制

1. 三通挡板的运行

三通挡板的操作有就地、程控两种控制方式，正常操作为程控方式。程控方式下，集控值班人员在上位机进行设置，选好流程后，挡板自动运行到相应位置。就地操作时，现场值班员在工作现场就地启动按钮处操作挡板的运动。

程控运行时，挡板运动需设有一定延时，延时时间内挡板到位后，有相应指示；超时后挡板仍不到位，将给出故障报警。运行过程中，因为落料管和挡板粘料，会导致电动机堵转或工作不到位，达不到行程开关的动作行程，电动推杆的接触器不能断开，就会造成推杆电机过载烧毁。除了硬件保护外，还需通过 PLC 的软件检测挡板是否存在不到位的故障，防止电机烧毁。

2. 三通挡板的控制

下面以三通挡板向甲侧移动为例进行说明，三通挡板向乙侧移动的控制是同样的方法。

输入和输出的地址分配分别如下：I0.0 三通挡板供电信号，I0.1 程控启动，I0.2 挡板在甲侧位置，I0.3 挡板在乙侧位置；Q0.1 向甲侧位置移动线圈，Q0.2 向乙侧位置移动线圈；M0.1 和 M0.2 中间过渡线圈；T37 和 T38 为检测挡板运动情况的定时器。图 7-11 所示为挡板向甲位运动控制梯形图。

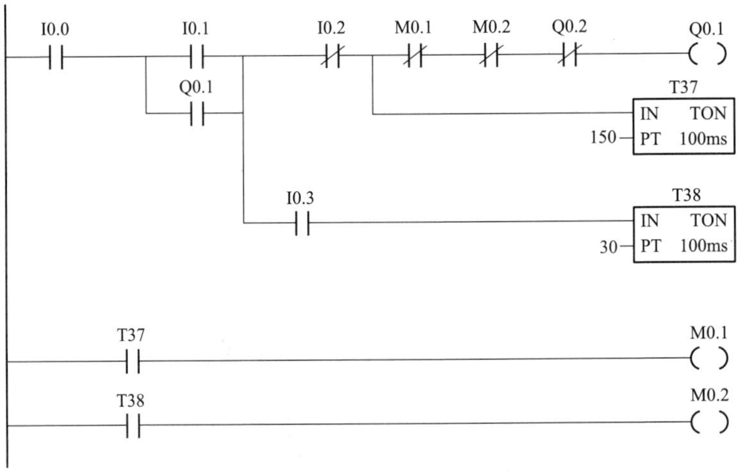

图 7-11　挡板向甲位运动控制梯形图

当三通挡板已供电时，动合触点 I0.0 闭合，通过微机键盘或鼠标发出三通挡板向甲侧移动指令后，程控时动合触点 I0.1 闭合。如果此时挡板在乙侧位置，动断触点 I0.2 闭合，动断触点 M0.1、M0.2、Q0.2 闭合，线圈 Q0.1 通电，其动合触点自保持，驱动三通挡板向甲侧移动。当移动到甲侧极限位置时，动断触点 I0.2 断开，挡板停止运动。

如果三通挡板向甲侧移动时间超过 15s，定时器 T37 动合触点闭合，内部继电器 M0.1 线圈得电，三通挡板向甲侧移动出现故障，其动断触点断开，线圈 Q0.1 失电，程序就会中断对三通挡板的驱动。

如果驱动三通挡板向甲侧移动时间超过 3s，三通挡板仍然没有离开乙侧位置，定时器 T38 动合触点闭合，内部继电器 M0.2 线圈得电，三通挡板向甲侧方向拒动，其动断触点断开，线圈 Q0.1 失电，程序会中断对三通挡板的驱动。

习　　题

7-1　简述叶轮给料机工作原理。

7-2　叶轮给料机有哪些控制方式？各有什么特点？

7-3　分析叶轮主电机及行走电机的控制过程，设计 PLC 控制程序。

7-4　简述除铁器的运行及控制过程。

7-5　分析除铁器的电气控制过程，设计 PLC 控制程序。

7-6　简述犁式卸料器的运行和控制过程，设计 PLC 控制程序。

7-7　分析三通挡板的运行和控制过程。

第8章 火电厂运煤系统的控制

8.1 火电厂运煤系统概述

8.1.1 火电厂运煤系统组成

火力发电厂运煤系统是将运送到电厂的燃煤卸下，通过带式输送机运送到锅炉燃烧发电或运送到煤仓或者煤场储存起来。电厂运煤系统的任务主要是卸煤、储煤、运煤、破碎煤、除铁和配煤。运煤控制系统就是要对运煤系统的设备进行控制，使系统中的设备协调工作，完成以上任务。

1. 卸煤控制

卸煤是运煤系统的首端，主要功能是完成外来燃煤的卸载。电厂来煤分水路和陆路，水路由大型货船将煤运到电厂码头，用专用的卸船机对其卸煤。陆路主要是靠火车运煤，还有用汽车进行运煤。相应的卸料设备有翻车机、装卸桥、螺旋卸车机和自卸车，卸煤采用独立的控制系统，但应该配合整个运煤系统的连锁控制。

2. 储煤控制

储煤系统是运煤系统的中间缓冲环节，其作用是将发电厂短期内多余的煤储至煤场，为后期锅炉燃烧做准备。电厂来煤通常都是一次性大量来煤，除了满足锅炉的燃煤之外，其余的煤将由带式输送机经斗轮堆取料机堆放到露天煤场或者干煤棚以备用。储煤设备斗轮堆取料机的堆煤和取煤作业通常是由其独立的控制系统按照严格的控制顺序和连锁关系进行控制。

3. 运煤控制

运煤部分是运煤系统的中心环节，主要任务是将卸下的煤进行破碎、筛分、除铁、运输，最终送到原煤仓供锅炉燃烧。主要机械设备包括带式输送机、筛煤机、破碎机、除铁器等。

燃煤从卸煤点或者煤场通过带式输送机运送到转运站，之后再调整转运站闸门或三通挡板的不同位置，将燃煤运送到选定的下一台带式输送机上，再经过破碎机房，最后将煤运送到锅炉原煤仓，这个运煤过程称为运煤。运煤控制系统主要是通过选择输运煤的顺序，在相应的连锁条件下，实现带式输送机的自动启动、停止和保护功能（带式输送机的保护有输送带跑偏、输送带超载、输送带撕裂、输送带张紧、输送带打滑等），自动确定输送带给料机的运送方向和闸门、挡板的位置，以及有关设备的连锁控制（磁铁分离器、金属探测器、除铁器、输送机秤等），并且对这些设备的运行情况进行监视，发出报警或连锁信号。

4. 配煤控制

配煤是运煤系统的末端，主要是根据生产满足原煤仓煤量要求。火电厂的煤仓是否需要添加煤，一般是由煤仓的煤位决定的。当某一煤仓出现低煤位信号时，就要及时运煤；当某一煤仓出现高煤位信号时，就要轮换到向下一个煤仓运煤。如果某一个煤仓出现紧急低煤位信号，必须优先给它运煤。煤仓运煤是通过卸煤小车或犁式卸料器来实现。配煤控制就是控制卸煤小车的前进和后退自动定位，或者犁式卸料器的抬起和落下，它属于运煤控制的一部分，必须参与运煤系统的连锁运行。

8.1.2 运煤系统的主要设备

运煤系统可以实现从卸车点到煤场的储煤，以及从卸煤点或煤场到原煤仓的运煤。

输煤控制系统拥有大量不同功能的设备，按照功能大类分为主设备、预启设备、辅助设备和保护设备。

1. 主设备

主设备是在输煤过程中不可缺少的设备，会在逻辑连锁中出现，如果出现故障会直接影响整个系统的正常运行，主要包括叶轮给料机、带式输送机、破碎机、犁式卸料器、筛子、落料管（电动三通挡板）等。

叶轮给料机在整个系统中煤沟的正确位置安装，卸煤机械设备卸到缝隙式煤槽的煤将被定量、连续地卸到带式输送机上，进入运煤系统。在整个输煤流程连锁中，如果叶轮给料机不能正常运行将直接影响到整个运煤流程。

带式输送机是运煤部分的主要工具，整个运煤系统的关键设备，并设立转运站，进行变换方向和分段执行运煤任务。为了保证整个电厂输煤的安全运行，一般设立 A、B 双路输送带，进行备用配置。输煤设备构造较为复杂，主要有驱动单元、滚筒、清扫器、机架、漏斗、导料槽、安全保护装置等组成。其中，驱动单元的工作电流和电压会被实时监控，防止因为输送带堵转打滑引发不必要的运行事故。

破碎机是将要运送的大块原煤进行破碎的重要设备。破碎机将原煤破碎到规定的粒度，为下一道生产工序做准备。

犁式卸料器是电厂运煤系统采用的主要配煤设备，按操作形式分为两侧、单侧等多种犁式卸料器。犁式卸料器直接安装在带式输送机的中间架上，并通过其犁体的抬落将带式输送机上的物料均匀、连续地卸入料仓中。犁式卸料器在配煤过程中将带式输送机运来的燃煤按规划定量地分配到各个原煤仓内，犁式卸料器具有结构简单、操作方便、不磨损输送带的优点，可以实现远方及自动控制。

2. 预启设备

在整个控制系统的所有流程启动之前，需检测流程内的设备是否处于待运行状态，只有待启动设备处于待运行状态时才能启动整个流程，主要包括盘式除铁器、三通挡板到位和卡死检测设备、落料管、筛子的堵煤检测装置。

电动三通挡板是煤流在备用双路带式输送机间的分流装备，动力来源主要是内部的电动推杆。由于其经常发生堵煤、卡死故障，是重点维护检修设备，并要设置电机保护控制器。

在燃煤内有着大量的铁屑等金属物质，这些物质会在燃煤输送和配煤过程中造成带式输送机的划伤、三通挡板的堵塞等，所以在输煤带式输送机的输送过程和三通挡板周围需设置除铁设备。

3. 辅助设备

为了保证运煤系统的安全运行，对于一些没有关系到整个系统运行与否的设备（如除尘器），不将其纳入连锁中，这些设备有独立的开关控制信号和检测其状态信号。

在带式输送机廊道、落料管的周围，在设备运行中，伴随着产生大量的粉尘。这些空气中飘浮的粉尘极大地危害着电气设备的安全运行和维护工作人员的身体健康，因此非常有必要安装除尘器。

4. 保护设备

为了保证整个系统的安全正常工作，整个电厂能够持续发电，必须设置不同的保护设备。带式输送机驱动器设有电机保护器，用于监控驱动电机的电压和电流，并设有各种保护开关，如应急拉绳开关，可以在输煤沿线急停设备；带式输送机还设置了检测输送带跑偏的跑偏开关、检测输送带撕裂的撕裂开关、检测输送带速度及打滑的速度传感器等；落料管堵塞检测装置等检测保护设备。

图 8-1 所示为某火电厂的运煤系统工艺流程示意。下面分析系统的运行方式：翻车机到煤场、煤场到原煤仓、翻车机到原煤仓。

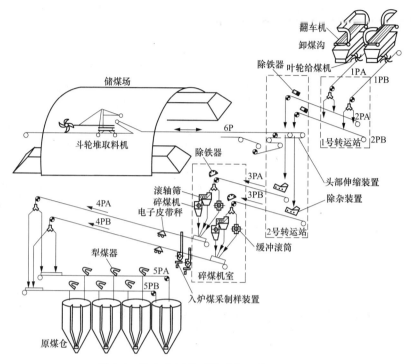

图 8-1　某火电厂的运煤系统工艺流程示意

翻车机—煤场：

煤场—原煤仓：

翻车机—原煤仓：

8.2　运煤系统控制方式

输煤设备的控制系统可分为带式输送机控制和卸煤设备控制。带式输送机在火力发电厂输送系统中，承担了对全厂来煤的运输、提升分配等工作，是运煤系统的主要设备。因此，合理选择带式输送机的控制方式，直接关系到运煤系统的安全可靠运行。目前，国内火力发电厂运煤系统的控制方式有程序控制方式和就地手动控制方式。其中，程序控制方式有程序自动控制、连锁手动控制、解锁手动控制，这些控制方式互为连锁。在程控方式下的配煤方式有两种，即程序配煤和手动配煤，两种配煤方式同样互为连锁。

8.2.1　程序自动控制方式

程序自动控制方式是将运煤系统有关设备按生产工艺流程的要求，事先编制好各种运行方式的控制程序。操作人员通过计算机键盘或鼠标，选择要执行的运行方式，在显示器的模拟图上，可以显示出所选运行方式中各个设备的状态。如果条件具备，操作人员可以通过计算机键盘或鼠标发出控制指令，运行所选的运煤顺序，上述选择和启动指令传送到 PLC 控制系统，PLC系统按照梯形图程序逻辑自动启动、运行或停止有关设备，同时进行连锁控制，并将各种信息传送给计算机。

在程序的自动控制下，系统自动从受煤（卸料）点按逆煤流方向，依次延时进行设备启动，直至煤源设备。同样根据程序的停机指令，从煤源设备开始，按顺煤流方向依次自动延时停机。在运行中，当设备发生可检测到的故障时，按程序自动连锁停止故障设备至煤源设备。

在现场设备状态正常的情况下，程序自动控制为系统的最佳运行方式，在此方式下设备的空载运行时间最短，操作员的操作步序最少，并可在流程相互不矛盾时，方便地实现多路运行。

8.2.2　连锁手动控制方式

连锁手动控制方式是对现场设备进行"一对一"带连锁的单机控制，对要启动的流程中设备按逆煤流方向一对一的启动，顺煤流方向一对一停车。这种控制方式是将运煤设备的控制开关集中安装在一个控制台上，控制按钮都安装在控制台。设备的控制由值班员负责，在集控室的控制台上分别对每个设备进行单独启、停操作，此时各设备间的事故连锁及保护均已投入。在此控制方式下，设备启动时，各连锁设备必须按规定的连锁关系启动，否则会因连锁作用启动不起来。设备发生故障时，按程序自动连锁停止故障设备至煤源设备，必须按各设备之间的事故连锁关系和按整个系统的工艺流程逆煤流次序设置的方向跳闸，并发出报警信号。这种控制方式可作为程序自动控制的后备控制手段，采用可编程控制器实现一对一集中控制。

同样，在连锁手动控制方式下，可以在流程相互不矛盾时，方便地实现多路运行。程序自动和连锁手动控制方式可进行无忧切换，从程序自动转到连锁手动，或从连锁手动转到程序自动，系统的运行均不受转换干扰。

8.2.3　解锁手动控制方式

在解锁手动控制方式下，各个设备之间解除了连锁关系，值班员可以任意启停某一台设备。由于设备之间已经不存在连锁关系，所以在解锁手动控制方式下设备绝不可带负载运行，只能作为单机试运或检修调试时使用。

8.2.4　就地手动控制方式

就地手动控制方式是在运煤机械设备的附近就地安装控制操作箱，箱上配有控制方式选择开关和设备启停操作按钮，当选择了就地控制方式，且就地控制箱上的选择开关打在"就地"位置时，可以通过操作位于其驱动设备旁的就地控制箱上的启停按钮来启动和停止带式输送机及其他设备。就地操作是对在设备现场进行无连锁的"一对一"单机启停操作，此时，主控室对设备不起控制作用，显示器上仅有设备状态指示，同时各设备间没有任何连锁。

该控制方式一般不作为设备运行的控制手段，只能用于设备检修后的试运转，设备程序控制启动前的复位。只有在程序控制方式发生故障时，或系统连锁失灵的情况下，才可作为设备运行的备用控制方式。另外，不便操作的设备和不需参加程序启动的设备也可使用就地手动控制。

一般情况下，就地操作箱都设有控制方式选择开关，并且具有两个位置，即程序控制和就地控制。运行值班人员可以根据当班设备情况选择其中一种控制方式。

控制系统中的各设备均可通过现场就地的转换开关，切换到就地手动方式，脱离程控。当采用就地控制方式时，为了保证安全，其设备启停也应遵循连锁的基本原则。

在运煤、配煤系统中，通常配备有就地手动控制按钮的设备有除铁器、三通挡板、犁式卸料器、移动配煤小车和可逆配煤输送带等。

8.3　运煤系统的控制要求

运煤系统自动化的基本要求包括对控制系统和机械设备两个方面。火力发电厂运煤系统的运行特点是同时运行的设备多，且安全连锁要求高。运煤系统同时启动的设备高达 20～30 台以上，在启动和停机过程中各设备之间须有严格的连锁要求。因此，输煤设备的控制要达到自动控制，首先要有稳定的生产工艺流程和较高的设备健康水平，同时控制系统应该具有一定的灵活性、可靠性和适应性。

8.3.1　对控制系统的要求

（1）运煤系统必须按照逆煤流的方向启动，按照顺煤流方向停止。

（2）设备启动后，在集控室的模拟屏上有明显的显示。

（3）在程序启动过程中，当任何一台设备启动不成功时，均应该按照逆煤流方向连锁跳闸的原则，中断运煤系统的运行并发出报警信号。

（4）在系统正常运行过程中，任意一台设备发生故障停机时，也应该按照连锁跳闸的原则中断有关设备的运行。

（5）要有一整套动作可靠的外围信号设备，将现场设备的运行状况准确地传送到集中控制室，供值班人员掌握现场设备的运行情况。

（6）在采用自动配煤的控制方式中，锅炉的每个原煤仓都可以假设为检修仓（或者高煤位仓），以便停止配煤。

（7）要有符合精确度要求的计量系统，以供集控值班人员掌握系统出力及运煤量。

（8）在自动配煤时，犁式卸料器的抬落位置信号及每个原煤仓的煤位测控反馈信号均应准确、可靠。

（9）应该配备一定数量的保护装置。

8.3.2　对机械设备的要求

火力发电厂输煤机械设备主要由转动设备组成，特别是较长的带式输送机等大型的转动设备，其可控性较差，运行时会出现输送带跑偏、打滑、撕裂等异常情况。因此，运煤系统要实现自动控制，不仅要求具有安全可靠的控制设备，同时还要求运煤系统的机械设备具有良好状态。例如，所有转动设备应转动灵活、动作可靠、带式输送机不能严重跑偏，斗轮堆取料机、叶轮给料机、配煤车等行走设备、犁式卸料器等给配煤设备动作要灵活、准确，煤中的铁块、木块、石块不能太多、太大，落料管不能严重粘煤，三通挡板能准确到位等。

总之，对运煤系统的自动控制而言，控制系统和机械设备本身相辅相成，在机械设备本身完好的情况下，通常不要使控制系统重负或者过多的设置保护装置。在控制系统中装设一定数量的信号和保护装置是有必要的，但不意味着信号和保护装置越多越好，这样会使得整个控制系统很复杂，不仅给值班人员的监控增加负担，也会给检修人员带来巨大的检修和维护工作，有的甚至可以引起系统的误动作。例如输送带跑偏问题，如果将输送带调整到基本上不跑偏的状态，那么就可以将防跑偏开关及信号去掉。从某些装有自动调偏装置的输送带系统来看，这一点是可以做到的。

8.4　运煤系统的控制

8.4.1　运煤系统的运行

运煤系统一般按逆煤流方向启动（如果条件允许也可顺煤流启动），按顺煤流方向停止。

1. 运煤顺序启动时的连锁要求

（1）运煤顺序启动前，应满足下列条件：①有关设备准备好；②所有就地控制箱的方式选择开关打在"远程"位置；③所有紧急开关已复位。

（2）运煤顺序启动时，应按逆煤流方向顺序启动各带式输送机，即只有当下游带式输送机启动以后，才可以启动其上游的带式输送机；只有当所有设备都正常启动后，翻车机或取料机才开始作业。

（3）设备启动后，在集控室的模拟屏上应有明显的设备运行状态显示，在事故情况下有声光报警装置发出报警信号，在故障严重时还应有事故停机信号。

（4）在程序启动过程中，当任何一级参加启动的设备不能启动时，已启动的设备均按逆煤流连锁跳闸原则，中断运煤系统的运行，并发出报警信号。

（5）在正常运行过程中，当任意一台连锁运行的设备发生故障停机时，其余设备应按连锁停止的关系按逆煤流方向中断有关设备的运行，同时发出报警信号。

2. 运煤顺序停止要求

（1）运煤顺序的正常停止。当检测到煤仓料位过高，按下操作台上的"运煤顺序停止"按钮时，运煤顺序正常停止。运煤顺序正常停止时，应先停煤源（翻车机或堆取料机停止作业），然后带式输送机按煤流方向顺序停止，下游带式输送机在接收到其上游带式输送机的停止连锁信号时，应经过一定的延时后才能停止，以便卸空输送带上剩余的煤，每一个转运点的出口均可检测输送带上是否还有煤。

（2）运煤顺序的紧急停止。当出现下列情况之一时，按下操作台上的"紧急停止"按钮，整个运煤系统中包括的所有设备均带煤立即停止，例如输送机超载、输送带跑偏、输送带打滑、转运站落料管堵塞、输送带撕裂、拉绳开关动作。

8.4.2　运煤系统的运行方式预选

1. 运行方式预选

火电厂的运煤系统主要由带式输送机组成。在运煤过程中，粒度大的煤块经筛分机筛选后送入碎煤机破碎，然后再返回到带式输送机上。带式输送机一般都是双路配置，通常是单路运行，另一路备用。若采用双路运煤，或利用双路输送带进行混煤，则应使系统工作在双路同时运行方式。在输送带的转接点处利用三通落料管实现交叉运行方式，以备系统中某个环节发生故障（或因检修停机）时实现切换，保证运煤作业的正常进行。由于交叉点的存在，经组合后可实现多种运行方式的燃料输送。

运行方式预选是在系统运行前，根据运煤系统当时要完成的任务和设备的状况选择一种运行方式。预选的实质是在系统运行前，将各转运站交叉点的三通挡板移动到预定位置，然后发出允许系统运行信号。

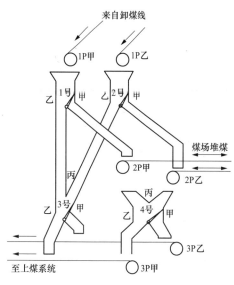

图 8-2　运煤系统工艺流程图

下面以图 8-2 所示的运煤系统工艺流程为例，应用 PLC 控制技术，实现对燃料输送运行方式的预选。该系统共有 6 条输送带，1P 甲和 1P 乙是来自卸煤线的输送带；2P 甲和 2P 乙是煤场的堆取输送带，能双向运行；3P 甲和 3P 乙是至煤仓的运煤输送带。

系统有 4 个落料管，1 号、2 号落料管的挡板有甲、乙 2 个位置，3 号、4 号落料管的挡板有甲、乙、丙 3 个位置，可以实现甲或乙单路运行、交叉运行、甲乙双路同时运行（3 号、4 号落料管的挡板在丙位时）。控制挡板位置的切换可实现多种运行方式，见表 8-1，表中列出了部分预选方式时挡板位置与输送带运行方式的对应关系。这里我们仅列 13 种方式，3P 甲和 3P 乙以后的运行方式，通过前 13 种方式的组合来实现。

例如在方式 1（1P 甲—3P 甲）运行的情况下，同时允许 1P 乙—2P 乙堆煤的方式 7 运行；还允许方式 1 与方式 10，或方式 1 与方式 12 同时运行。

表 8-1　　　　　　　　　　　挡板位置与输送带运行方式对应关系

运行方式编号	挡板位置										皮带运行方式	允许同时运行其他方式
	1 号挡板		2 号挡板		3 号挡板			4 号挡板				
	甲	乙	甲	乙	甲	乙	丙	甲	乙	丙		
1	√			√							1P 甲—3P 甲 甲路运煤	10、(7)、12
2			√			√					1P 乙—3P 乙 乙路运煤	9、(6)、13
3	√		√				√				1P 甲—3P 甲/1P 乙—3P 乙 双路运煤	
4	√					√					1P 甲—3P 乙 交叉运煤	9、7、(13)
5			√		√						1P 乙—3P 甲 交叉运煤	10、6、(12)
6		√									1P 甲—2P 甲 甲路堆煤	2
7				√							1P 乙—2P 乙 乙路堆煤	1
8		√		√							1P 甲—2P 甲/1P 乙—2P 乙 双路堆煤	
9								√			2P 甲—3P 甲 煤场甲路运煤	2、4
10									√		2P 乙—3P 乙 煤场乙路运煤	1、5
11										√	2P 甲—3P 甲/2P 乙—3P 乙 煤场双路运煤	
12									√		2P 甲—3P 乙 煤场交叉运煤	1、5
13								√			2P 乙—3P 甲 煤场交叉运煤	2、4

运行方式的预选控制有两种方案。第一种方案是每个挡板都设置甲、乙（三位落料管含丙）位的控制按钮。若选择 1P 甲—3P 甲运行方式，分别操作 1 号落料管和 3 号落料管的挡板向甲位运

行的按钮，当挡板切换到位后，相应的限位开关动作，切换挡板的执行机构停止运行。这种方案的缺点是每选择一种工作方式，要对多个挡板分别进行操作，因此容易发生误操作。第二种方案是将运行方式进行排列编号（见表中的第一列），每种运行方式对应一个输入按钮，本例中使用 13个运行方式选择按钮。只要按下按钮，各挡板便自动移动到相应运行方式所需的位置，并发出所选程序允许的运行命令，同时启动模拟显示程序。如操作方式 1 的按钮 I0.1，控制系统实现 1 号挡板与 3 号挡板同时向各自的甲位方向切换。这种方案减少了操作次数，不易出现误操作。

下面我们就运行方式预选控制的第二种方案进行说明，利用西门子 S7-200PLC 进行编程分析。图 8-3 所示为图 8-2 的运煤系统的预选方式梯形图，图中 I0.1～I1.5 是与运行方式 1～13 相对应的输入按钮，I0.0 为预选清除信号，要求 PLC 具有掉电保持功能的继电器。例如，若选择运行方式 1 工作，运行人员只需操作 I0.1 按钮使之闭合。继电器 M14.1 置"1"，控制系统由 1 号、3 号挡板的执行机构发出向各自甲位方向切换指令。JMP 与 LBL 是跳转指令，该指令的功能是：JMP 条件不满足（为 OFF）时，PLC 按照梯形图中顺序对 JMP与 LBL 之间的程序进行扫描；JMP 条件满足（为 ON）时，PLC 扫描时跳过 JMP 与 LBL 之间的程序，扫描LBL 之后的地址，此时 JMP 与 LBL 之间的继电器保持跳转之前的状态。本例中在 JMP 之前串联输送带运行的动合接点，如果输送带停止运行，该接点为 OFF，PLC 对 JMP～LBL 之间的程序扫描，寻找并执行工作方式的预选。当输送带运行时，该接点为 ON，若在输送带运行过程中操作了 I0.1～I1.5 的任何按钮，系统不再对其他运行方式响应，保证了系统的正常运行。若系统发生停电事故，由于 PLC 采用了具有掉电保持功能，故

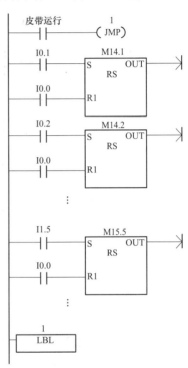

图 8-3　预选方式梯形图

在停电事故解除后系统仍然保持停电之前的运行方式。若要改变前次操作选定的运行方式，则需操作预选清零按钮 I0.0，使 M14.1～M15.5 全部置"0"，然后再进行新的预选操作。

2. 挡板的控制及显示

下面以 3 号挡板为例，分析其挡板位置的控制及显示。表 8-2 为 3 号挡板输入/输出量的地址分配。图 8-4 所示为 3 号挡板位置控制梯形图。图 8-5 所示为 3 号挡板运动与位置显示梯形图。

图 8-4 中 3 号甲限位、3 号乙限位、3 号丙限位是连接到 PLC 的输入接口 I3.1、I3.2、I3.0 的挡板位置信号；PLC 中位存储器 M0.0～M31.7 是由软件构成的 PC 机内部辅助继电器，其中，对 M14～M18 进行了掉电保持设置，以便实现系统失电后保持当前状态。本例中 M14、M15 用来存储挡板的位置控制及显示控制信号。

当运行方式 1 或运行方式 5 被选中时，M14.1 或 M14.5 分别为高电平。辅助继电器 M0.1置"1"，使输出继电器 Q0.4 为高电平，控制执行机构（电动推杆）拖动 3 号挡板向甲方向运动。当 3 号挡板运行到甲位后，I3.1 接通，NOT I3.1 断开，继电器 M0.1 置"0"，Q0.4 输出为"0"，3 号挡板停止运动。集控室模拟显示装置经限位开关信号 I3.1，辅助继电器 M15.1，输出继电器 Q0.1 发出了 3 号挡板抵达甲位的显示（信号灯亮）。M15.1、M15.2 和 M15.3 具有掉电保持功能，以便在停电事故解除后，能继续显示停电前挡板所在位置状态。

表 8-2　　　　　　　　　　　3 号挡板输入/输出量的地址分配

输入信号		输出信号	
I0.0	预选复位按钮	Q0.1	3 号挡板在甲位显示
I3.1	3 号挡板甲位限位开关	Q0.2	3 号挡板在乙位显示
I3.2	3 号挡板乙位限位开关	Q0.3	3 号挡板在丙位显示
I3.3	3 号挡板丙位限位开关	Q0.4	3 号挡板向甲位方向运动
		Q0.5	3 号挡板向乙位方向运动

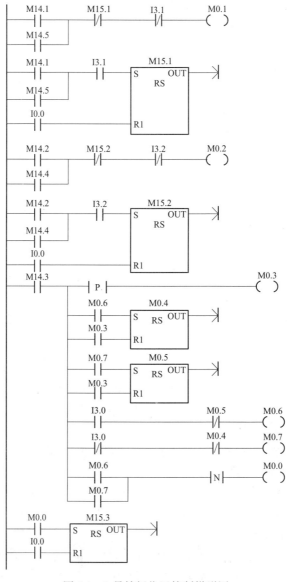

图 8-4　3 号挡板位置控制梯形图

3 号落料管的挡板设有甲、乙、丙 3 个工作位置，3 号丙位限位（I3.0）采用的是 Lx19 系列双轮不能自动复位的行程开关。如果挡板在甲—丙位置之间，则 I3.0 接点闭合，NOT I3.0 断开。反之，挡板在乙—丙位置之间，I3.0 断开，NOT I3.0 闭合。控制 3 号挡板向丙位运动的环节，使用了逻辑堆栈指令。

如果选择运行方式 3（双路运煤）工作，M14.3 置"1"，母线后移。上升沿微分指令使得 M0.3 产生宽度为一个扫描周期的脉冲信号，用于将内部辅助继电器 M0.4 和 M0.5 清零，使 NOT M0.4 和 NOT M0.5 为 ON，供内部辅助继电器 M0.6 和 M0.7 判断 3 号挡板的初始位

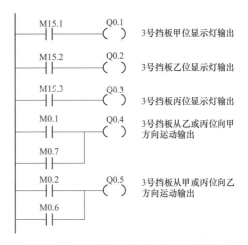

图 8-5 3 号挡板运动与位置显示梯形图

置，并决定 3 号挡板的运动方向。假设 3 号挡板的初始位置在甲位，则 I3.0 为 ON，NOT I3.0 为 OFF。内部继电器 M0.6 置"1"，M0.7 置"0"。受 M0.6 控制的输出继电器 Q0.5 为高电平，执行机构拖动 3 号挡板从甲位向丙位方向运动，当 3 号挡板运动到达丙位，碰撞丙位限位开关后，I3.0 转为 OFF，内部继电器 M0.6 置"0"，终止 Q0.5 的输出。在 M0.6 为高电平期间，继电器 M0.4 置"1"，其接点 NOT M0.4 为 OFF，断开了继电器 M0.7 回路。虽然因 3 号挡板到达丙位使 NOT I3.0 闭合，也不会使继电器 M0.7 置"1"。利用 M0.6 和 M0.7 的互锁关系，防止了挡板在丙位产生的控制系统振动。本例中，对 M0.6 或 M0.7 的下降沿微分，使内部继电器 M0.0 产生一个扫描周期宽度的微分信号，该信号的出现表明 3 号挡板到达丙位，用来使内部继电器 M15.3 置"1"，输出继电器 Q0.3 为高电平，反映 3 号挡板在丙位的信号灯亮。

采用 PLC 控制技术的运煤系统，可将运行方式预选的程序设置于跳转指令 JMP 与 LBL 之内。输送带运行时，JMP 为 ON 状态，扫描跳过运行方式预选程序段。

8.4.3 运煤系统的控制分析

1. 运煤系统工艺流程分析

电厂的运煤系统主要由带式输送机组成，由卸煤线或煤场给磨煤机的原煤仓运煤，系统配有电磁除铁器清除铁磁性物质，还须经筛机和碎煤机的筛分破碎。带式输送机都是双路配置，系统在带式输送机的转接点设置 1 或 2 处交叉。若不利用带式输送机混煤，一般是单路运行，另一路备用。由于转接交叉点的存在，经组合后有多种运行程序。

运煤系统的带式输送机应按顺序启动和停止。目前电厂普遍采用逆煤流启动，顺煤流停车的程序。若系统中某一环节发生故障，在故障点前（逆煤流方向）各输送带应立即停车，故障点后的各输送带将余煤输送完毕后顺序停车。若运煤系统的传感器不够完善，采用逆煤流启动是适宜的，它能防止跑煤事故的发生。但是逆煤流启动会使先启动的输送带存在一段空载运行时间，在这段时间内白白耗费了电能，降低了电网的功率因数，输送带越长，这种浪费就越严重。因此，在现场条件允许的情况下可以选择顺煤流启动方式，实现节能减排。

运煤系统应具备集中程序控制、集中手动、就地手动和就地解除连锁手动四种控制方式。集中手动和就地手动方式各带式输送机之间是有连锁的，就地解除连锁手动是供设备检修调试时

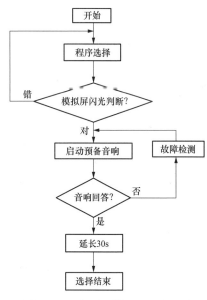

图 8-6　程序预选模拟显示流程图

使用。操作就地解除连锁手动，不影响 PC 机控制系统的正常运行。

配煤时应使各煤仓的煤质趋于一致，因此要求系统能够实现循环均匀配煤。一般配煤时间要与配煤量成比例。若有的煤仓已经满煤，高煤位传感器动作，或磨煤机因某种原因停止运行发出越仓信号时，不应再给该煤仓配煤，应自动越过该仓，然后再执行顺序配煤。

集中程序控制的运煤系统，在集控室内设置模拟显示装置，以供监视系统的运行状况和在启动运行前检验程序预选是否正确。程序预选模拟显示流程如图 8-6 所示。当操作人员操控程序预选开关选定某一运行程序之后，被选中将要参加运行的设备在模拟屏上有相应的灯光显示信号（闪光），经判断，如果程序预选操作与模拟屏的灯光显示相符合，便向将参加运行设备的沿线发出启动预备音响信号，当集控室收到所有音响回答信号后，系统方能允许启动。

2. 运煤系统的工艺流程图

下面我们以一个运煤系统（见图 8-7）为例进行分析设计。

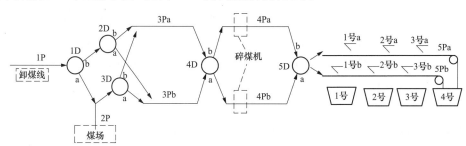

图 8-7　运煤系统图

现将该系统简要说明如下：系统共有 8 条输送带，1 号输送带（1P）和 2 号输送带（2P）均为单路，分别由卸煤线和煤场运煤；2 号输送带又可进行煤场作业，具有双向运行功能；3 号输送带（3Pa、3Pb）、4 号输送带（4Pa、4Pb）为双路运煤输送带；5 号输送带（5Pa、5Pb）为煤仓配煤输送带。1D～4D 为三通落料管；5D 为向 5Pa、5Pb 两路输送带进行配煤的落料管，经煤仓上方的犁式卸料器向煤仓配煤。该系统共有九种不同的工作程序（不包括手动和双路运行），通过控制落料管挡板的位置来选择各种不同的工作程序，1D 落料管的挡板在 a 位，是从卸煤线运煤，挡板在 b 位是向煤场运煤。2P 反向运行，经 3D 落料管是由煤场运煤。2D、3D、4D 落料管的挡板在 a 位，则是 a 路输送带运行；若在 b 位，则是 b 路输送带运行，系统通过 4D 落料管实现交叉运行。

根据运煤系统工艺流程对自动控制的要求，我们按照图 8-7 所示的运煤系统流程，采用西门子 S7-200 PLC 对该系统的运煤和配煤环节进行程序控制。

8.4.4　运煤系统程序控制

1. 运煤系统启动程序流程

利用挡板在不同位置的组合来实现运煤系统的各种工作程序，当程序选择按钮操作接通后，挡板应按程序要求切换到相应位置。

针对图 8-7 所示的输煤流程图,我们选择其中一种预选方式,从卸煤线到煤仓的 a 路的运煤方式(即选择 1P、3Pa、4Pa、5Pa 运行程序)。在这种方式下,挡板 1D、2D、4D 和 5D 均打到 a 位,燃料从卸煤线 1P→落料管 1D 到 a 位、2D 到 a 位→3Pa →落料管 4D 到 a 位→4Pa →落料管 5D 到 a 位→5Pa。下面以此为例来进行运煤系统程序控制的设计分析。

图 8-8 是根据图 8-7 所示系统在此种运行方式下绘制的启动程序流程图。在设备进行启动和停止时,各设备之间须设有一定的时间间隔以保证设备正常启动或停车。启动间隔是为了保证无物料堆积,停车间隔主要是保证碎煤机为空载状态,各带式输送机上无剩余煤。

当程序选择结束后,PLC 控制系统进入启动方式选择。一般采用逆煤流启动原则,即带式输送机从后级向前级依次启动。根据现场实际情况,如果条件允许也可以采用顺煤流启动,即带式输送机从前级向后级依次启动。但是在顺煤流启动方式下,若带式输送机因故障停车,为防止因输送带上的存煤造成跑煤或堵煤事故,重新启动时应执行逆煤流程序。

(1)逆煤流启动。如果系统设备运行正常,操纵启动按钮,系统将按逆煤流方向流动,即 5Pa 首先启动,经速度传感器检测,当输送带速度达到额定速度的 90%,经一定延时使 4Pa 启动。若因为某种原因 5Pa 未能启动,或虽然启动但达不到额定速度的 90%,4Pa(或 4Pb)不能启动,并经故障检测环节使 5Pa 停车。5Pa 的启动信号和速度信号是"与"逻辑关系,3Pa、1P 的启动与上述逻辑相同。参与运行的设备一旦出现故障,经故障检测环节转向停车程序。

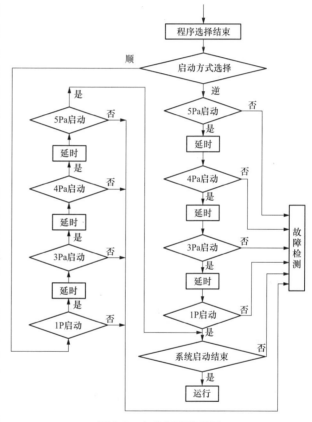

图 8-8 启动程序流程图

若系统中串有筛煤、碎煤设备(见图 8-8 中虚线所示),筛煤、碎煤设备应先于 4Pa(或 4Pb)启动,为了简要说明问题,本例未加入碎煤机的控制程序。

(2)顺煤流启动。假设系统条件允许,考虑节能,为避免带式输送机空载运行,提高生产效率,可以采用顺煤流启动、顺煤流停机,故障情况下逆煤流启动的控制原则。

如果系统原来运行是正常的,在各级输送带上没有存煤,操纵启动按钮,系统将按顺煤流方向流动,即 1P 首先启动,经速度传感器检测,当输送带速度达到额定速度的 90%,并且所输送的煤流使煤流传感器动作,经一定延时使 3Pa 启动时。

若因某种原因 1P 未能启动,或虽然启动但达不到额定速度的 90%,3Pa(或 3Pb)不能启动,并经故障检测环节使 1P 停车。而煤流信号传感器的设置是为减少 3Pa 的空载运行时间,在煤流即将到达转接点之前,经一定延时启动 3Pa,1P 的启动信号、速度信号、煤流信号是"与"

逻辑关系。4Pa、5Pa 的启动与上述逻辑相同。参与运行的设备一旦出现故障，经故障检测环节转向停车程序。

　　系统在运行过程中，因故障造成的停车，在故障点之前的各级输送带上必定有存煤，如果系统重新启动，则因前级输送带上的存煤造成跑煤和落料管堵煤事故，这是绝对不允许的。因此对于事故停车，系统不仅应能够判断，还应把它记忆下来，即使发生 PLC 停电事故也不能将记忆丢失。通过事故记忆环节将启动方式转到逆煤流启动程序，以避免发生跑煤和堵煤事故。

　　当启动按钮接通后，通过记忆环节的连锁，使 5Pa 启动，当 5Pa 的速度达到额定值的 90%后，方可启动 4Pa，以防止输送带打滑或横向断裂所造成的 5D 落料管堵煤和跑煤事故。其他各级输送带启动也应满足这一要求，输送带全部启动完毕之后，解除故障记忆，系统纳入正常运行。

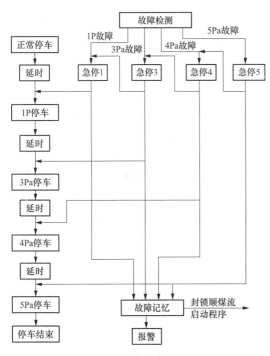

图 8-9　停车程序流程图

2. 停车程序流程

　　停车程序的流程图如图 8-9 所示。当系统正常运行时，采用顺煤流停车方式，如各煤仓已满煤，高煤位传感器动作，系统执行顺煤流停车程序。为避免带式输送机在负载下启动，需将各级输送带上的余煤输送完（高煤位传感器动作后，煤仓所剩容积能容纳带式输送机的余煤），输送带逐级经一定延时顺序停车。

　　如果系统某一部位发生故障，故障检测环节根据故障的部位，发出相应停车指令。故障点之前的输送带立即停止，故障点后的输送带按顺煤流方向顺序延时停下一级设备。若最后一级输送带出现故障，全线立即停车。故障记忆环节封锁顺煤流启动程序，开启逆煤流启动程序，同时发出光警信号（模拟屏上反映设备故障的光字牌闪光，发出报警音响）。在故障解除前，系统不允许启动。

3. 运煤系统的启停控制程序

　　运煤系统的现场情况复杂，设备信号繁多，连锁关系要求严格，设计运煤系统控制程序时必须根据现场实际情况编制。鉴于教材的篇幅及适用性，本节仅考虑必要的信号和连锁，满足逻辑关系来设计控制程序。

　　根据 S7-200 提供的 I/O 接口编码表，将 I/O 地址分配列于表 8-3 和表 8-4。

表 8-3　　　　　　　　　　　　　　　　输入接口地址分配

输入	启动按钮	1P 带速	1P 煤流	3Pa 带速	3Pa 煤流	4Pa 带速	4Pa 煤流	5Pa 带速
接点	I0.0	I0.1	I0.2	I0.3	I0.4	I0.5	I0.6	I0.7
输入	停机	1P 事故	3Pa 事故	4Pa 事故	5Pa 事故	事故解除	急停	
接点	I1.0	I1.1	I1.2	I1.3	I1.4	I1.5	I1.6	

表 8-4		输出接口地址分配		
被控对象	1P	3Pa	4Pa	5Pa
输出继电器编号	Q0.1	Q0.2	Q0.3	Q0.4

下面根据图 8-8 和图 8-9 所示的启动、停车流程图，以 a 路带式输送机的运行方式为例，即 1P→3Pa→4Pa→5Pa 运煤过程，设计运煤系统的运行控制程序。

图 8-10 所示为逆煤流启动顺煤流停机的控制程序梯形图。启动顺序为 5Pa→4Pa→3Pa→1P 逆煤流延时启动运行，停机顺序为 1P→3Pa→4Pa→5Pa 顺煤流延时停机。其他运行方式程序的设计方法，例如 b 路运行、交叉运行、煤场的堆取等程序与 a 路的设计方法类似，读者可以自行设计。

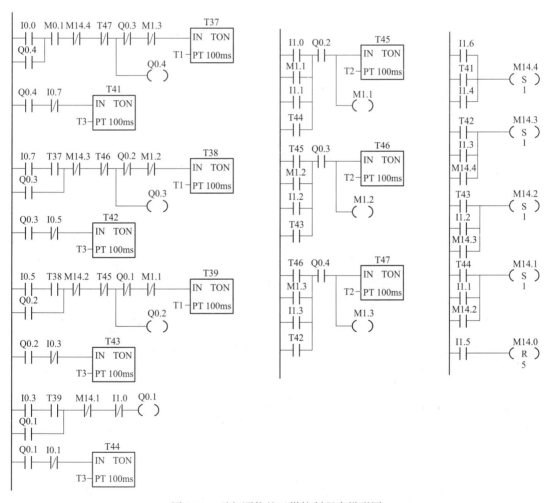

图 8-10　逆起顺停的运煤控制程序梯形图

物料输送一般采用逆起顺停方式。顺煤流启动的控制程序本文不进行讨论分析，读者可自行设计。

8.5　配煤系统的控制

8.5.1　配煤控制方式

程控运煤系统的原煤仓设高、低两个煤位传感器以反映仓内的煤量。煤位检测装置检测仓内的煤量，用低煤位信号防止空仓，用高煤位信号防止满仓跑煤。煤仓配煤的控制是根据煤仓煤位的提示，将输送带上的燃煤通过犁式卸料器分配到各个原煤仓。

配煤的控制方式分为程序自动配煤、程序手动配煤、就地手动配煤三种方式，其中前两者在PLC控制下进行，后者无需PLC参与。

（1）程序自动配煤。程序自动配煤是系统根据煤位信号和犁式卸料器煤位信号，在上位机上通过PLC，完全由程序按逻辑关系自动控制犁式卸料器的抬落，完成煤仓的配煤。正常情况下，运煤系统一般采用该方式进行煤仓配煤。

（2）程序手动配煤。程序手动配煤是由操作员根据煤位和犁式卸料器的信号，在上位机上通过PLC对犁式卸料器进行一对一抬落的软手动操作控制，从而完成煤仓的配煤。手动配煤信号依然有效，在设备出现故障的情况下，自动连跳相关设备。

（3）就地手动配煤。就地手动配煤是由就地值班员根据煤仓情况，在就地通过控制箱对相应的犁式卸料器进行一对一的抬落操作。这种配煤方式一般不使用，只在程控系统出现故障时才采用。

8.5.2　自动配煤原则及过程

自动配煤时，操作员在上位机上进行相应设置，系统根据程序设定和锅炉加仓的具体要求，通过PLC内部编制好的程序控制犁式卸料器的抬起和落下，实现自动加仓配煤。

程序自动配煤原则有低煤位优先配煤原则、顺序循环配煤原则、余煤配煤原则。

（1）低煤位优先配煤原则。正常进行配煤过程，若某煤仓出现低煤位信号，停止正常配煤并记忆，优先对低煤位仓进行配煤，直至低煤位消失，再按照刚才记忆的正常顺序把煤仓逐个加仓到高煤位，当多个煤仓同时出现低煤位时，对这些煤仓按从首仓到尾仓的顺序进行轮换的配煤，直至全部煤仓的低煤位信号消失。

（2）顺序循环配煤原则。顺序循环配煤时，需要设置一个尾仓，一般以相同时间依次配煤或设置相同的煤仓料位，进行顺序循环配煤，即从第一个原煤仓开始依次向后边的各煤仓配煤，直至尾仓前所有煤仓都发出高煤位信号，停止配煤。在顺序配煤时，若有煤仓发出低煤位信号，则可以停止顺序配煤，优先给低煤位煤仓配煤。

在进行顺序配煤过程中，若检测到某煤仓高煤位，或者若遇原煤仓或相应设备检修，应越过该仓，继续下一煤仓的配煤。这样既不影响检修工作，又可防止因煤长期堆放板结而发生堵仓事故。

（3）余煤配煤原则。当检测到全部煤仓出现高煤位信号后，或者选择程序停机后，系统则会发出停机信号，使煤源设备停机，按照顺煤流方向依次延时停止设备，以使输送带上剩余的煤全部均匀地分配到各个煤仓或者全部分配至尾仓，直至配煤带式输送机停止运行。

程序自动配煤流程图如图8-11所示。

8.5.3　循环配煤的控制

1. 循环配煤的流程

犁式卸料器实现循环配煤的流程如图8-12所示。最后一级煤仓4号不设犁式卸料器，直接由输送带配煤，其他煤仓均设置犁式卸料器。在运煤输送带工作的前提下，配煤系统首先判断经 5Pa 配煤的各煤仓是否满煤，只要其中有一个煤仓未满煤，则 5Pa 启动，落料管 5D 挡板切换到 a 位，通过 5Pa 向煤仓配煤。为使各煤仓煤质趋于一致，按时间原则向煤仓配煤，本例中设定每个煤仓配煤 10min，按照由前到后的顺序配煤，循环顺序为 1 号→2 号→3 号→4 号，如图 8-12 所示。

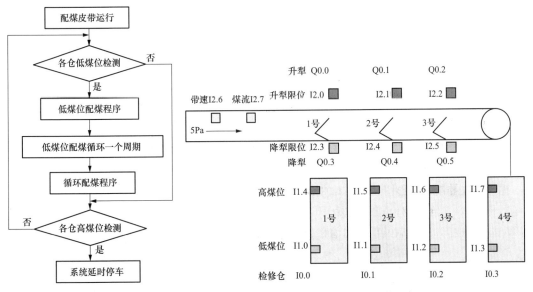

图 8-11　自动配煤流程图　　　　　　　　图 8-12　自动配煤示意

　　进行配煤工作的犁式卸料器落下，其他犁式卸料器抬起，各煤仓配煤 10min 后，在配煤过程中若有的煤仓已经满煤，或有的煤仓检修，或因磨煤机停止运行出现越仓信号时，应越过该仓，继续下一煤仓配煤。当煤仓全部满煤（含越仓信号）时，向系统发出指令停止运煤，按顺煤流方向依次停车。犁式卸料器循环配煤流程图如图 8-13 所示。

　　按时间原则配煤，其时间设定值应根据电厂运煤系统和煤质的具体情况而定。这里采用 PC 机的秒脉冲时钟和计数器相配合作为定时器使用，有煤流时能累计计时，以保证各煤仓配煤量基本相同。

　　2. 输入输出接口分配

　　在图 8-12 所示的运煤系统中，以向 1 号、2 号、3 号、4 号仓的顺序配煤为例，根据配煤的原则来分析设计该系统的配煤程序。I/O 接口分配见表 8-5 和表 8-6。

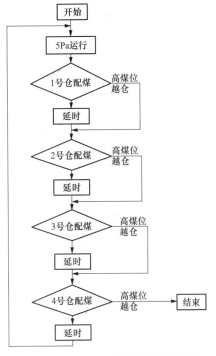

图 8-13　犁式卸料器循环配煤流程图

表 8-5 输入接口分配

输入编号	1号仓低煤位	2号仓低煤位	3号仓低煤位	4号仓低煤位	1号仓高煤位	2号仓高煤位	3号仓高煤位	4号仓高煤位	1号仓越仓	2号仓越仓	3号仓越仓	4号仓越仓	5Pa停车
接点编号	I1.0	I1.1	I1.2	I1.3	I1.4	I1.5	I1.6	I1.7	I0.0	I0.1	I0.2	I0.3	I0.4

输入编号	1号仓升犁到位	2号仓升犁到位	3号仓升犁到位	1号仓落犁到位	2号仓落犁到位	3号仓落犁到位	5Pa带速信号	5Pa煤流信号
接点编号	I2.0	I2.1	I2.2	I2.3	I2.4	I2.5	I2.6	I2.7

表 8-6 输出接口分配

输出信号	1号仓犁式卸料器抬	2号仓犁式卸料器抬	3号仓犁式卸料器抬	1号仓犁式卸料器落	2号仓犁式卸料器落	3号仓犁式卸料器落
接点编号	Q0.0	Q0.1	Q0.2	Q0.3	Q0.4	Q0.5

3. 循环配煤控制程序

循环配煤控制的梯形图如图 8-14 所示。图 8-14 中，开始运行循环配煤程序时，利用 SM0.1 继电器传送 "1" 给 VB2，V2.0 作为 VB 移位指令的 DATA 输入端，使能端 EN 每来一个脉冲信号（M2.6 产生），VB3 就从低位向前移位一次。如果没有低煤位信号，NOT M16.7 是接通的，

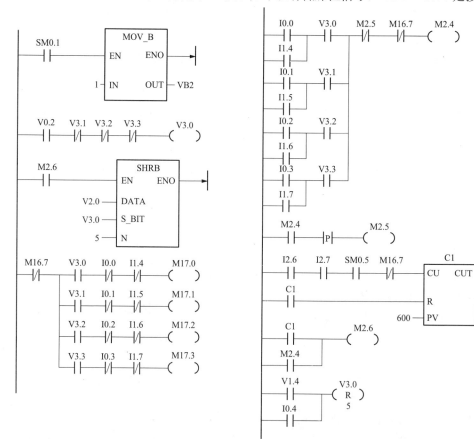

图 8-14 循环配煤控制的梯形图

就从 1 号仓到 4 号仓依次执行循环配煤。首先，依次判断 1～4 号仓是否有检修或高煤位信号，如果没有则输出对应仓的犁式卸料器落下的控制信号 M17.0～M17.3，给煤仓配煤。否则，如果煤仓有检修或高煤位信号，使 M2.4 接通 ON，产生一脉冲使 VB3 移位一次，就越过该仓，继续检测下一个煤仓，进行配煤。以 1 号仓为例说明，如果 1 号仓没有检修和高煤位信号，那么 NOT I0.0 和 NOT I1.4 接通，则输出 1 号仓的犁式卸料器落下的控制信号 M17.0，给 1 号仓配煤。否则，如果 1 号仓有检修或高煤位信号，那么 I0.0 或 I1.4 接通，且 V3.0 为 "1"，使 M2.4 接通 ON，产生一脉冲使 VB3 移位一次，则 V3.1 为 "1"，就越过 1 号仓，继续检测 2 号仓，判断是否进行配煤。

4. 低煤位优先配煤程序

低煤位优先配煤控制程序梯形图如图 8-15 所示。

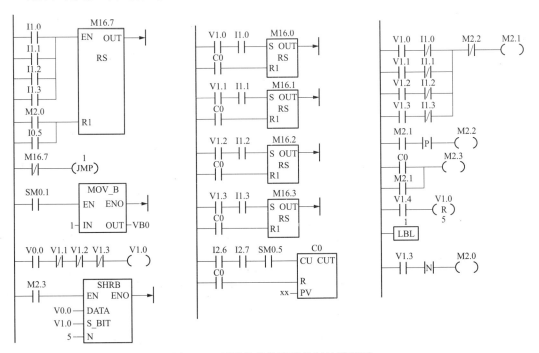

图 8-15　低煤位优先配煤控制的梯形图

如果煤仓出现低煤位，M16.7 为 ON，NOT M16.7 为 OFF，不执行跳转指令，继续顺序执行程序，利用 M2.0 继电器传送 "1" 给 VB1，V1.0 作为 VB 移位指令的 DATA 输入端，使能端 EN 每来一个脉冲信号（M2.3 产生），VB1 就从低位向前移位一次。如果有低煤位信号出现，执行低煤位优先配煤。首先，依次判断 1～4 号仓是哪个仓出现低煤位信号，例如 1 号仓出现低煤位，则 I1.0 接通为 ON，V1.0 为 ON，则输出对应仓的犁式卸料器落下控制信号，因此 M16.0 为 ON，使 1 号煤仓上方的犁式卸料器落下，给 1 号煤仓配煤，配煤时间由计数器 C0 而定，配煤时间到，C0 触点接通为 ON，使 M2.3 产生一脉冲，VB1 移位，继续下一煤仓配煤。如果 1 号仓没有出现低煤位，则 I1.0 为 OFF，M16.0 为 OFF，1 号煤仓的犁式卸料器没有落下指令；而 NOT I1.0 为 ON，M2.1 接通为 ON，M2.3 产生一脉冲，VB1 移位一次，就越过 1 号仓，继续检测 2 号煤仓，按照顺序进行低煤位配煤。

5. 犁式卸料器抬落输出程序

犁式卸料器抬落输出程序如图 8-16 所示。犁式卸料器的落下运动是由循环配煤程序中的信号 M17.0～M17.2 及低煤位优先配煤程序中的信号 M16.0～M16.2 控制。例如，1 号煤仓的犁式卸料器的落下运动的控制过程如下：若 1 号仓的低煤位（M16.0 为 ON）或循环配煤（M17.0 为 ON）时，使继电器 M0.0 为 ON，Q0.3 为 ON，控制犁式卸料器下落运动，下落到位 I2.3 接通，使犁式卸料器下落运动停止。当配煤时间到，转为下一仓配煤时，1 号仓犁式卸料器就要抬起，受信号 Q0.0 的控制。

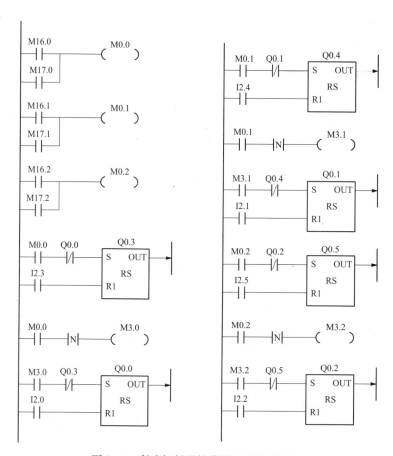

图 8-16　犁式卸料器抬落输出控制梯形图

习　　题

8-1　电厂运煤系统由哪几个环节组成？各环节实现什么功能？

8-2　电厂运煤系统包括哪些主要设备？简述运煤工艺流程。

8-3　运煤系统有哪些控制方式？各有什么特点？

8-4　对运煤系统有哪些控制要求？

8-5　运煤系统的启动顺序和停止顺序是怎样的？说明理由。

8-6　配煤系统遵从哪些原则？如何实现控制？

参 考 文 献

[1] 李岚，梅丽凤．电力拖动与控制．3版．北京．机械工业出版社，2016.
[2] 赵永成，王丰，李明颖．机电传动控制技术．北京：中国计量出版社，2003.
[3] 徐文尚，陈霞，武超．电气控制技术与PLC．北京：机械工业出版社，2011.
[4] 陈忠平，侯玉宝，李燕．西门子S7-200PLC从入门到精通．北京：中国电力出版社，2015.
[5] 王华，韩永志．可编程序控制器在运煤自动化中的应用．北京：中国电力出版社，2003.
[6] 廖常初．PLC编程及应用．5版．北京：机械工业出版社，2019.
[7] 姜伟清，马建昌．燃料设备运行与检修技术．北京：中国电力出版社，2015.
[8] 山西漳泽电力股份有限公司．300MW级火力发电厂培训丛书：输煤设备及系统．北京：中国电力出版社，2015.
[9] 郭铁桥，郑海明，花广如．物料输送设备．北京：中国电力出版社，2018.
[10] 熊立红．燃料运输设备及系统．北京：中国电力出版社，2006.
[11] 张磊，马明礼．600MW级火力发电机组丛书：燃料运行与检修．北京：中国电力出版社，2006.
[12] 张本贤，刘北苹．燃料运行．北京：中国电力出版社，2018.